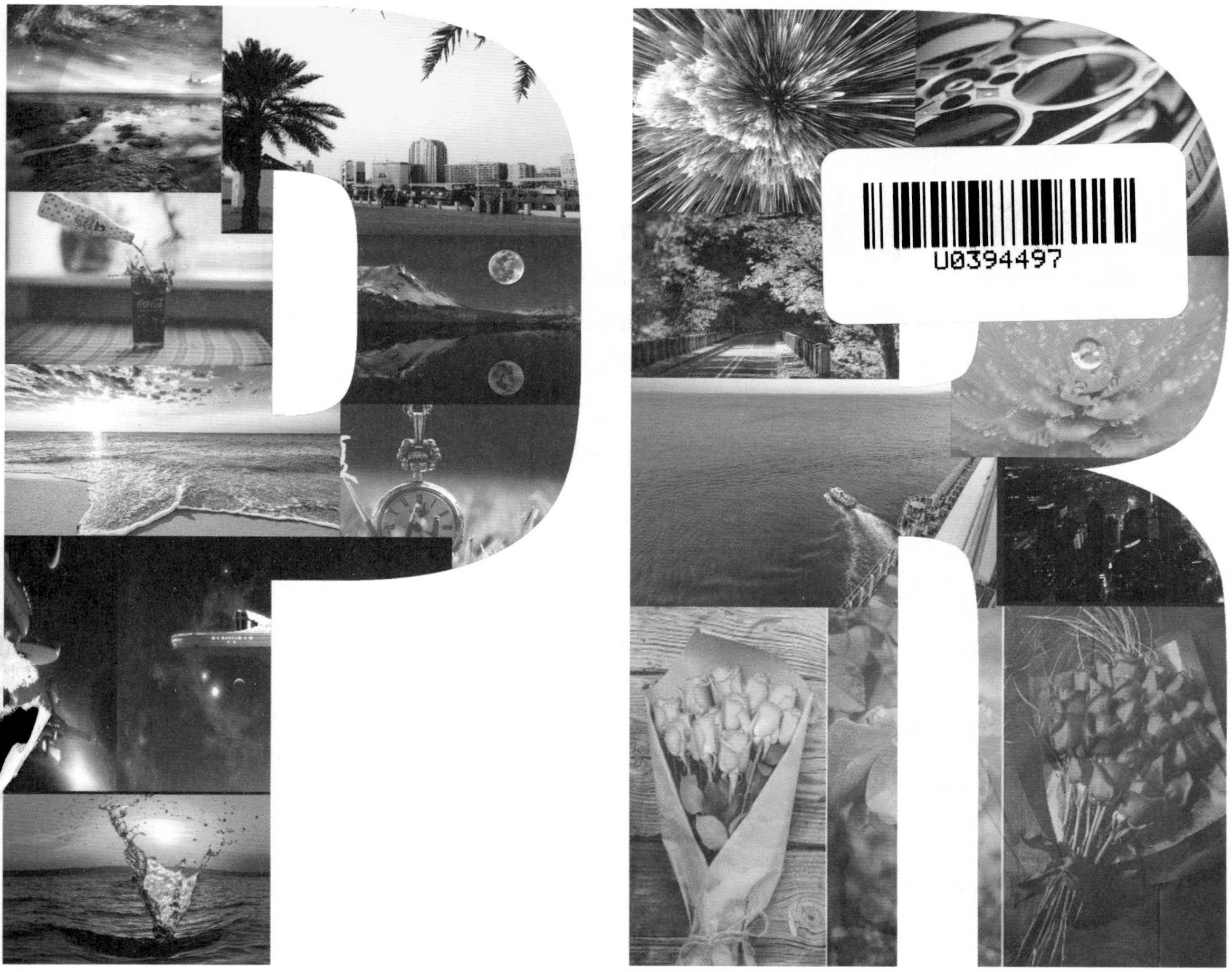

岳明香◎编著

Premiere
影视制作与编辑（第2版）

清华大学出版社
北 京

内 容 简 介

本书是一本专门介绍Premiere Pro CC视频图像处理功能的工具书，全书共14章，主要包括Premiere Pro CC的基础操作、视频图像常用效果处理操作、字幕制作、视频合成与输出以及综合实例5个部分。通过对本书的学习，不仅能让读者轻松掌握Premiere Pro CC软件的使用方法，更能应对影视后期制作、视频剪辑以及视频拍摄等工作。

本书主要适用于刚接触Premiere Pro CC软件的新手以及不同年龄段的初、中级用户，适合从事后期影视制作、视频剪辑以及视频拍摄等工作的从业人员。此外，本书也适用于Premiere Pro CC完全自学者、各类社会培训学员使用，或作为各大中专院校的教材使用。

图书在版编目(CIP)数据

Premiere影视制作与编辑 / 岳明香编著. —2版. —北京：清华大学出版社，2020.1（2023.12重印）

ISBN 978-7-302-53632-1

Ⅰ. ①P… Ⅱ. ①岳… Ⅲ. ①视频编辑软件 Ⅳ. ① TN94

中国版本图书馆CIP数据核字(2019)第173902号

责任编辑： 李玉萍
封面设计： 陈国风
责任校对： 张彦彬
责任印制： 沈　露
出版发行： 清华大学出版社
网　　址：https://www.tup.com.cn，https://www.wqxuetang.com
地　　址：北京清华大学学研大厦A座　　邮　　编：100084
社 总 机：010-83470000　　邮　　购：010-62786544
投稿与读者服务：010-62776969，c-service@tup.tsinghua.edu.cn
质 量 反 馈：010-62772015，zhiliang@tup.tsinghua.edu.cn
印 装 者： 三河市铭诚印务有限公司
经　　销： 全国新华书店
开　　本： 190mm×260mm　　印　　张：20　　字　　数：320千字
版　　次： 2010年6月第1版　2020年1月第2版　　印　　次：2023年12月第4次印刷
定　　价： 86.00元

产品编号： 079798-01

前言

PREFACE

编写缘由

这是一个五彩缤纷的时代，随着人们对视觉效果的要求越来越高，视频后期处理技术已经成为很多人在生活和工作中必备的一项重要技能。

Premiere作为进行后期效果处理最常用的工具，是视频编辑爱好者和专业人士必不可少的工具之一。它可以提升用户的创作能力和创作自由度，它是易学、高效、精确的视频剪辑软件，但至今仍然只是被少数人了解和掌握。为了让更多人学会使用该软件来辅助工作，我们特别编写了这本清晰、简洁、实用的Premiere视频效果处理工具书，力求用简练的语言，生动的案例，快速普及Premiere Pro CC软件的使用技巧。

内容介绍

本书共14章，将从Premiere Pro CC的基础操作、视频图像常用效果处理操作、字幕制作、视频合成与输出以及综合实例5个部分向初学者传递Premiere Pro CC软件的实用知识与技能。各部分的具体内容如下表所示。

部分	包含章节	包含内容
Premiere Pro CC 的基础操作	第1~3章	主要介绍视频编辑的基础知识、Premiere Pro CC的新增功能、软件的界面组成以及影视素材的各种基本编辑操作。
视频图像常用效果处理操作	第4~9章	主要介绍Premiere Pro CC中的常用功能，具体包括图像校正与控制、视频转场设置、添加视频特效、添加音频特效以及音频转场的控制。
字幕制作	第10章	主要介绍Premiere Pro CC中字幕的添加、字幕属性的设置以及不同样式字幕效果的制作。

续表

部分	包含章节	包含内容
视频合成与输出	第11~13章	主要介绍Premiere Pro CC中合成技术的应用、运动关键帧的设置与编辑，以及视频的输出等内容。
综合实例	第14章	包括制作旅游相册和汽车广告剪辑两个经典案例，通过这两个案例，可以帮助用户从操作技能和技巧上巩固前期所学的软件知识，并掌握Premiere软件的实战应用，做到举一反三。

学习方法

内容上——实用为先，示例丰富

本书在内容挑选方面注重3个“最”——内容最实用，操作最常见，案例最典型，并且用通俗的语言将知识讲解清楚。此外，还添加了知识延伸版块，通过该版块可以提高读者的知识面和学习效率。

结构上——布局科学，快速上手

本书在每节前面介绍了其知识级别、知识难度、学习时长、学习目标以及本章效果预览，使读者阅读本章的知识一目了然，以便提高学习效率。在知识讲解过程中，采用“理论知识+知识演练”的结构，其中，“理论知识”是针对当前Premiere Pro CC（以下简称Premiere CC）中知识点所涉及的理论内容进行全面阐述；“知识演练”是对该知识点的具体操作进行分步演示，实用性更强，上手更快。

表达上——通栏排版，图解指向

本书采用简单的通栏排版方式，让整个页面的内容表达简洁明了。所有内容均配图，通过图文对照+标注指向的方式，读者可以更容易进行对照学习。

读者对象

本书主要适合各年龄阶段的视频后期制作的初、中级用户以及喜欢视频处理的用户，特别适合刚接触Premiere软件的用户。此外，也可作为各大、中专院校及各类平面设计培训班的入门级教材。由于编者经验有限，加之时间仓促，书中难免会有疏漏和不足，恳请各位专家和读者不吝赐教。本书赠送的视频、课件等资源均以二维码形式提供，读者可以使用手机扫描右侧的二维码下载并观看。

编 者

目录

CONTENTS

第 1 章　Premiere CC 快速入门

第 2 章　Premiere CC的基本编辑操作

第 3 章 影视素材的调整与编辑操作

第 4 章 影视素材图像的校正与控制

第 5 章 视频转场效果基础操作

第 6 章 不同转场效果的设置与编辑

第 7 章 视频特效的基础操作

第 8 章 视频特效精彩应用

第 9 章 音频特效的设置与编辑

第 10 章 影视字幕的创建与编辑

第11章 合成技术

第12章 动态效果的设置与编辑

第 13 章 视频的输出

第 14 章 综合实战案例应用

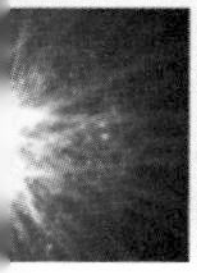

第1章

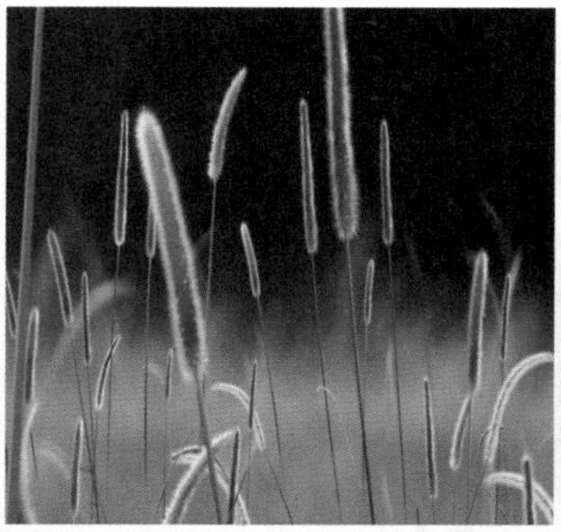

Premiere CC 快速入门

学习目标

Premiere CC是一款非常优秀的视频合成编辑软件，对于初学者而言，首先要了解视频编辑的基础知识，如什么是非线性曲线、视频编辑的常用术语等；了解视频编辑的前期准备包括哪些内容；掌握Premiere CC的新增功能以及该软件的工作界面和各个窗口的作用。

本章要点

- 视频信号的类型
- 线性编辑和非线性编辑
- 认识Premiere CC的窗口
- 认识Premiere CC的设置面板
- 认识Premiere CC的菜单栏

……

LESSON 1.1
视频编辑基础必知

知识级别

■初级入门 | □中级提高 | □高级拓展

知识难度 ★★

学习时长 40 分钟

学习目标

① 视频信号。

② 了解文件格式及常用术语。

③ 线性编辑和非线性编辑应用。

※ 主要内容 ※

内 容	难 度	内 容	难 度
视频信号的类型	★	Premiere CC文件格式	★
线性编辑和非线性编辑	★	视频编辑中的常用术语	★
视频制作的前期准备	★		

1.1.1 视频信号的类型

在使用Premiere CC视频编辑软件之前必须了解视频信号，因为它是进行视频编辑的基础。视频信号是指电视信号、静止图像信号和可视电视图像信号。视频信号可分为模拟视频信号和数字视频信号两大类。

模拟视频是指每帧图像是实时获取的自然景物的真实图像信号。在日常生活中看到的电视、电影大多属于模拟视频的范畴。模拟视频信号具有成本低和还原性好等优点，视频画面往往会给人一种身临其境的感觉。但它的最大缺点是无论被记录的图像信号有多好，经过长时间的存放后，信号和画面的质量将大大地降低，或者经过多次复制之后，画面的失真就会很明显。

数字视频是对模拟视频信号进行数字化后的产物，它是基于数字技术记录视频信息的。即是用二进制的0和1记录图像信息，能用电脑进行处理，一般用磁盘、光盘进行存储。数字视频与模拟视频相比有以下特点。

（1）数字视频可以不失真地进行无数次复制，而模拟视频信号每转录一次，就会有一次误差积累，产生信号失真。

（2）模拟视频长时间存放后视频质量会降低，而数字视频便于长时间的存放。

（3）数字视频可以进行非线性编辑，并可增加特技效果等。

（4）由于数字视频数据量大，因此在存储与传输的过程中必须进行压缩编码。

1.1.2 Premiere CC文件格式

Premiere CC文件格式类型主要分为图像、音频和视频 3 个方面。

（1）常见的图像格式有：JPEG、BMP、PSD、GIF、TGA、TGA、TIFF和PNG。

（2）常见的音频文件格式有：WAV、MP3、MIDI、WMA和RealAudio。

（3）常见的视频文件格式有：AVI、MPEG、MOV、TGA序列、WMA、FLV、ASF和H.264。

1.1.3 线性编辑和非线性编辑

线性编辑是指一种需要按时间顺序从头至尾进行编辑的节目制作方式，它所依托的是以一维时间轴为基础的线性记录载体，如磁带编辑系统。

从狭义上讲，非线性编辑是指剪切、复制和粘贴素材时无须在存储介质上重新安排它们，如图1-1左图所示为拍摄的星空图。从广义上讲，非线性编辑是指在使用电脑编辑视频的同时，还能实现诸多的处理效果，例如特效等，如图1-1右图所示为制作的绚丽多彩的光线效果。

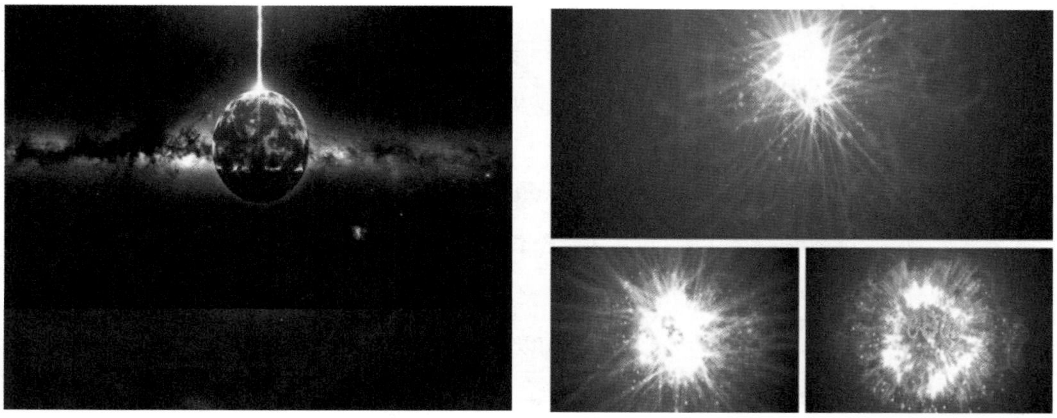

图1-1

1.1.4 视频编辑中的常用术语

视频编辑过程中经常会遇到许多的专用术语，了解这些术语的含义有利于提高工作效率。视频编辑中具体常见的术语及其含义如表1-1所示。

表1-1

常见术语	含 义
项目	对视频作品的规格进行定义，如帧尺寸、帧速率、像素纵横比、音频采样和场等，这些参数的定义会直接决定视频作品输出的质量及规格。
像素纵横比	组成图像的像素在水平方向与垂直方向之比。
SMPTE时间码	在视频编辑中，通常用时间码来识别和记录视频数据流中的每一帧，从一段视频的起始帧到终止帧，其间的每一帧都有唯一的时间码地址。
帧	帧是构成视频的最小单位，每一幅静态图像被称为一帧。因为人的眼睛具有视觉暂留现象，所以一张张连续的图片会产生动态画面的效果。
场	场是指视频的一个垂直扫描过程，分为逐行扫描和隔行扫描。电视画面是由电子枪在屏幕上一行一行地扫描形成的，电子枪从屏幕最顶部扫描到最底部称为一场扫描。若一帧图像是由电子枪顺序地一行接着一行连续扫描而成的，则称为逐行扫描；若一帧图像是通过两场扫描完成的，则是隔行扫描。
序列	序列就是将各种素材编辑（添加转场、特效和字幕等）完成后的作品。Premiere CC允许一个项目中有多个序列存在，而且序列可以作为素材被另一个序列所引用或编辑，通常将这种情况叫作嵌套序列。
帧速率	帧速率是视频中每秒包含的帧数。物体在快速运动时，人眼对于时间上每一个点的状态有短暂的停留现象；由于视觉暂留的时间非常短，为10^{-1}秒数量级，所以为了得到平滑连贯的运动画面，必须使画面的更新达到一定标准，即每秒钟所播放的画面要达到一定的数量，这就是帧速率。其单位是帧/秒（fps），帧速率越高，画面效果越好。
采集	采集是指从摄像机、录像机等视频源获得视频数据，然后通过IEEE1394接口接收和翻译视频数据，并将视频信号保存到电脑硬盘中的过程。
源	源一般是指视频的原始媒体或来源。通常指便携机、录音带等，配音是音频的重要来源。
字幕	字幕可以是移动文字提示、标题、片头或文字标题。
故事板	故事板是影片可视化的表示方式，单独的素材在故事板上被表示成图像的缩略图。
画外音	对视频或影片的解说、讲解通常称为画外音，它经常应用在新闻纪录片中。
素材	素材是指影片中的小片段，可以是音频、视频、静止图像或标题。
转场	转场就是在一个场景结束到另一个场景开始之间出现的内容。通过添加转场，剪辑人员可以将单独的素材和谐地融合成一部完整的影片。
流	这是一种新的Internet视频传输技术，它允许视频文件在下载的同时被播放。流通常被用于较大的视频或音频文件中。
渲染	将项目中所有源文件收集在一起，创建最终影片的过程。

续表

常见术语	含　义
制式	指传送电视信号所采用的技术标准。基带视频是一个简单的模拟信号，由视频模拟数据和视频同步数据构成，用于接收端正确地显示图像，信号的细节取决于应用的视频标准或者“制式”。
宽高比	宽高比是指视频图像的宽度和高度之间的比率电影、SDTV（标清电视）和HDTV（高清晰度电视）具有不同的宽高比，SDTV的宽高比是4：3；HDTV的宽高比是16:9。
分辨率	分辨率主要用于控制屏幕图像的精密度，是指单位长度内包含的像素点的数量。通常以每英寸的像素（PPI）来衡量。其计算方法是：横向的像素点数量×纵向的像素点数量，如1024×768就表示每一条水平线上包含1024个像素点，共768条线。

1.1.5 视频制作的前期准备

视频制作需要剧本以及素材，二者是制作视频的前提和基础。下面具体来讲解。

❶ 策划剧本

在制作视频的前期需要先策划剧本，就好比电影、电视剧拍摄之前需要编写剧本一样，好的剧本是影片成功的关键。而制作视频之前策划剧本是非常关键的。

剧本是一剧之本。苏联早期电影导演杜甫仁科说：电影剧本的作者是在纸上设计影片的总设计师。在视频制作中，这句话有着更为特别的含义。

策划剧本主要分为3个阶段。

（1）创意环节。找到故事核心或表现对象。

（2）策划环节。确立视频制作的内容和风格。

（3）完善制作环节。对剧本进行完善。

❷ 准备素材

在有了完善的剧本之后，就需要准备素材。素材是视频的重要组成部分，只有配合精美的素材才能制作出高质量的视频。在Premiere CC中制作视频时，就是将一个个的素材组合成一个连贯的整体。

影视素材主要包括文本素材、图形图像素材、视频素材和音频素材四大类，下面分别介绍各类素材的获取方式。

（1）文本素材的获取主要有：键盘输入、扫描输入、手写输入、语法输入等。

（2）图形图像素材一般有7种采集方法，分别是利用绘图软件制作、屏幕捕捉或屏幕拷贝、扫描输入、使用数码相机拍摄、视频帧捕捉、光盘采集和网上下载。

（3）音频素材的获取一般有6种途径，分别是素材光盘、资源库、网上查找、从CD或VCD中获取、从现有的录音带中获取以及自行录音。

（4）视频素材的获取主要从资源库、CD或VCD中获取以及网上视频素材下载或利用摄像机拍摄。

总之，素材的获取方式多种多样。

现在是网络发达的年代，网络中的素材多种多样，下面推荐几个素材网站供读者使用，如表1-2所示。

表1-2

网站名称	网　址	说　明
素材网	http://www.sucai.com	大多用于查找图像类素材。
昵图网	http://www.nipic.com	中国第一设计/素材网站，图片素材共享平台。
CG资源网	https://www.cgown.com/	针对全球所有CG设计行业用户的互动、展示平台，以三维模型为主的资源共享平台。
爱给网	http://www.aigei.com	中国最大的游戏和影视素材下载网站，提供游戏制作和影视后期制作中使用的各种素材资源下载。
千图网	http://www.58pic.com	国内设计师喜欢的图片素材库，588ku.com为设计师提供各类好看免费的png图片和素材、背景图片、背景素材、海报背景、banner背景和边框花纹素材等。

LESSON 1.2 Premiere CC的新增功能

知识级别

■初级入门 | □中级提高 | □高级拓展

学习目标

了解 Premiere CC 的新增功能。

知识难度 ★★

学习时长 60 分钟

※ 主要内容 ※

内 容	难 度	内 容	难 度
增强的开放字幕	★	键盘快捷键映射	★
Lumetri Color 增强功能	★	更多的音频效果	★
适用于项目的Dynamic Link	★	自动感知VR	★
支持更多原生格式	★		

Premiere CC比之前几个版本有了加强和新增功能，想要查看版本的新增功能，只需单击“帮助”菜单项，选择“Adobe Premiere Pro帮助”命令或“Adobe Premiere Pro支持中心”命令，在打开的页面中即可查看到新增的功能，如图1–2所示。

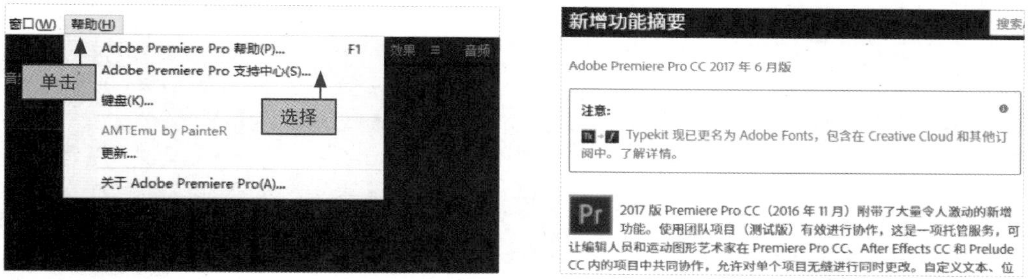
窗口(W)
帮助(H)
Adobe Premiere Pro 帮助(P)...
F1
Adobe Premiere Pro 支持中心(S)...
单击
键盘(K)...
选择
AMTEmu by PainteR
更新...
关于 Adobe Premiere Pro(A)...
新增功能摘要
Adobe Premiere Pro CC 2017 年 6 月版
注意:
Typekit 现已更名为 Adobe Fonts，包含在 Creative Cloud 和其他订阅中。了解详情。
Pr
2017 版 Premiere Pro CC（2016 年 11 月）附带了大量令人激动的新增功能。使用团队项目（测试版）有效进行协作，这是一项托管服务，可让编辑人员和运动图形艺术家在 Premiere Pro CC、After Effects CC 和 Prelude CC 内的项目中共同协作，允许对单个项目无缝进行同时更改。自定义文本、位

图1–2

下面具体针对一些新增的功能进行讲解。

● 增强的开放字幕

通过字幕和对白字幕可以扩大观众群体，不仅是在 Facebook 上可以使无声的自动播放视频预览变得生动有趣，还可以为不同语言生成各种版本，或者用隐藏字幕增强有听力障碍观众的可访问性。

现在可以像创建隐藏字幕一样轻松创建开放字幕，并对字幕的文本、位置、背景和字体颜色进行自定义设置，此处还可以使用“边缘颜色”功能确保在任何背景上轻松阅读字幕，如图1–3所示。

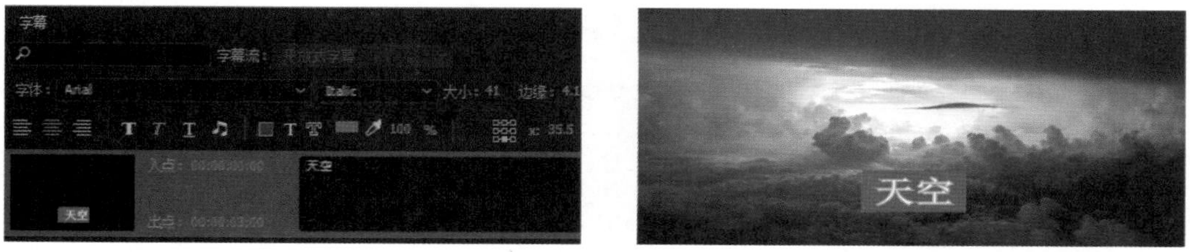
字幕
天空
天空

图1–3

● 键盘快捷键映射

使用视觉映射快速查找、调整和自定义键盘快捷键。借助新增的可视键盘快捷键映射功能可以更高效地工作。

打开快捷键映射只需单击“编辑”菜单项，选择“快捷键”命令，如图1-4所示。

图1-4

在图1-4中快捷键及其功能都非常清晰地标注出来了，这比直接的文字显示更加直观。在下面还可以通过鼠标拖曳的方式来修改快捷键（即直接在应用程序栏中选中工具拖曳到键盘上的某个键），还可以单击“清除”按钮删除自定义的快捷键。

● Lumetri Color 增强功能

Premiere CC 中的颜色工具集不断扩大，可让编辑人员深入使用颜色。借助 Lumetri Color 工具集增强功能扩展用户的创造性。当使用 HSL Secondary 和白平衡时，新拾色器可让用户直接在视频上立即做出直观的选择。借助对 HDR10 元数据工作流程的支持（为支持 HDR 的新型电视和显示器启用 HDR10 和输出编辑），新的拾色器可在使用 HSL 助手时进行即时选择。此外，用户还可以使用 HDR10 文件并获得对色彩空间元数据的更好支持。

● 更多的音频效果

此版本为 Premiere 引入新的和改进的音频效果，新的高品质实时音频效果可带来更好的音质和更高的保真度。其中具体包括：自适应降噪、动态处理、参数均衡器、自动咔嗒声移除和室内混响等，如图1-5所示。

图1-5

● 适用于项目的Dynamic Link

在Premiere CC 中支持项目与AE之间的Dymamic Link（动态链接），减少了对中间渲染的需求，程序可以跳过中间渲染，并且提高了播放过程中的帧速率。

● 自动感知VR

Premiere可自动检测虚拟实境视频是单视场、立体左/右还是立体上/下，并应用相应的设置。

● 支持更多原生格式

Premiere现在支持更多格式，具体支持的格式如图1-6所示。

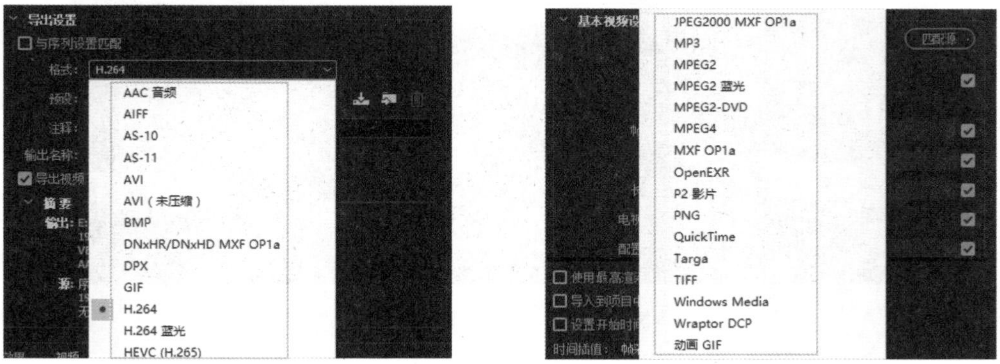

图1-6

LESSON 1.3 初识Premiere CC工具

知识级别

■初级入门 | □中级提高 | □高级拓展

知识难度 ★★

学习时长 60分钟

学习目标

① 了解 Premiere CC 界面组成。

② 认识 Premiere CC 的窗口。

③ 认识 Premiere CC 的设置面板。

④ 认识 Premiere CC 的菜单栏。

※ 主要内容 ※

内　容	难　度	内　容	难　度
了解Premiere CC界面组成	★	认识Premiere CC的窗口	★
认识Premiere CC的设置面板	★★	认识Premiere CC的菜单栏	★★

1.3.1 了解Premiere CC界面组成

Premiere CC工作界面中默认设置下主要由标题栏、菜单栏、时间轴窗口、监视器窗口、效果和预设面板、项目窗口组成（其具体作用在后面会详细讲解），如图1-7所示。

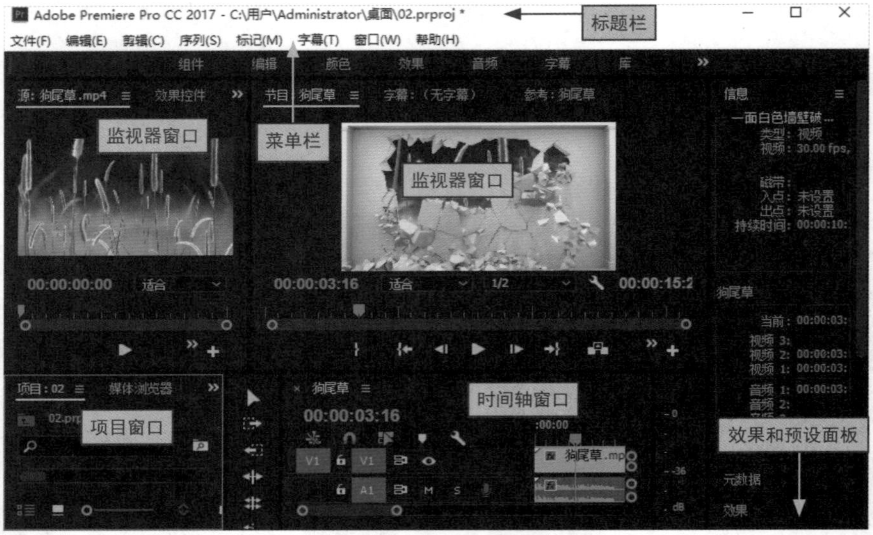

图1-7

除了图1-7所示的标准工作区布局外，用户还可以根据实际应用来改变工作区的布局，其方法是：选择“窗口/工作区”命令，在弹出的子菜单中列出了多种工作区的布局类型。如图1-8所示，选择需要的布局类型即可。

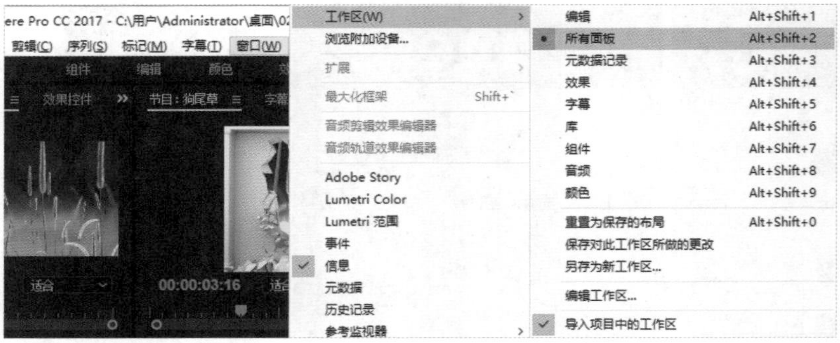

图1-8

如果在子菜单中选择“所有面板”布局命令后，用户可以看到在工作界面右下方显示了很多面板，如图1-9所示。

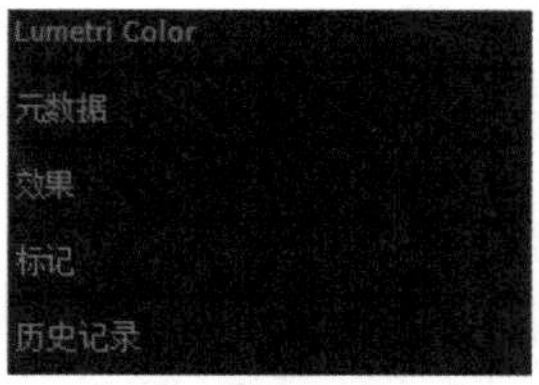

图1-9

1.3.2 认识Premiere CC的窗口

在 Premiere 软件中处理素材时，主要会用到项目窗口、监视器窗口和时间轴窗口。下面分别进行介绍。

1.项目窗口

项目窗口主要用于导入、存放和管理素材。其包括项目、媒体浏览器、库、信息、效果、标记和历史记录等多个小窗口。编辑影片所用的全部素材应事先存放于项目窗口内，再进行编辑。项目窗口的素材可用列表和图标两种视图方式显示，包括素材的缩略图、名称、格式、出入点等信息。在素材较多时，也可为素材分类、重命名，使之更加清晰。

项目窗口的整体框架如图1-10所示，用户可以自由调节项目窗口的大小，也可以单击项目窗口的☰按钮，在弹出的下拉菜单中可对项目窗口进行设置，如图1-11所示。

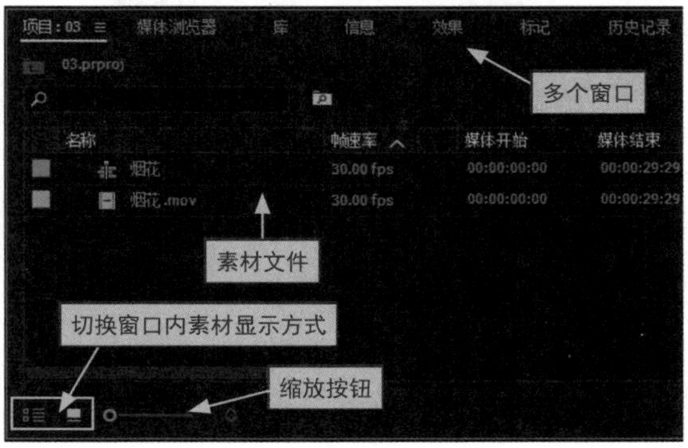

图1-10

图1-11

2.监视器窗口

监视器窗口由两部分组成，如图1-12所示，左侧是“素材源”监视器，主要用于预览或剪裁项目窗口中选中的某一原始素材；右侧是“节目”监视器，主要用于预览时间轴窗口序列中编辑的素材（影片），也是最终输出视频效果的预览窗口。

3.时间轴窗口

时间轴窗口是以轨道的方式将视频、音频图像组合起来，它是编辑素材的主要阵地，用户的编辑工作都需要在该窗口中完成。在时间轴窗口中，素材片段按照播放时间的先后顺序及合成的先后层顺序在时间线上从左至右、由上至下排列在各自的轨道上，用户可以使用各种编辑工具对这些素材进行编辑操作。时间轴窗口分为上下两个区域，上方为时间显示区，下方为轨道区，如图1–13所示。时间轴窗口及其他各部分的名称与相关作用，如表1–3所示。

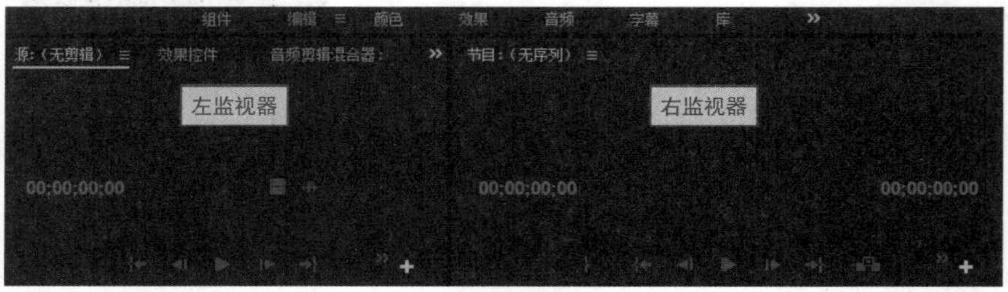

图1–12

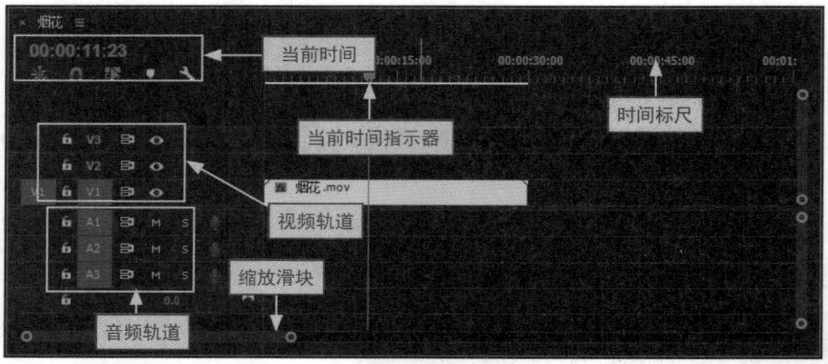

图1–13

表1–3

组成部分	作　用
当前时间	显示当前所指帧位置的时间。
当前时间指示器	定位帧的位置。
时间标尺	用于显示当前合成的总时间长度。
视频轨道	用于存放视频的轨道。
音频轨道	用于存放音频的轨道。
缩放滑块	用于缩放时间标尺区域的大小。

1.3.3 认识Premiere CC的设置面板

Premiere CC的设置面板比较多，主要包括“媒体浏览器”面板、“信息”面板、“效果”面板、“效果控件”面板、“音频剪辑混合器”面板、“主声道电”平面板和“工具箱”面板，下面将一一讲解。

1. “媒体浏览器”面板

“媒体浏览器”面板主要用于查找或浏览用户电脑中各个磁盘的文件，如图1-14所示。

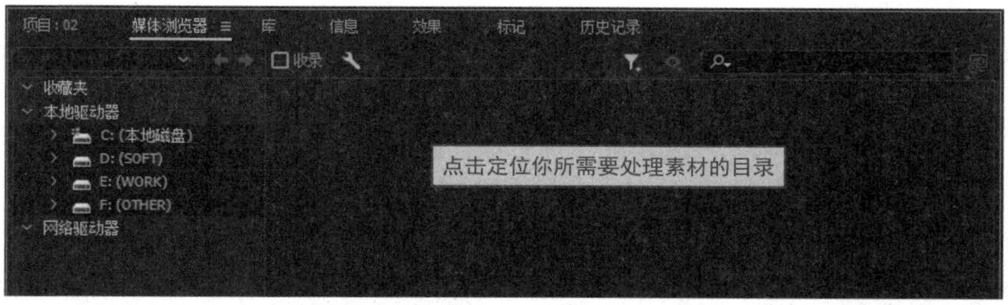

图1-14

2. “信息”面板

“信息”面板用于显示在项目窗口中所选中的素材的相关信息。主要包括素材名称、类型、大小、开始及结束点等信息，如图1-15所示。

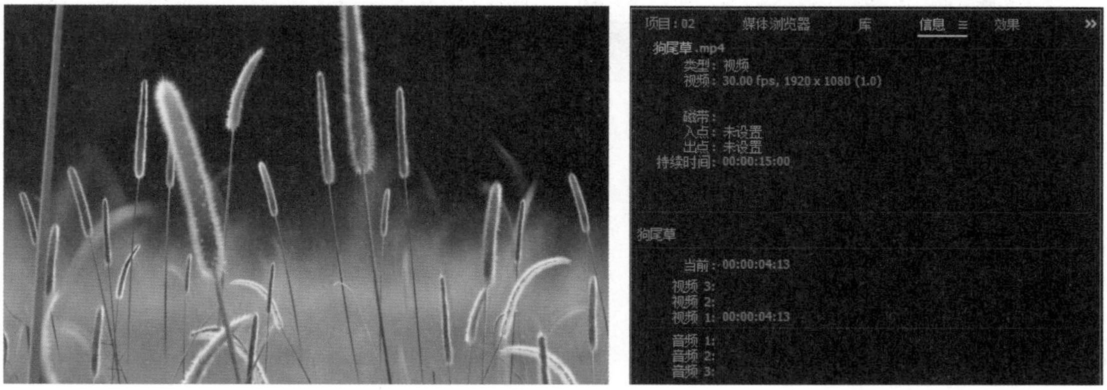

图1-15

3. “效果”面板

“效果”面板里面存放了Premiere CC自带的各种预设效果、音频效果、音频过渡、视频效果以及视频过渡等效果，如图1-16所示，通过该面板，用户可以方便地为时间轴窗口中的各种素材片段添加特效。

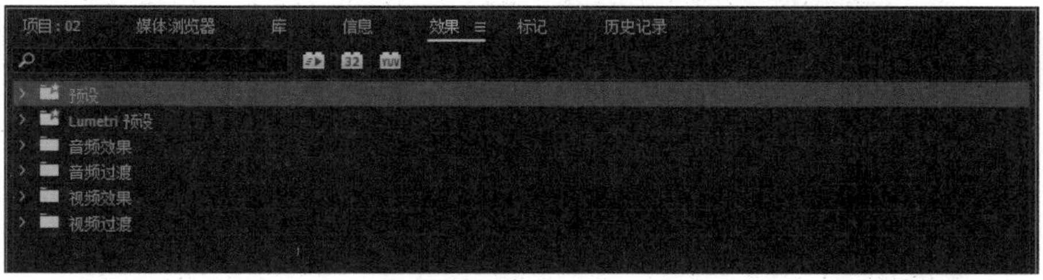

图1-16

4. “效果控件”面板

当为某一段素材添加了音频、视频特效之后，还需要在“效果控件”面板中对特效的具体参数进行相应的设置，其中制作画面的运动或透明度也是在该面板中进行参数的设置，如图1–17左图所示。

5. “音频剪辑混合器”面板

“音频剪辑混合器”面板主要用于完成对音频素材的各种加工和各种效果处理工作，其面板效果如图1–17右图所示。

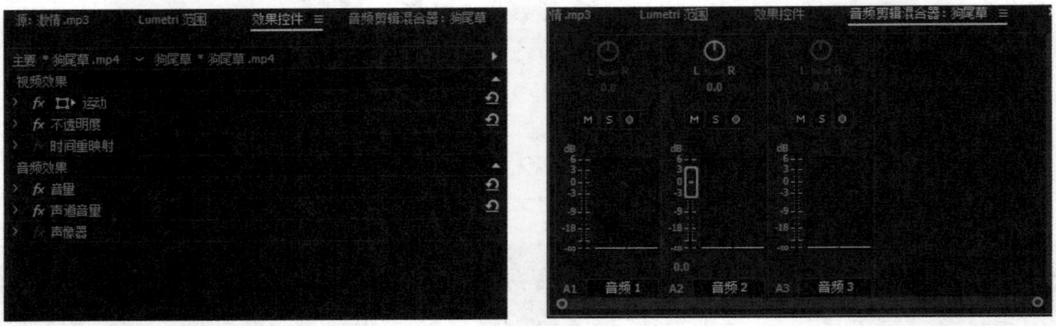

图1–17

6. “主声道电平”面板

“主声道电平”面板主要用于显示混合声道输出音量的大小。当音量超出安全范围时，在柱状顶端会显示红色警告，用户可以及时调整音频的增益，以免损伤音频设备，其面板效果如图1–18的右侧所示。

7. “工具箱”面板

“工具箱”面板中集成了视频与音频编辑工作的重要编辑工具，如轨道选择工具、波形编辑工具、滚动编辑工具、剃刀工具、滑动工具、钢笔工具、手形工具和缩放工具等，如图1–18左侧所示。通过这些工具可以完成许多特殊的操作。

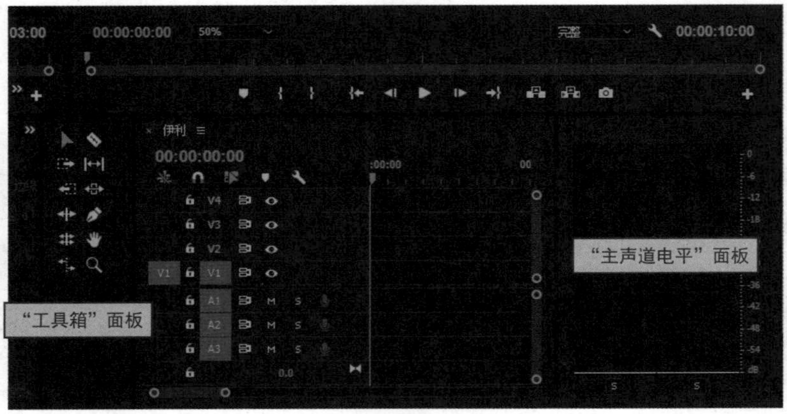

图1–18

1.3.4 认识Premiere CC的菜单栏

Premiere CC的菜单栏主要包括文件、编辑、剪辑、序列、标记、字幕、窗口和帮助8个菜单项，如图1-19所示。下面具体对每个菜单进行详细讲解。

图1-19

1. “文件”菜单

“文件”菜单主要执行了新建、保存、素材采集和素材导入导出等操作。单击“文件”菜单项，可以看到相应的命令，如图1-20所示，其常用的命令及其对应的作用如表1-4所示。

图1-20

表1-4

命　令	作　用
新建	主要用于创建一个新的项目、时间线、文件夹、离线文件和字幕等。
打开项目	用于打开已经存在的项目。
打开最近使用的内容	打开最近编辑过的项目。
关闭项目	用于关闭当前正在编辑的项目，但不退出Premiere软件。
保存	用于保存当前编辑的项目。
另存为	用于将当前项目重新命名保存，同时进入新文件编辑环境中。
保存副本	用于为当前项目存储一个副本，存储副本后仍处于原文件的编辑环境中。
还原	用于将最近一次编辑的文件或者项目恢复原状，即返回到上次保存过的项目状态。
捕捉	用于通过外部的捕获设备获得视频/音频素材，即采集素材。
批量捕捉	通过外部的捕获设备批量获得视频/音频素材，即批量采集素材。

续表

命　令	作　用
导入	用于将硬盘上的多媒体文件添加到项目窗口中。
导入最近使用的文件	用于直接将最近编辑过的素材添加到项目窗口中，不会打开导入对话框，方便用户更快更准确地添加素材。
导出	用于将工作区域中的内容输出成视频。
获取属性	用于获取文件的属性或者选择内容的属性，它包括两个选项：一个是文件，另一个是选择。
项目设置	用于设置当前项目的一些基本参数，包括项目的编辑模式、时间码、视频、音频、采集素材的格式和视频渲染等方面的内容。
项目管理	用于管理当前项目。
退出	用于退出Premiere软件，关闭程序。

2. “编辑”菜单

“编辑”菜单中主要包括了一些常用的基本编辑功能，如撤消、重做、复制、粘贴、查找等，另外还包括Premiere中特有的影视编辑功能，如波纹删除、编辑原始、标签等。单击“编辑”菜单项，在弹出的下拉菜单中可看到相应的命令，如图1-21所示，其常用命令及其对应的作用如表1-5所示。

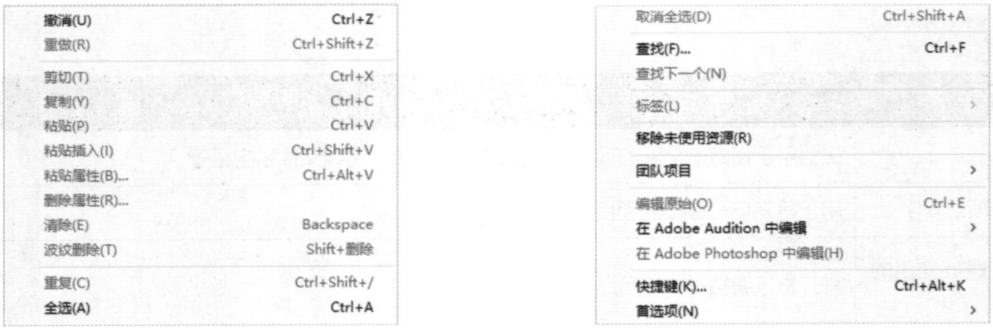

图1-21

表1-5

命　令	作　用
撤销	该命令可以撤销上一步操作。
重做	与撤销操作是相对立的，它只有在使用了撤销命令之后才被激活，可以取消撤销操作。
剪切	用于将选中的内容剪切到剪贴板。
复制	用于将选中的内容复制一份到剪贴板。

续表

命　令	作　用
粘贴	与剪切命令和复制命令配合使用，用于将复制或者剪切到剪贴板的内容粘贴到指定的位置。
粘贴插入	用于将复制或者剪切的内容在指定的位置以插入的方式进行粘贴。
粘贴属性	用于将其他素材片段上的一些属性粘贴到选中的素材片段上，这些属性包括一些过渡特效、滤镜和设置的一些运动效果等。
清除	用于删除选中的内容。
波纹删除	使用该命令删除时间线上的素材片段时，被删除的素材片段后面的内容将自动地提前到被删除素材片段的位置上。
取消全选	与全选相对立，用于取消全部选择的内容。
标签	用于改变时间线上素材片段的颜色。它包括一个子菜单，选中时间线上的素材片段后，再选择标签子菜单中的任意一种颜色，可以改变素材片段的颜色。
编辑原始	用于将选中的素材在外部程序软件中进行编辑，如Photoshop等软件。
快捷键	根据自身习惯设置软件的快捷键。
首选项	用于设置Premiere软件的一些基本参数，包括常规、外观、音频、音频硬件、自动存盘、捕捉、设备控制、内存、字幕和修剪等。

3. “窗口”菜单

“窗口”菜单与其他图形图像软件中的“窗口”菜单差不多，主要功能是对各种工作窗口、控制面板进行管理，通过它可以打开或关闭各种工作窗口。单击“窗口”菜单项，用户可看到相应的命令，如图1-22所示，其常用的命令及其对应的作用如表1-6所示。

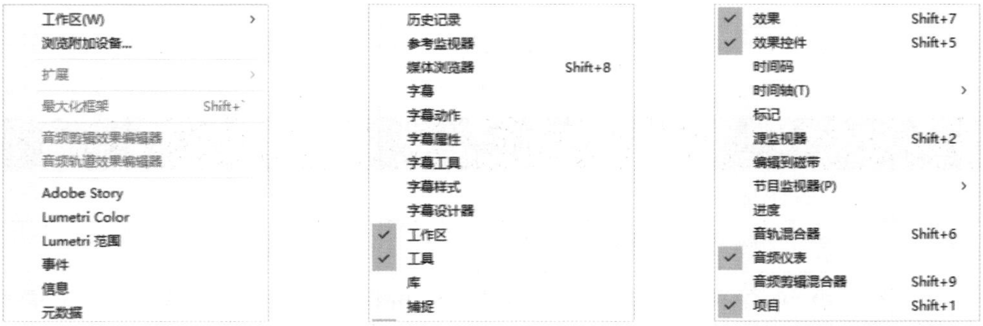

图1-22

表1-6

命　令	作　用
工作区	用于切换不同模式的工作窗口。
效果	用于打开或关闭效果面板。

续表

命　令	作　用
效果控件	用于打开或关闭特效控制面板和设置特效控制参数。
事件	用于打开或关闭事件面板。
历史记录	用于打开或关闭历史记录面板，浏览历史记录，可通过历史记录返回操作。
信息	用于打开或关闭信息面板。
工具	用于打开或关闭工具面板。
时间码	该命令只有在选中项目窗口中的视频素材时才有效。可以用来修改素材的时间码（Timecode）或者磁带名（Tape Name）。
进度	视频播放的时间进度点。

4. “剪辑”菜单

“剪辑”菜单主要用于对素材文件添加效果、进行参数设置等。单击“剪辑”菜单项，用户可看到相应的命令，如图1-23所示，其常用的命令及其对应的作用如表1-7所示。

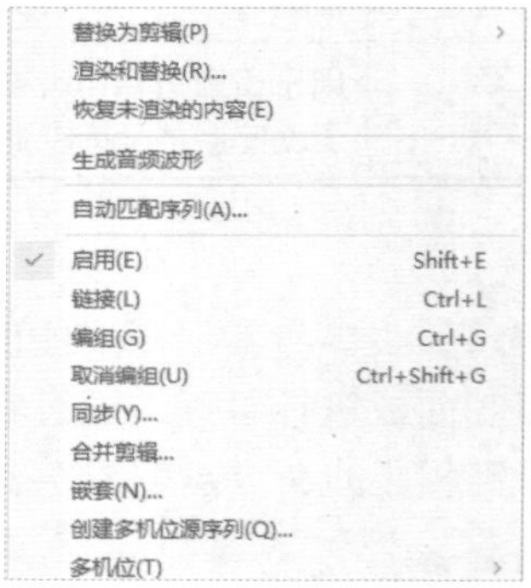

图1-23

表1-7

命　令	作　用
重命名	对文件进行重命名操作。
捕捉设置	用于对外部的捕获设备进行设置。
插入	用于将项目窗口中的素材或素材监视器窗口中设置好入点与出点的素材插入到时间线上。
覆盖	用于将项目窗口中的素材或素材监视器窗口中设置好入点与出点的素材插入到时间线上，同时覆盖掉时间线上原来的素材片段。
替换素材	用外部文件替换项目中的素材文件。
链接	用于将项目中断开链接的媒体重新链接进来。

续表

命　令	作　用
编组	用于将选中的素材片段进行编组，编组之后可以对组进行移动或者编辑，其快捷键为Ctrl+G。该命令只用于时间轴窗口中的素材片段。
取消编组	用于将编组的素材片段取消编组，即解组，其快捷键为Shift+Ctrl+G。
音频选项	用于设置音频素材的各种参数，如单声道、双声道和音频增益等。
视频选项	用于设置视频素材的帧和场方面的参数。

5. “标记”菜单

“标记”菜单分为两组，上方的一组用于为素材监视器窗口中的素材作标记，下方的一组用于为时间线上的素材片段或节目监视器窗口中的素材作标记。单击“标记”菜单项，用户可看到相应的命令，如图1–24所示，其常用的命令及其对应的作用如表1–8所示。

标记入点(M) I
标记出点(M) O
标记剪辑(C) X
标记选择项(S) /
标记拆分(P)
转到入点(G) Shift+I
转到出点(G)
转到拆分(O)
清除入点(L) Ctrl+Shift+I
清除出点(L) Ctrl+Shift+O
添加标记 M
转到下一标记(N) Shift+M
转到上一标记(P) Ctrl+Shift+M
清除所选标记(K) Ctrl+Alt+M
清除所有标记(A) Ctrl+Alt+Shift+M
编辑标记(I)...
添加章节标记...
添加 Flash 提示标记(F)...
波纹序列标记

图1–24

表1–8

命　令	作　用
标记入点/出点	用于为素材监视器窗口中的素材设置标记，可以设置入点、出点。
转到入点/出点	用于选择转到入点/出点素材标记。
清除所选标记	用于删除选定的素材标记。
转到上-/下-标记	用于选择转到哪个时间线标记。
清除所选标记	用于删除所选时间线上标记。
编辑标记	用于编辑已有的时间线标记，包括添加注释、标记持续时间和目标帧等内容，在编辑之前需要先选中要编辑的标记。

6. “序列”菜单

“序列”菜单中的命令主要用于对项目中的序列进行编辑、管理、渲染片段、增减轨道和修改序列内容等操作。单击“序列”菜单项，可看到相应的命令，如图1–25所示，其中常用的命令及其作用如表1–9所示。

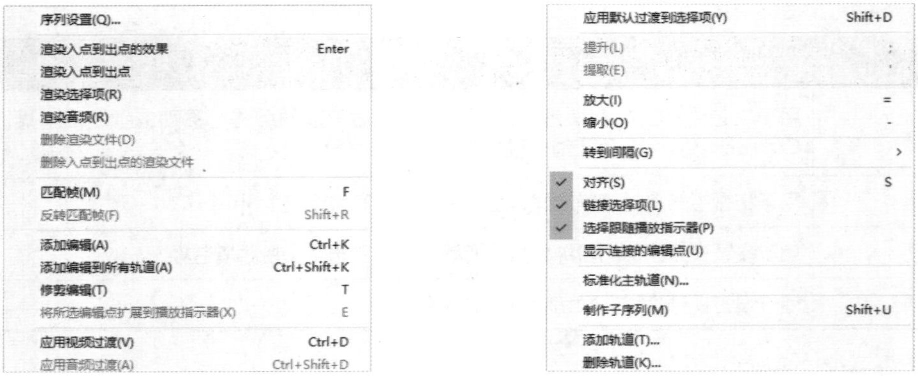

图1-25

表1-9

命　令	作　用
序列设置	打开“序列设置”对话框，查看当前工作序列的选项参数设置。
渲染入点到出点	渲染当前序列中的各视频，图像剪辑持续时间范围以及重叠部分的影片画面，都将单独生成一个对应内容的视频文件。
渲染音频	渲染当前序列中的音频内容，包括单独的音频素材和视频文件中包含的音频内容。
删除渲染文件	选择此命令，在打开的“确认删除”对话框中单击“确认”按钮，可以删除与当前项目关联的所有渲染文件。
提取	此命令主要是将监视器窗口所选定的源素材覆盖到编辑线所在位置的素材上。
放大/缩小	对时间轴窗口中时间显示比例进行放大或缩小。
转到间隔	在该命令的子菜单中选择对应的命令，可以快速将时间轴窗口中的时间指示器跳转到对应的位置。
对齐	在选中该命令的状态下，在时间轴窗口中移动或修剪素材到接近靠拢时，被移动或修剪的素材将自动靠拢对齐前面或后面的素材，使两个素材的首尾相连，避免在播放时出现黑屏画面。
添加/删除轨道	添加轨道或删除轨道。

“帮助”菜单主要用于通过网页解决一些Premiere CC的相关问题。而“字幕”菜单属于高级应用，在后面的章节会有详细的介绍。

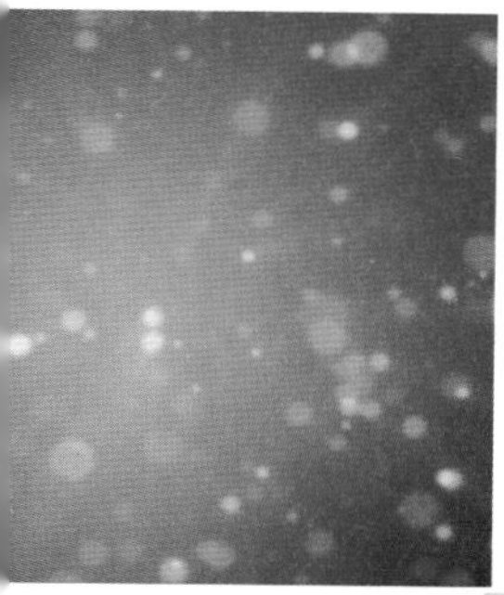

第2章

Premiere CC的基本编辑操作

学习目标

讲解了Premiere CC的界面组成和基本窗口后，我们开始学习Premiere CC的编辑操作，包括素材的导入和管理、项目文件的设置以及常用工具的使用等。

本章要点

- ◆ 新建项目和序列
- ◆ 捕捉参数设置
- ◆ 音频素材的录制
- ◆ 视频素材的采集
- ◆ 使用选择工具

……

LESSON 2.1 创建项目文件

知识级别

■初级入门 | □中级提高 | □高级拓展

知识难度 ★★

学习时长 60 分钟

学习目标

①掌握新建项目和序列的方法。

②掌握项目文件的保存、打开与关闭操作。

※主要内容※

内容	难度	内容	难度
新建项目和序列	★	项目文件的保存、打开与关闭	★

2.1.1 新建项目和序列

在使用Premiere 软件对视频素材进行编辑时，需要新建项目和序列。在编辑过程中或制作完成时保存的项目文件，也称为方案或工程文件，而所建立的序列都包括在项目文件内。下面我们就来看看新建项目和序列的具体操作。

1.新建项目

启动Premiere 软件时会打开项目设置的“开始”窗口，用户可以在窗口中单击“新建项目”按钮，在打开的对话框中对新建项目的位置、名称等进行设置，其余选项一般为默认设置。设置完成后单击“确定”按钮便可以完成项目的创建。下面通过具体的实例演示新建项目的整个过程。

[知识演练] 从零开始新建一个项目文件

步骤01 双击Premiere 软件快捷方式图标，启动软件。在打开的“开始”窗口中单击“新建项目”按钮，打开“新建项目”对话框，如图2-1所示。

步骤02 1.在“新建项目”对话框中设置项目名称，这里设置为01，设置位置为桌面；2.选择视频的显示格式为时间码；3.设置音频的显示格式为音频采样，捕捉格式设置为DV，其余选项一般为默认设置；4.完成后单击“确定”按钮。如图2-2所示。

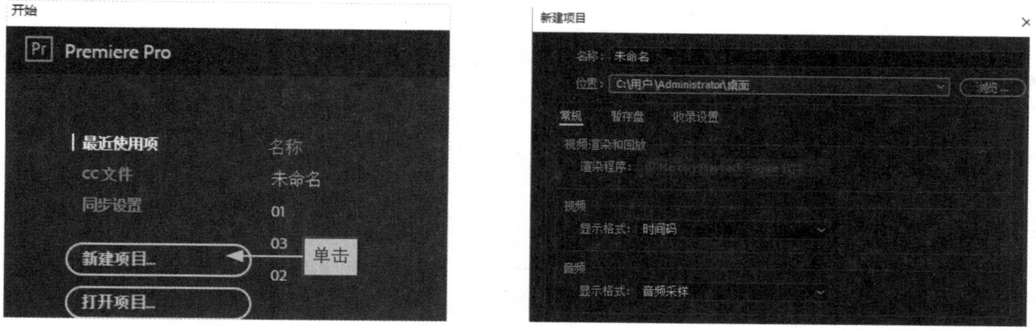

图2–1

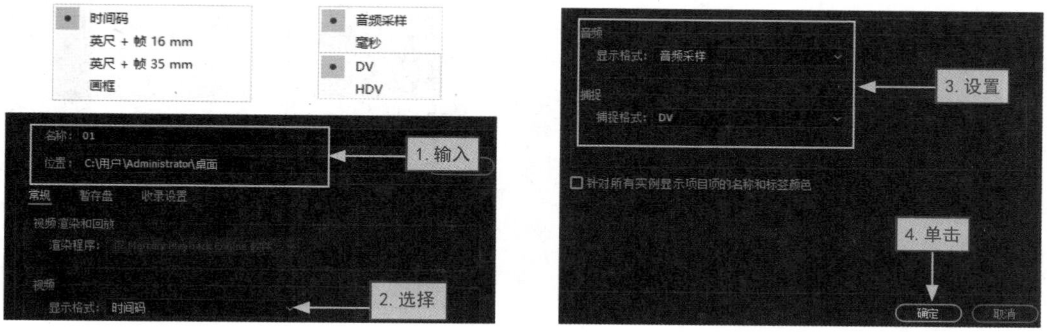

图2–2

如果已经在Premiere 的工作界面中了，1.此时只需单击“文件”菜单项；2.选择“新建/项目”命令，在打开的“新建项目”对话框中设置项目的名称和位置，单击“确定”按钮即可。如图2–3所示。

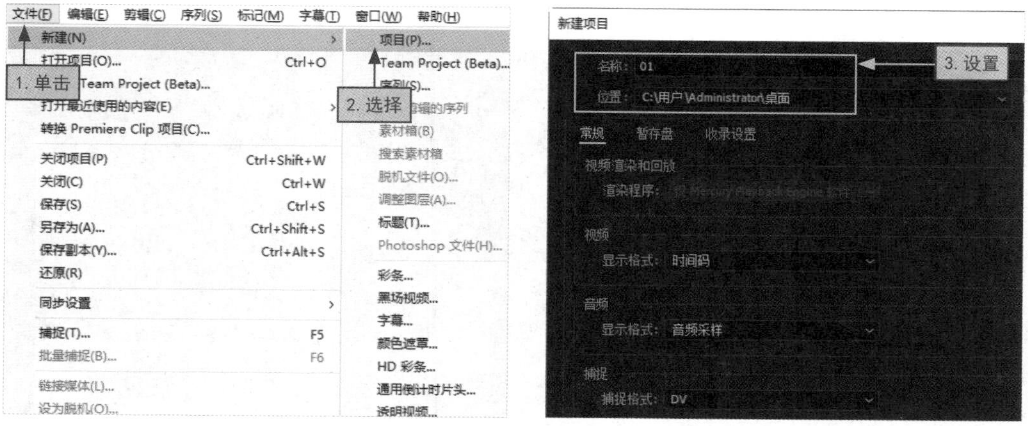

图2–3

❷新建序列

序列是在项目窗口内建立起来的，它不可以保存为一个文件，只属于项目的一部分，保存项目文件的同时也将其一同进行了保存。当在项目窗口中建立一个序列时，在时间轴窗口中便会出现这个序列的时间线，随之音频轨道与视频轨道也会出现。新建一个序列的操作如下。

[知识演练] 从零开始新建一个序列

步骤01 1.在菜单栏中单击“文件”菜单项；2.在弹出的下拉菜单中选择“新建/序列”命令。如图2-4所示。或者1.在项目窗口中单击鼠标右键；2.在弹出的快捷菜单中选择“新建项目/序列”命令。如图2-5所示。（如果此时未新建有项目，则不能执行新建序列的操作）

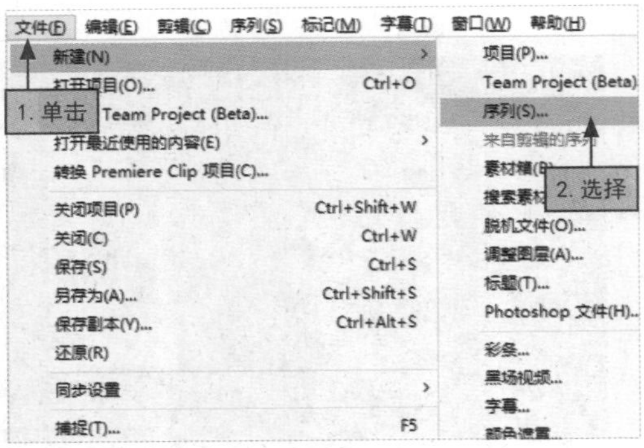

图2-4

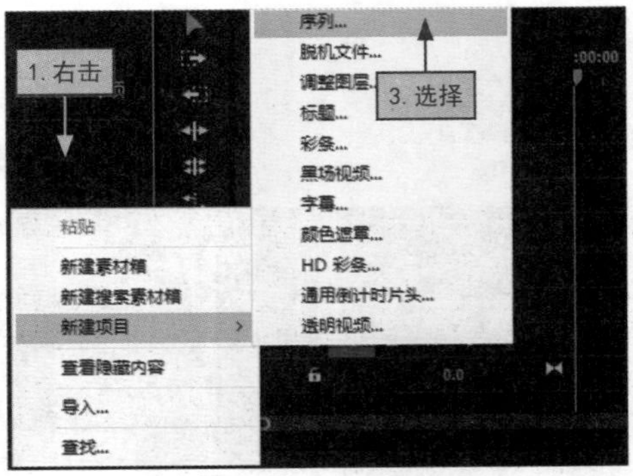

图2-5

步骤02 在打开的“新建序列”对话框中可以进行序列名称、预设、编辑模式、时基、视频与音频等设置，应根据具体需要制作的项目来为这些序列设置不同的参数。切换到“设置”选项卡，1.设置序列名称为“序列1”；2.设置编辑模式为DV PAL；3.完成设置后单击“确定”按钮。如图2-6所示。

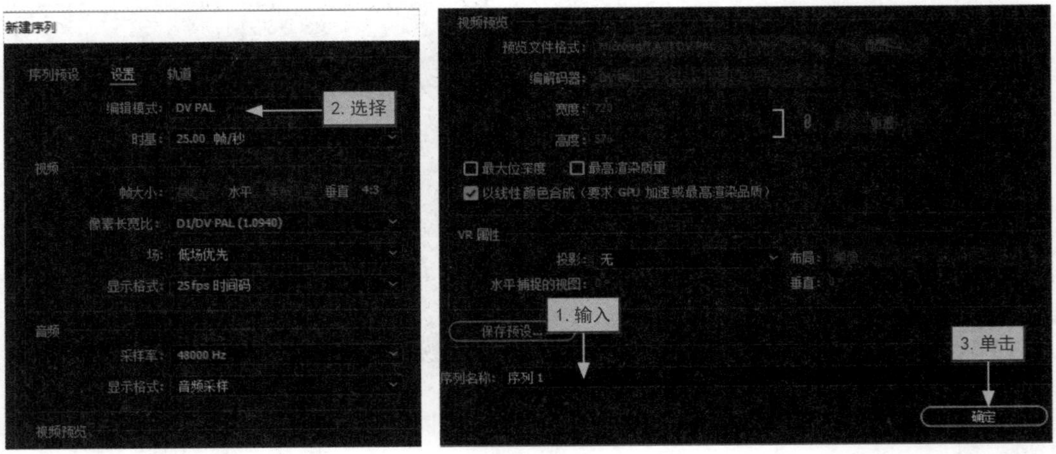

图2-6

③ 新建多个序列

一个项目文件中只能存在一个项目，而一个项目中可以建立多个序列，并且这些序列的设置也可以不相同，例如“序列A”可以是DV PAL预设、“时基”为25帧/秒的设置，而“序列B”则可以设置自定义预设、“时基”为30帧/秒。多个序列的建立可以逐个新建，也可以把已建的合成序列复制过来，对于已经建好的序列，可以对编辑模式、时基等再进行修改设置。下面具体介绍通过复制的方式建立多个序列的方法。

[知识演练] 用复制的方式新建多个序列

步骤01 打开“新建序列”对话框，切换到“设置”选项卡，1.建立“序列2”；2.将编辑模式设置为DV PAL；3.将时基设为25帧/秒，如图2-7所示。单击“确定”按钮完成序列2的建立。

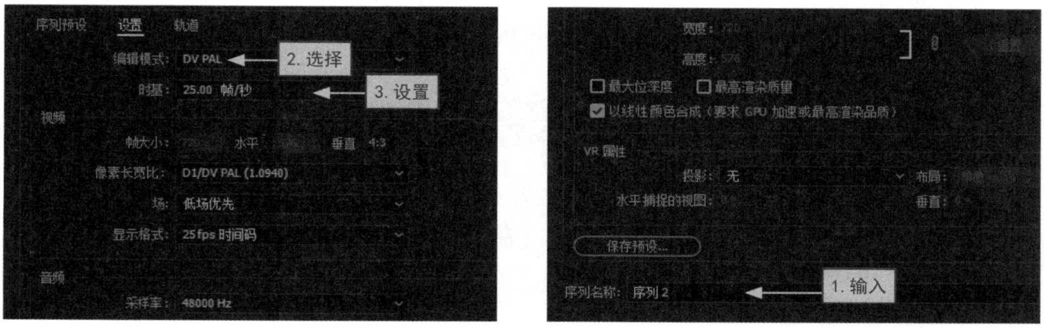

图2-7

步骤02 在项目窗口中右击“序列2”选项，选择“复制”命令，再在项目窗口的空白位置右击选择“粘贴”命令，为“序列2”复制一个副本“序列2复制01”；也可以通过按Ctrl+C组合键复制，再按Ctrl+V组合键执行粘贴操作。如图2－8所示。

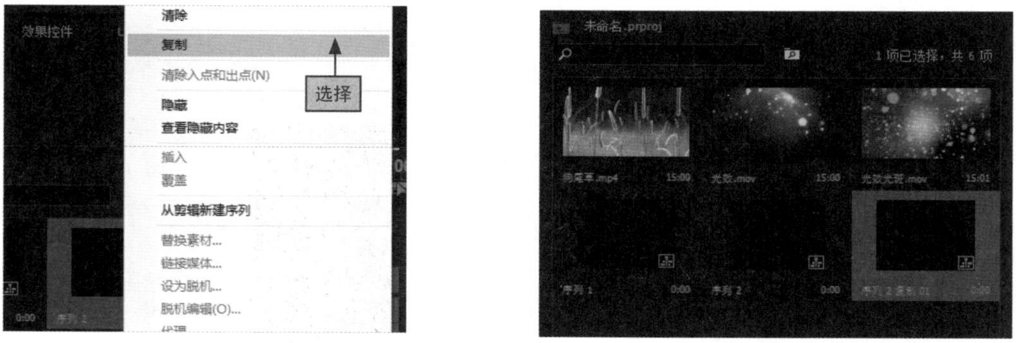

图2-8

步骤03 双击副本序列，使其名称变为可编辑状态，输入“序列3”后按Enter键完成重命名操作。直接在“序列3”上右击，在弹出的快捷菜单中选择“序列设置”命令，在打开的“序列设置”对话框中即可修改序列3的各种设置，如图2-9所示。

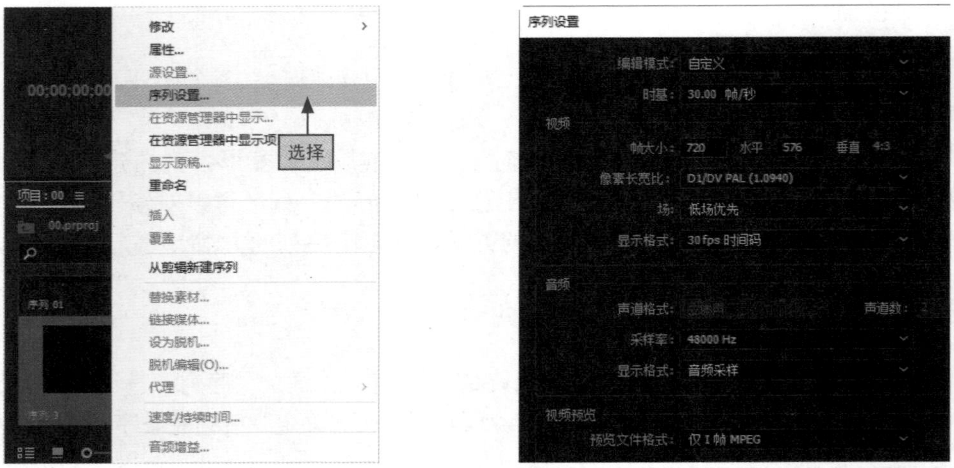

图2-9

2.1.2 项目文件的保存、打开与关闭

在使用Premiere对视频素材进行编辑完成后，需要对项目文件进行保存，这是进行视频编辑必不可少的操作，如果不及时执行保存操作，可能会导致文件的丢失与损坏。对于项目文件的操作还涉及打开与关闭操作。下面我们就来看一下项目文件的保存、打开与关闭的具体操作如何进行。

❶项目文件的保存

对一个项目来说，文件的保存是至关重要的，合理有序地进行文件保存可以有效地提高工作效率。1.单击“文件”菜单项，2.选择“保存”命令即可将项目文件保存到项目设置的工程文件夹位置，如图2-10所示。或者选择“另存为”命令，然后在打开的对话框中指定存储位置。

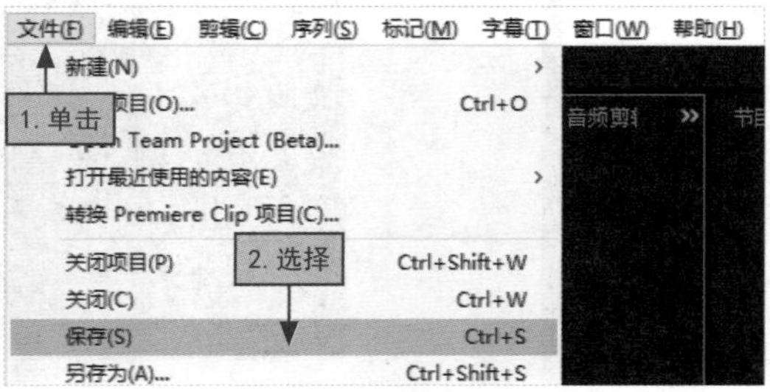

图2-10

❷项目文件的打开与关闭

如果项目已经完成了，需要去检查、审核等，这个时候就需要打开文件。打开项目文

件主要有以下两种方法。

- **菜单命令打开：** 1.单击“文件”菜单项，2.选择“打开项目”命令，3.在打开的对话框中选择需要打开的文件项目，4.单击“确定”按钮，如图2–11所示。
- **直接拖动文件打开：** 选中文件直接拖动到打开的Premiere CC中，1.在打开的对话框中选中“导入整个项目”单选按钮，2.单击“确定”按钮，如图2–12所示。

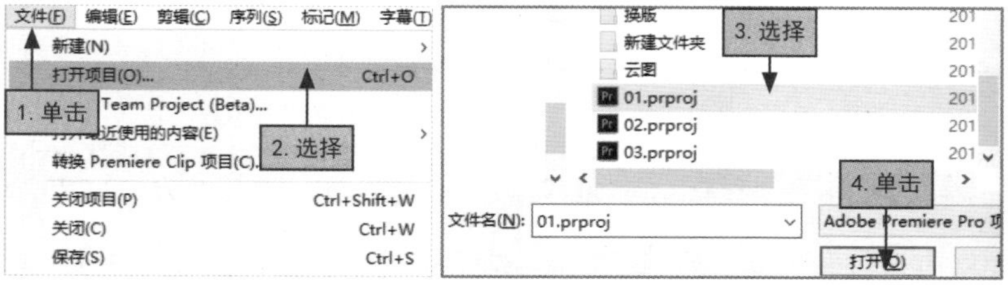

图2–11

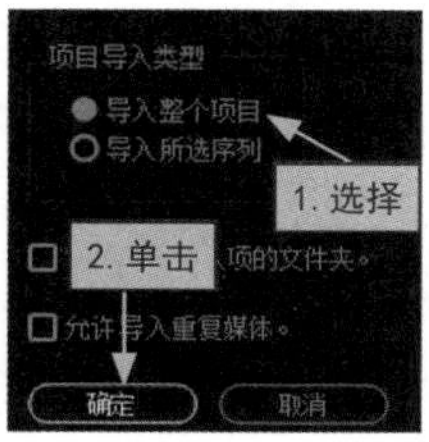

图2–12

项目文件的关闭主要有以下3种方法。

- **菜单命令关闭：** 1.单击“文件”菜单项，2.选择“关闭项目”命令，即可关闭当前项目文件，如图2–13所示。
- **退出命令关闭：** 1.单击“文件”菜单项，2.选择“退出”命令，即可退出Premiere软件，继而关闭项目文件，如图2–14所示。
- **“关闭”按钮关闭：** 直接单击标题栏右上角的“关闭”按钮，便可关闭Premiere软件，继而关闭项目文件。

图2–13

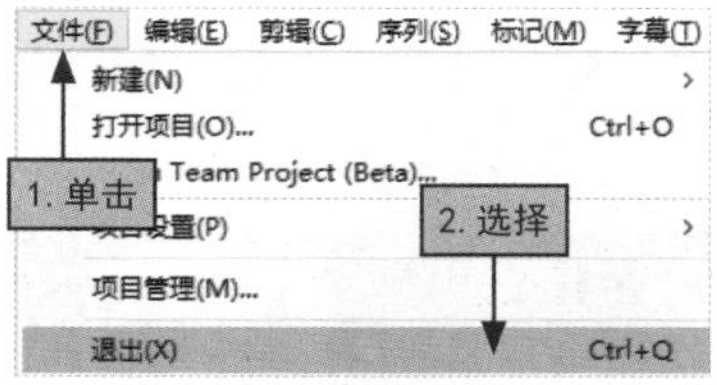

图2–14

LESSON 2.2 影音素材的采集

知识级别

■初级入门 | □中级提高 | □高级拓展

知识难度 ★★

学习时长 60 分钟

学习目标

① 掌握捕捉参数设置的方法。

② 学习音频素材的录制的方法。

③ 学习视频素材的采集的方法。

※主要内容※

内容	难度	内容	难度
捕捉参数设置	★	音频素材的录制	★
视频素材的采集	★★		

2.2.1 捕捉参数设置

Premiere CC中的素材可以分为两类，一类是利用软件创作出的素材，另一类则是通过电脑从其他设备内导入的素材。这里将介绍通过采集卡导入视频，以及通过麦克风录制音频素材的方法。

在Premiere CC中可以通过1394卡或具有1394接口的采集卡来采集信号和输出影片。对视频质量要求不高的用户，也可以通过USB接口，从摄像机、手机和数码相机上接收视频。当正确配置硬件后，便可启动Premiere CC，单击“文件”菜单项，选择“捕捉”命令，打开“捕捉”对话框，如图2-15所示。

在“捕捉”对话框中，左侧为视频预览区域，预览区域的上方为状态区域，预览区域的下方则是采集视频/音频时的设备控制按钮，利用这些按钮，可控制视频的播放与暂停，并设置素材的入点和出点。对话框的右侧为设置面板区域，切换到“记录”选项卡，可以设置捕捉的类型、记录位置、剪辑名称以及磁带名称等，如图2-16所示。

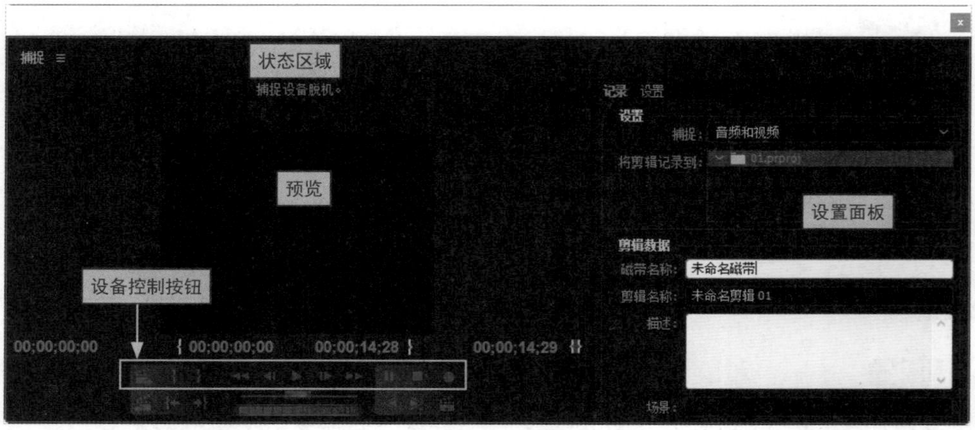

图2-15

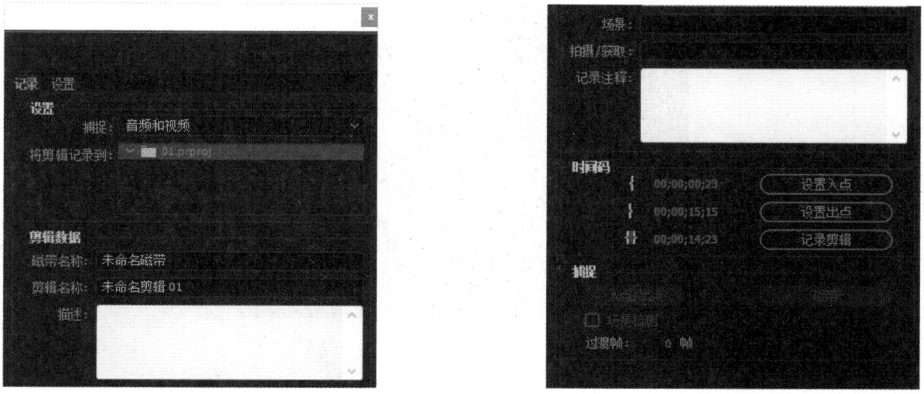

图2-16

在Premiere CC中可以通过设置采集参数来控制采集的进度，从而可以避免因丢帧而中断采集、报告丢帧、在失败时生成批量日志文件以及使用设备控制时间码等。其设置方法为：单击“编辑”菜单项，选择“首选项”命令，1.在打开的对话框的左侧选择“捕捉”选项，2.在其右侧选中需要设置的复选框，单击“确定”按钮即可，如图2-17所示。

暂存盘是用于执行采集的磁盘，因此要确保暂存盘是连接到电脑的最快磁盘，并且拥有最大的可用空间。在Premiere CC中设置暂存盘只需单击“文件”菜单项，选择“项目设置/暂存盘”命令，打开“项目设置”对话框，在“捕捉的视频”下拉列表框中选择“与项目相同”选项后单击“确定”按钮，在打开的对话框中即可选择采集视频存放的具体位置，如图2-18所示。

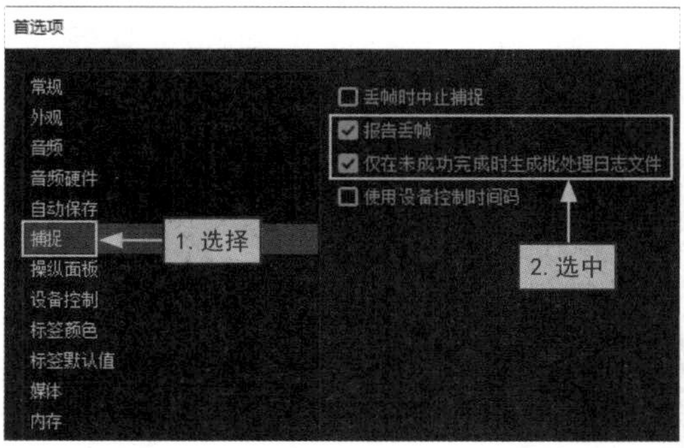

图2-17

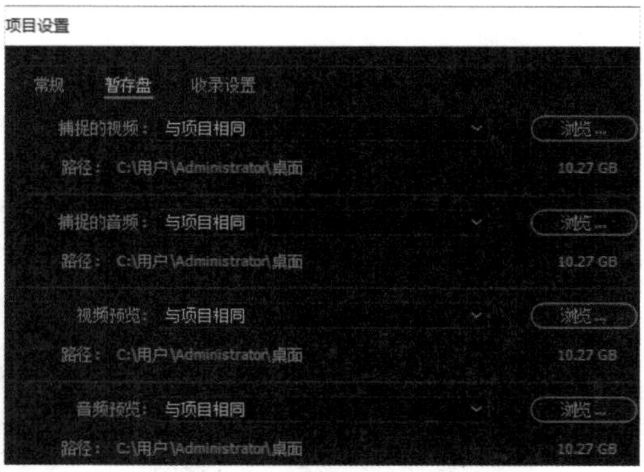

图2-18

2.2.2 音频素材的录制

在数字声音中，采样率决定着数字波形的频率，大多数摄像机在录制声音时都使用32kHz的采样率，每秒可以录制32000个样本。使用Premiere CC的“音频剪辑混合器”面板可以单独采集音频，如图2-19所示。

图2-19

知识延伸 | 音频录制

在Premiere CC中进行音频处理时，应结合应用程序Adobe Audition。而用户可以使用Premiere CC的一些音频特效改变声音或微调声音的特定频率范围。

2.2.3 视频素材的采集

在Premiere CC中进行视频采集时，系统会先将视频数据临时储存在硬盘的一个临时文件中，采集完成后，用户需要将其储存为AVI视频文件，否则数据将在下一个采集过程中被重写。下面具体来演示视频采集的全过程。

[知识演练] 视频的采集

步骤01 连接设备后，单击“文件”菜单项，选择“捕捉”命令，打开“捕捉”对话框。1.切换到“设置”选项卡，在“捕捉设置”栏中将显示当前可用的采集设备；2.这里单击“编辑”按钮。如图2-20所示。

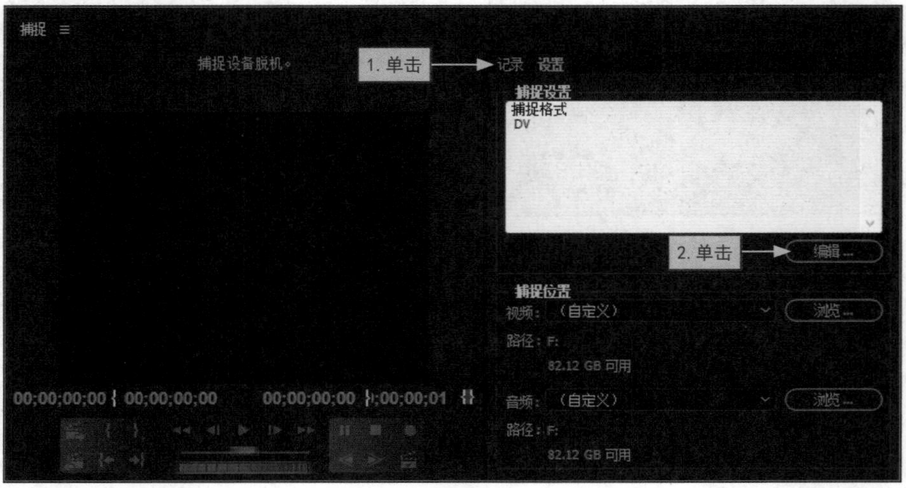

图2-20

步骤02 1.在打开的“捕捉设置”对话框的下拉列表中选择HDV选项，在返回的“捕捉”对话框的“捕捉位置”栏中设置采集的位置，在“设备控制”栏中设置采集时所使用的遥控器；2.这里选择“DV/HDV设备控制”选项。如图2-21所示。

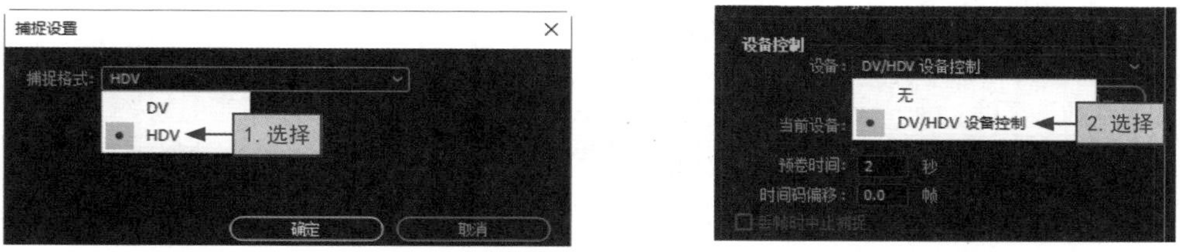

图2-21

步骤03 单击“设备控制”栏中的“选项”按钮，1.在打开的“DV/HDV设备控制设置”对话框中设置视频标准、设备品牌、设备类型和时间码格式等参数。2.单击“确定”按钮。返回“捕捉”对话框，3.在“预卷时间”和“时间码偏移”数值框中对影片播放的时间进行设置。4.选中“丢帧时中止捕捉”复选框。如图2-22所示。

步骤04 切换到“记录”选项卡，在“剪辑数据”栏中输入采集素材的信息，或者在“时间码”栏中设置采集素材的入点和出点，如图2-23所示，然后单击“捕捉”栏中的“入点/出点”按钮进行采集。完成后在项目窗口中可查看采集的素材。

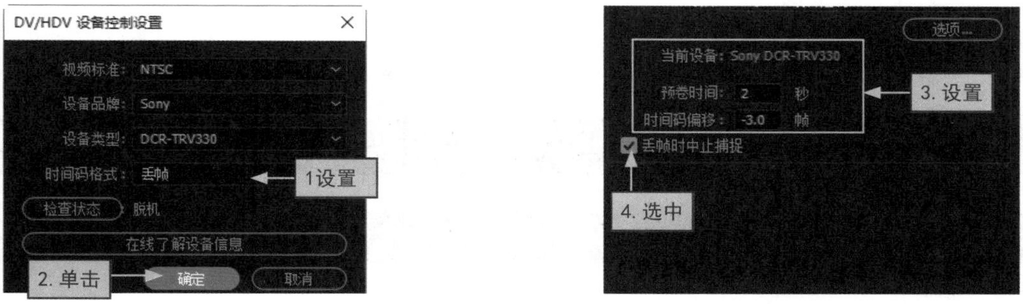

图2-22

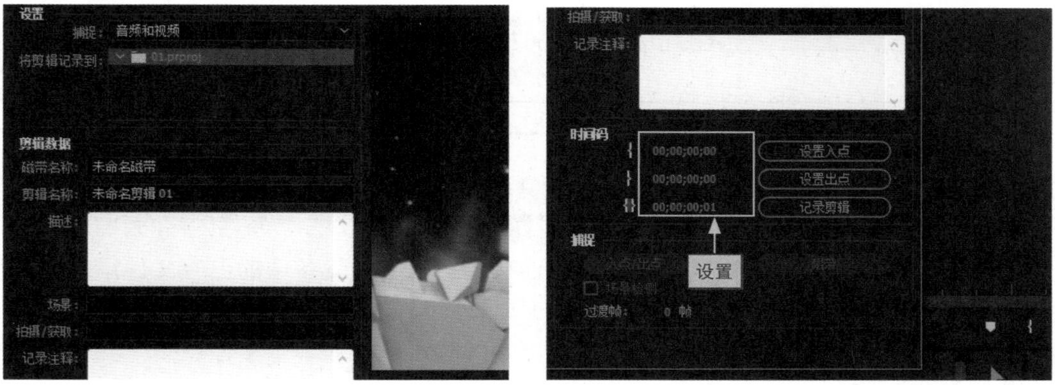

图2-23

知识延伸 | 丢帧是怎么回事

通过时间码来编辑视频时，可以精确指定素材的入点和出点，其显示格式为“小时：分钟：秒钟：帧数”或“小时；分钟；秒钟；帧数”。在Premiere CC的时间轴窗口面板中可以使用30帧/秒的方式来显示时间码，若00:01:59:29的后一帧是00:02:00:00，则表示不丢帧，而NESC制式的视频速率是29.97帧/秒，通过一段时间的积累后，30与29.97之间的差别（0.03）就开始累加，将导致记录次数不精确。为了解决这个问题，在清除SMPTE不丢帧时，每分钟会跳过两帧（第10分钟除外），在丢帧时间码中，时间码之间用分号表示。

LESSON 2.3 素材的导入与管理

知识级别

■初级入门 | □中级提高 | □高级拓展

知识难度 ★★

学习时长 120 分钟

学习目标

① 掌握各类素材的导入方法。

② 掌握素材的管理方法。

※主要内容※

内　容	难　度	内　容	难　度
导入序列素材	★	视频和音频的添加与播放	★
PSD 图像素材与静帧图像的导入	★	项目素材的归类与打包	★
编组与嵌套	★	素材的替换与插入	★
脱机与联机	★	管理元数据	★

2.3.1 导入序列素材

导入与捕捉不同，导入素材是将硬盘或连接的其他存储设备中的已有文件添加到项目中。导入文件之后，这些文件便可供Premiere项目使用。Premiere支持将各种文件格式的视频、音频和静帧图像导入到Premiere 项目中，导入时可以导入单个文件、多个文件或整个文件夹。

有时候在其他软件中制作的效果是序列素材，如图像序列，在Premiere中也可以导入这种序列素材。下面通过具体的案例来演示导入序列素材的方法。

[知识演练] 导入“飘动的云”序列素材

源文件/第2章	图片/飘动的云/
	最终文件/飘动的云.prproj

步骤01 启动Premiere CC程序，1.新建“飘动的云.prproj”项目文件，2.单击“文件”菜单项，3.在弹出的下拉菜单中选择“导入”命令，如图2-24所示。

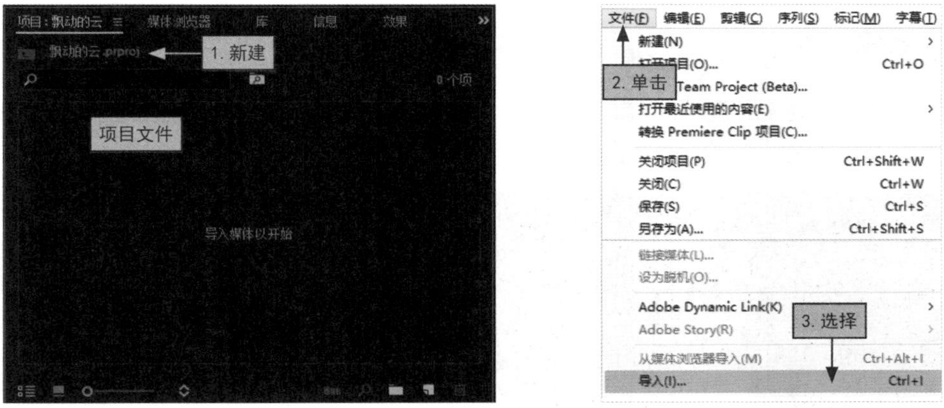

图2-24

步骤02 在打开的“导入”对话框中找到素材文件的位置，1.只需选择一个文件即可；2.选中下方的“图像序列”复选框；3.单击“打开”按钮即可导入，将文件拖动到时间轴窗口，在项目窗口中便自动生成序列。如图2-25所示。

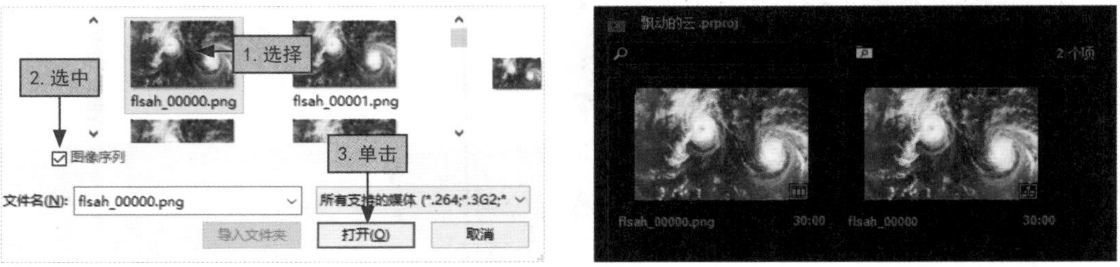

图2-25

2.3.2 视频和音频的添加与播放

Premiere CC可以导入许多视频和音频，视频与音频的添加方法主要有3种，分别是使用媒体浏览器导入、使用“导入”命令导入和直接拖动到项目窗口导入，各种方法的具体介绍如下。

- **媒体浏览器导入：**使用媒体浏览器导入只需单击“窗口”菜单项，选择“媒体浏览器”命令，在打开的面板中找到文件位置，选中并将其拖动到时间轴窗口中即可。
- **“导入”命令导入：**使用“导入”命令导入只需单击“文件”菜单项，选择“导入”命令，在打开的对话框中找到文件并选中，单击“打开”按钮即可。
- **直接拖动导入：**选中素材文件直接拖动到项目窗口中即可。

下面通过具体的演示操作来介绍视频和音频的添加与播放。

[知识演练] 导入“小溪”音频与“狗尾草”视频并播放

源文件/第2章	视频/狗尾草.mp4、小溪.mp3
	最终文件/添加视频与音频.prproj

步骤01 启动Premiere CC程序，1.新建“添加视频和音频.prproj”项目文件；2.单击“文件”菜单项；3.选择“导入”命令。如图2-26所示。

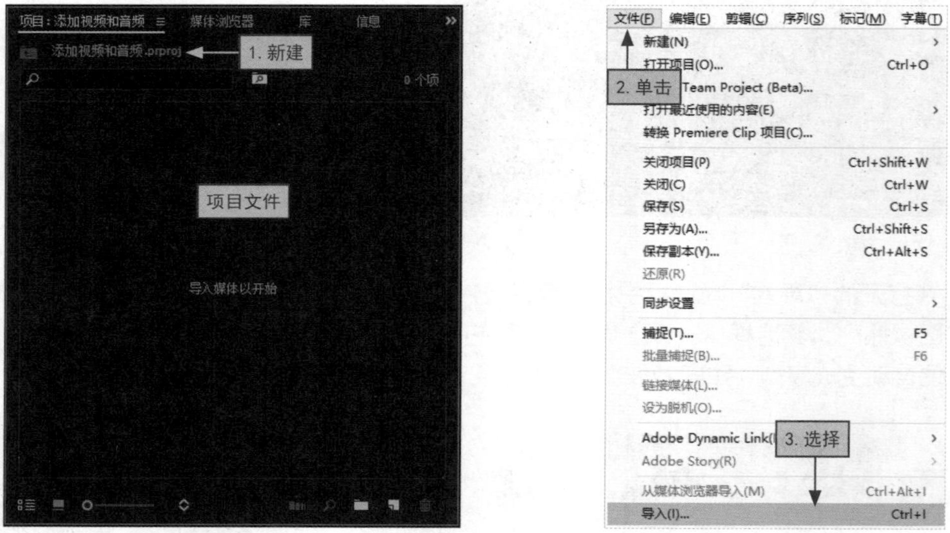

图2-26

步骤02 在打开的对话框中找到素材文件的保存位置，1.选择“狗尾草.mp4”视频和“小溪.mp3”音频素材；2.单击“打开”按钮，即可将素材导入到“添加视频和音频.prproj”项目文件中。如图2-27所示。

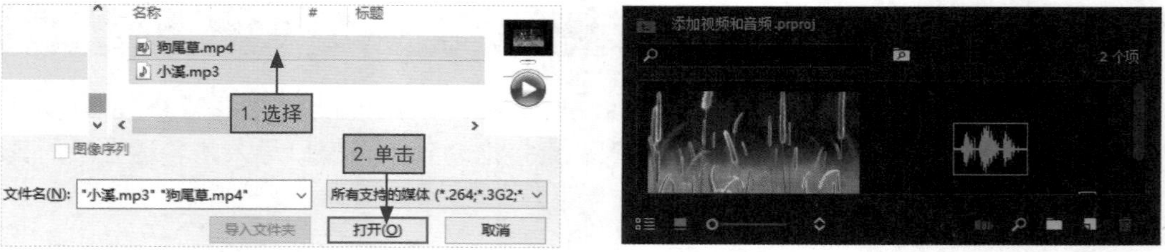

图2-27

步骤03 在项目窗口中单击鼠标右键，选择“新建项目/序列”命令，根据素材信息设置序列参数（或直接拖动素材到时间轴窗口，项目窗口则会生成与素材信息相匹配的序列）；视频文件则会自动放到视频轨道，音频会放到音频轨道，最后按空格键或单击播放按钮即可播放文件。如图2-28所示。

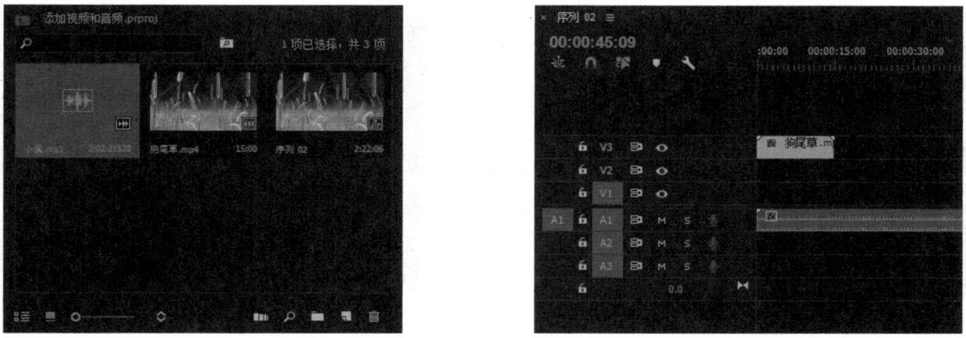

图2-28

若新建序列与素材大小尺寸不匹配，则会弹出“剪辑不匹配警告”对话框，如图2-29所示，单击“保持现有设置”按钮便可继续使用序列格式，单击“更改序列设置”按钮则会更改当前的序列设置，以素材文件格式为准。

图2-29

2.3.3 PSD图像素材的导入

PSD图像可能由多个图层拼接而成，所以其导入方法与导入序列图像、视频、音频文件的方法有点差别，下面通过具体的操作演示来介绍PSD图像素材的导入。

[知识演练] 导入“足球”PSD文件

源文件/第2章	初始文件/足球.psd
	最终文件/PSD文件的导入.prproj

步骤01 新建“PSD文件的导入.prproj”项目文件。在项目窗口中单击鼠标右键，1.选择“导入”命令，2.在打开的对话框中选择“足球.psd”素材文件，3.单击“打开”按钮，如图2-30所示。

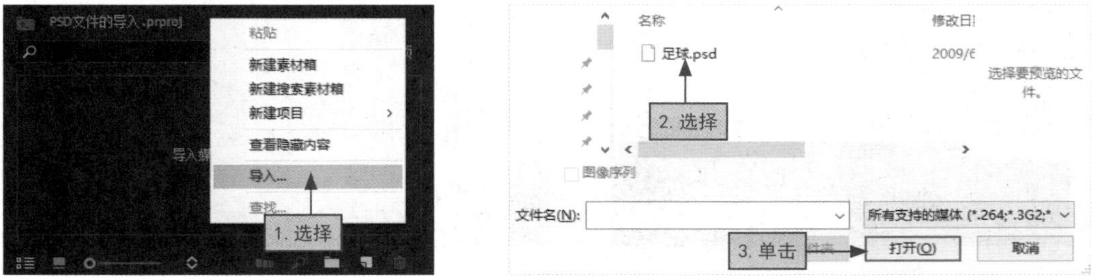

图2-30

步骤02 1.在打开的“导入分层文件：足球”对话框的“导入为”下拉列表框中选择“合并所有图层”或“合并的图层”选项；2.单击“确定”按钮，将文件直接拖动到时间轴窗口中，项目窗口中自动生成“足球”序列，并且在时间轴窗口中可以看到一个整体为5秒左右的文件。如图2-31所示。

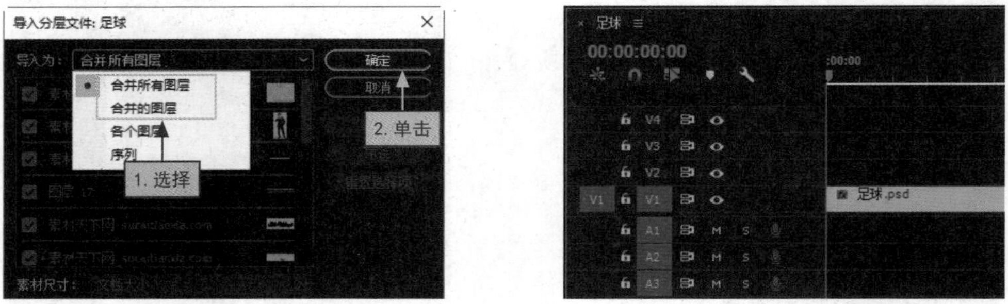

图2-31

如果在“导入为”下拉列表框中选择“各个图层”或“序列”命令，单击“确定”按钮，将文件直接拖动到时间轴窗口，在项目窗口中仍然自动生成“足球”序列。但是时间轴窗口中则为各个图层的前后拼接文件，如图2-32所示。

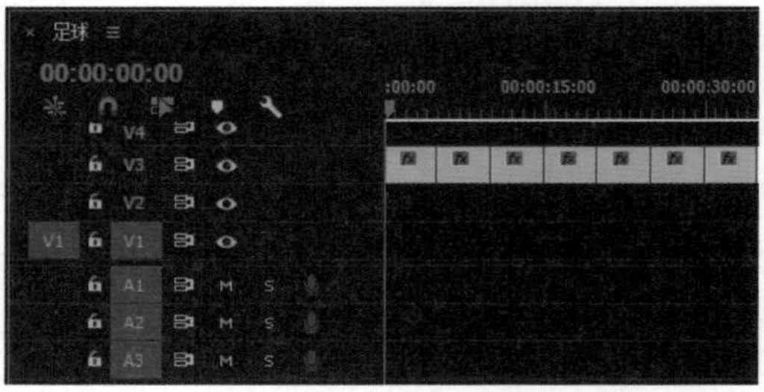

图2-32

2.3.4 项目素材的归类与打包

在Premiere CC中对素材文件进行分类管理主要通过素材箱完成，在项目窗口中右击，选择“新建素材箱”命令，即可生成素材箱，其默认命名为“素材箱”的文件夹，用户对其进行重命名后，将需要分类的素材拖动到文件夹即可，如图2-33所示。

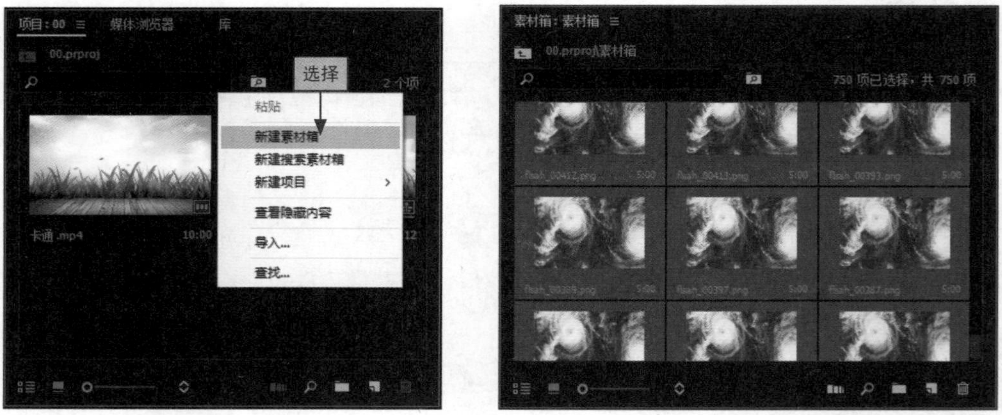

图2-33

在Premiere CC中，项目打包主要是通过项目管理来实现的。要使用项目管理，只需单击“文件”菜单项，选择“项目管理”命令即可打开“项目管理器”对话框，如图2-34所示。

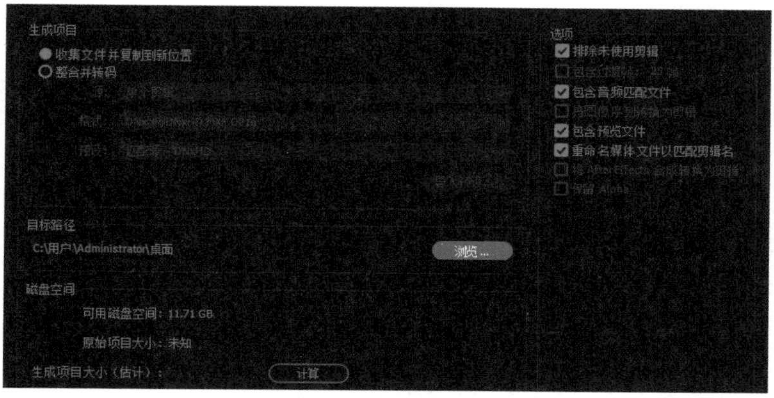

图2-34

其常用参数作用如表2-1所示。

表2-1

参数名称	作　用
源	在该列表框中将显示所有的序列。
排除未使用剪辑	选中该复选框，将新项目中未使用的项目文件删除。
包含过渡帧	该复选框用于选择项目的入点前和出点后的额外帧数。
包含预览文件	只有选中“收集文件并复制到新位置”单选按钮，才能激活此复选框，用于在新项目中包含渲染影片的预览文件。若选中该复选框，则会创建一个更小的项目，但需要重新渲染效果以查看新项目中的效果。
包含音频匹配文件	只有选中“收集文件并复制到新位置”单选按钮，才能激活该复选框，该复选框用于在新项目中保存匹配的音频文件。若选中该复选框，新项目将会占用更少的磁盘空间，但Premiere CC必须在新项目中匹配文件。
重命名媒体文件以匹配剪辑名	若对项目窗口中的素材进行重命名操作，选中该复选框可在新项目中保留重命名。若重命名素材后将其设置为脱机状态，则原始的文件名将会保留。
目标路径	在该栏中可对项目文件夹的位置进行设置，单击“浏览”按钮，可选择新的位置。
磁盘空间	在该栏中将原始项目的文件大小与新的修整项目进行比较。单击“计算”按钮，可查看更新文件的大小。
生成项目	可对“收集文件并复制到新位置”和“整合并转码”单选按钮进行选中，默认状态下选中“收集文件并复制到新位置”单选按钮，将生成项目文件设置为收集文件且复制到新的位置。

知识延伸 | 移除未使用的素材的其他方法

除了在项目管理器里可以移除未使用的素材外，还可以通过单击“编辑”菜单项，选择“移除未使用资源”命令来删除没有使用的素材文件，以节省磁盘空间。

2.3.5 编组与嵌套

在视频制作时，如果素材比较多，有时需要移动，而逐个进行移动则比较浪费时间，且容易出现错误。这时就可以利用编组工具，对这些移动的素材进行编组，使其成为一个整体，方便移动。只需选中需要编组的文件，单击“剪辑”菜单项，选择“编组”命令即可。如果需要单个移动素材则选择编组的对象，单击“剪辑”菜单项，选择“取消编组”命令解组即可。下面通过具体案例来详细介绍相关操作。

[知识演练] 对视频文件进行编组与解组

源文件/第2章	初始文件/素材文件的编组与解组.prproj
	最终文件/素材文件的编组与解组.prproj

步骤01 打开“素材文件的编组与解组.prproj”项目文件，可以看到在时间轴窗口中有5个素材文件，素材文件的分布也不合理，有的发生重叠，需要移动，如图2-35所示。

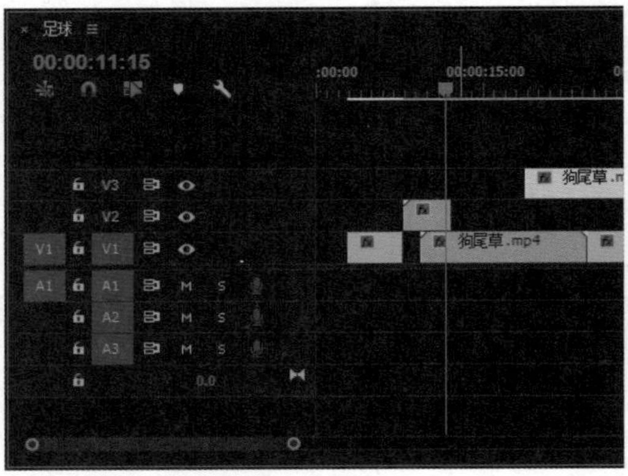

图2-35

步骤02 这时需要素材文件从第0秒0帧开始播放，而文件又比较多。就可以使用编组，选中5个文件，1.单击“剪辑”菜单项，2.选择“编组”选命令，就可以一起移动所有素材文件，如图2-36所示。

步骤03 现在需要把重叠的素材进行编辑，需要对单个素材进行移动。先选择编组的对象，1.单击“剪辑”菜单项，2.选择“取消编组”命令解组，就可以对单个素材进行移动，如图2-37所示。

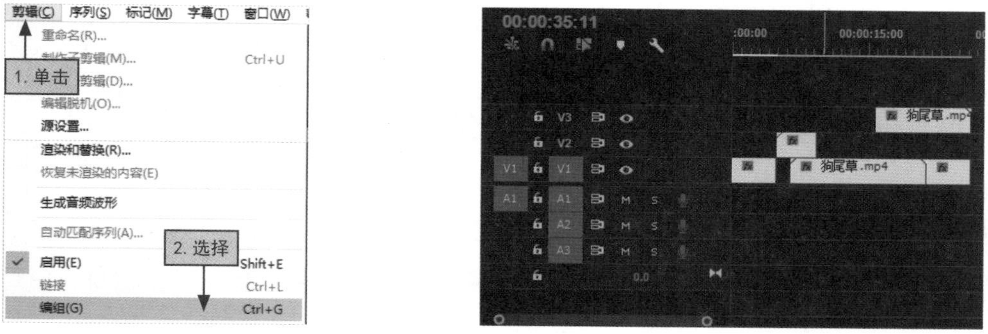

图2-36

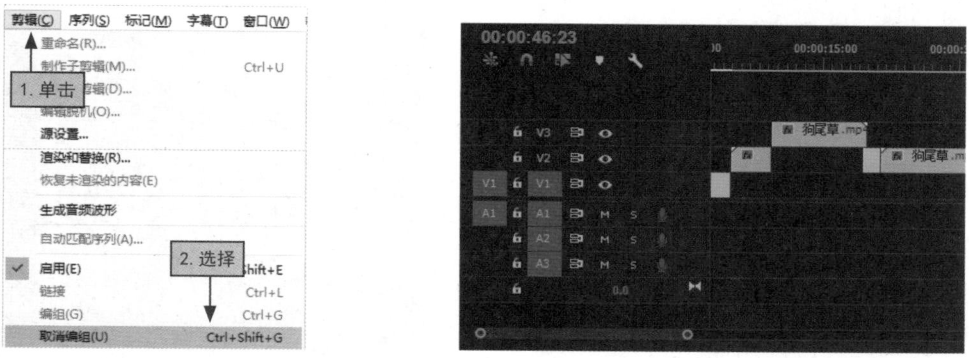

图2-37

在Premiere嵌套则主要用以对不同的素材快速进行统一调整，例如使其统一变亮、调整颜色或添加特效等。1.使用嵌套工具只需选中素材并单击“剪辑”菜单项，2.选择“嵌套”命令即可，如图2-38所示。

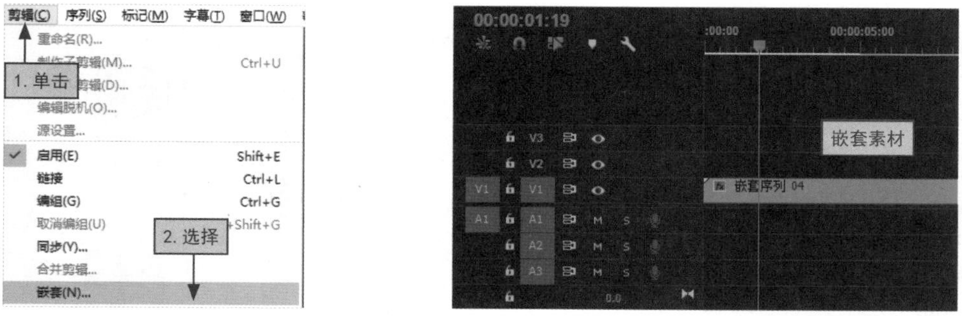

图2-38

2.3.6 素材的替换与插入

如果在使用素材时发现素材使用错误，这时就需要找到合适的素材，然后对素材进行替换。使用“替换素材”功能只需选择素材文件并单击鼠标右键，选择“替换素材”命令，在打开的替换素材对话框中找到替换文件，单击“选择”按钮即可完成替换，下面通过具体的演示操作来介绍其用法。

[知识演练] 用“海边”文件替换“海”文件

源文件/第2章	初始文件/素材替换.prproj
	最终文件/素材替换.prproj

步骤01 打开“素材替换.prproj”项目文件，通过项目窗口的素材和预览窗口，发现素材“海.jpg”不是合适的素材，如图2-39所示。

图2-39

步骤02 选择要替换的素材文件并单击鼠标右键，1.选择“替换素材”命令，2.在打开的对话框中选择替换文件，3.单击“选择”按钮即可替换成功，如图2-40所示。

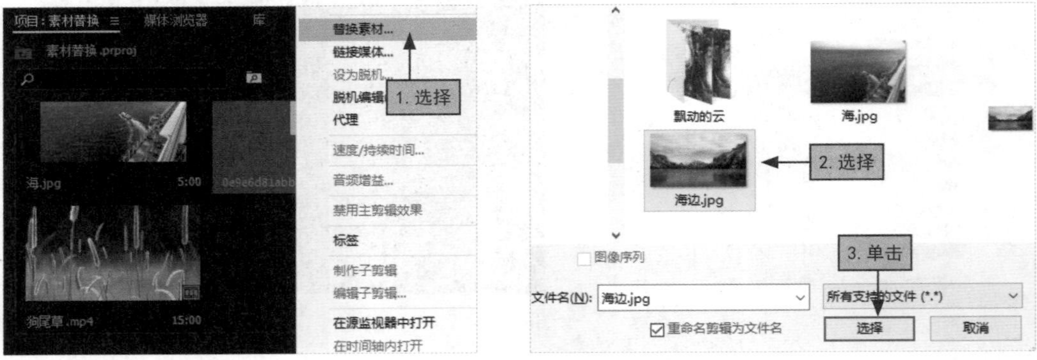

图2-40

插入素材通常有两种情况，一是将当前时间指示器移动到两素材之间，插入素材后该指示器之后的素材都将向后推移；二是将当前时间指示器放置在素材之上，则插入的新素材会将原素材分为两段。使用“插入”功能只需把时间指示器拖到插入位置，在项目窗口中选择要插入的素材文件，右击，选择“插入”命令即可，如图2-41所示。

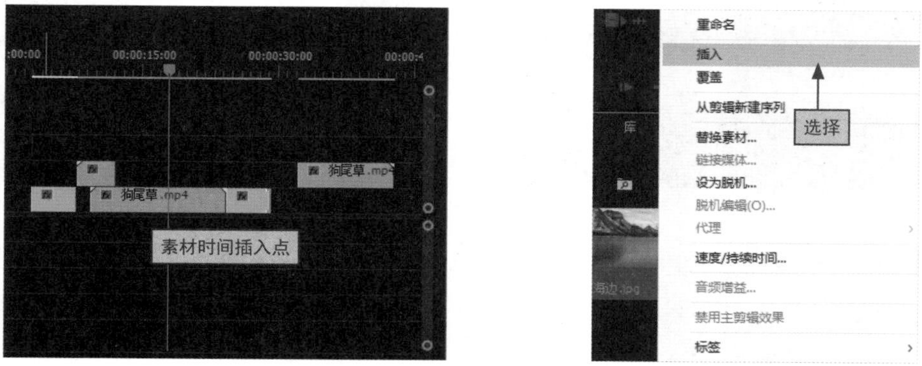

图2-41

2.3.7 脱机与联机

进行素材处理，如果遇到素材的名称被更改，或者素材的位置发生变化，将会出现素材脱机的状态，即Premiere CC将对项目窗口中从素材到磁盘的文件链接进行删除。用户可以通过删除该链接，对素材进行脱机修改。

打开包含脱机媒体的项目时，程序会打开“链接媒体”对话框，如图2-42所示，在其中单击“查找”按钮，在打开的查找文件对话框中，可查找并重新链接脱机媒体，将其重新上线以供项目使用。

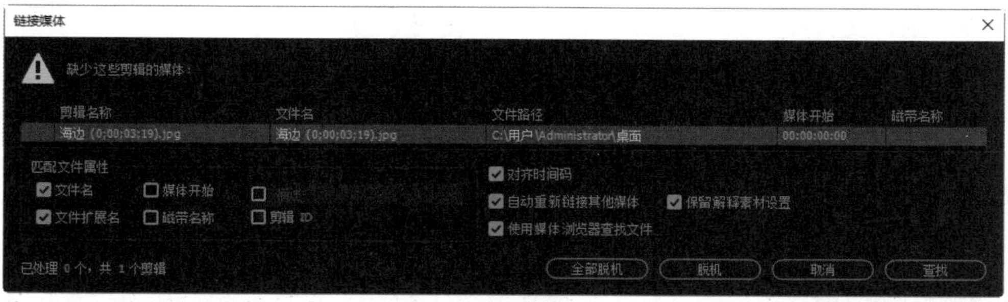

图2-42

下面通过具体的案例来演示操作说明。

[知识演练] “运动”文件的脱机与联机

源文件/第2章	初始文件/素材的脱机与联机.prproj
	最终文件/素材的脱机与联机.prproj

步骤01 打开“素材的脱机与联机.prproj”项目文件，1.在项目窗口的“运动.mp4”素材文件上右击，2.选择“设为脱机”命令，如图2-43所示。

图2-43

步骤02 打开“设为脱机”对话框，在“媒体选项”栏中选中“在磁盘上保留媒体文件”单选按钮，单击“确定”按钮，如图2-44所示。

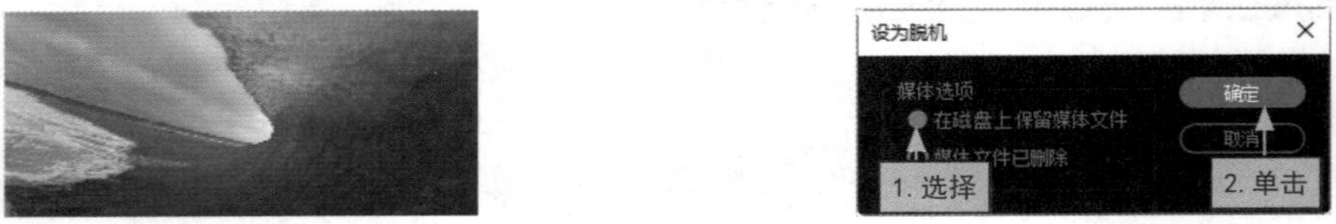

图2-44

步骤03 在项目窗口中可以看到素材被设为脱机状态后，素材图标变为问号图标。在监视器窗口中也不能查看到素材的画面。如果将要脱机的文件链接到另一个文件处，只需单击鼠标右键，选择“链接媒体”命令，如图2-45所示。

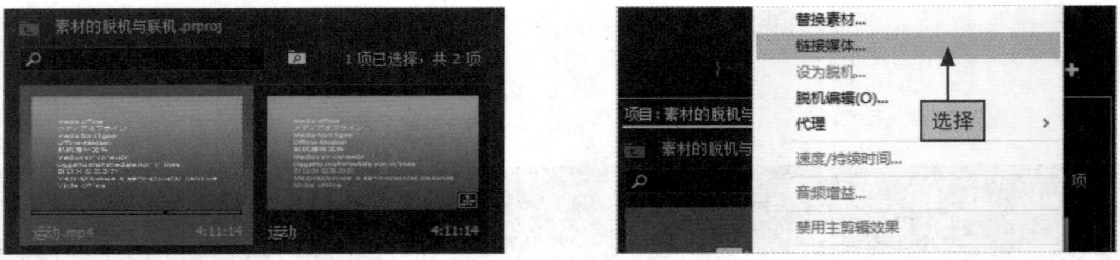

图2-45

步骤04 在打开的“链接媒体”对话框中单击“查找”按钮，即可指定到想要链接的文件，如图2-46所示。

图2-46

步骤05 1.在“查找文件‘运动.mp4’”对话框下找到链接文件，2.单击“确定”按钮即可完成素材文件的联机，如图2-47所示。

图2-47

2.3.8 管理元数据

“元数据”面板显示选定资源的剪辑实例元数据和 XMP文件元数据。“剪辑”标题下的字段显示的是剪辑实例元数据。

元数据记录工作区用于在将媒体导入、捕捉或数字化到Premiere中之后输入元数据。将项目窗口和“元数据”面板最大化，可以更加便于用户输入元数据。

启用“元数据”面板，1.单击“窗口”菜单项，2.选择“工作区/元数据记录”命令，如图2-48所示。

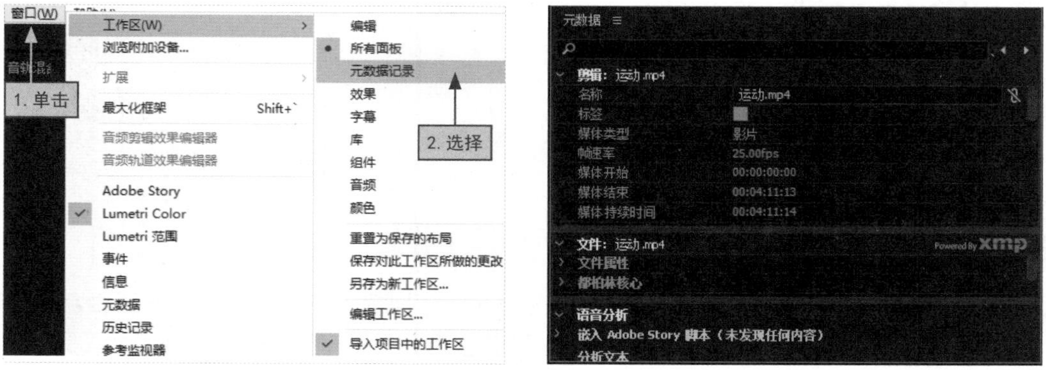

图2-48

用户可以在“元数据”面板中像显示或隐藏任何其他元数据那样显示或隐藏剪辑信息。Premiere将剪辑信息保存在名为“Premiere项目元数据”的方案中。

在“元数据”面板中，“剪辑”属性值字段为内部字段，它们位于Premiere项目文件中，且仅可供Premiere读取。但是，“剪辑”中的某些属性值字段旁有一个链接选项框。在选择该链接选项之后，Premiere会自动将在“剪辑”值字段中输入的信息输入到相应的XMP 字段，从而可以让Premiere外部的应用程序通过XMP字段访问基于剪辑的元数据。

LESSON 2.4 编辑的素材常用工具

知识级别

■初级入门 | □中级提高 | □高级拓展

知识难度 ★★

学习时长 60 分钟

学习目标

① 掌握素材编辑常用工具的使用。

② 灵活使用编辑工具。

※主要内容※

内　容	难　度	内　容	难　度
使用选择工具	★	使用剃刀工具	★
其他常用编辑工具	★		

2.4.1 使用选择工具

使用选择工具可对素材进行选择和移动，并可以调节素材的关键帧，为素材设置入点和出点。下面通过案例来具体介绍其用法。

[知识演练] 移动时间轴窗口的文件

源文件/第2章	初始文件/素材的选择移动.prproj
	最终文件/素材的选择移动.prproj

步骤01 打开“素材的选择移动.prproj”项目文件，在时间轴窗口中可以看到“一面白色墙壁破碎坍塌”和“光效光斑”两个素材已经导入到“海”序列中，如图2-49所示。

图2-49

步骤02 1.在时间轴窗口选择“光效光斑”素材，2.单击工具面板中的“选择工具”按钮，3.拖动素材的入点到第10秒12帧处，如图2-50所示。

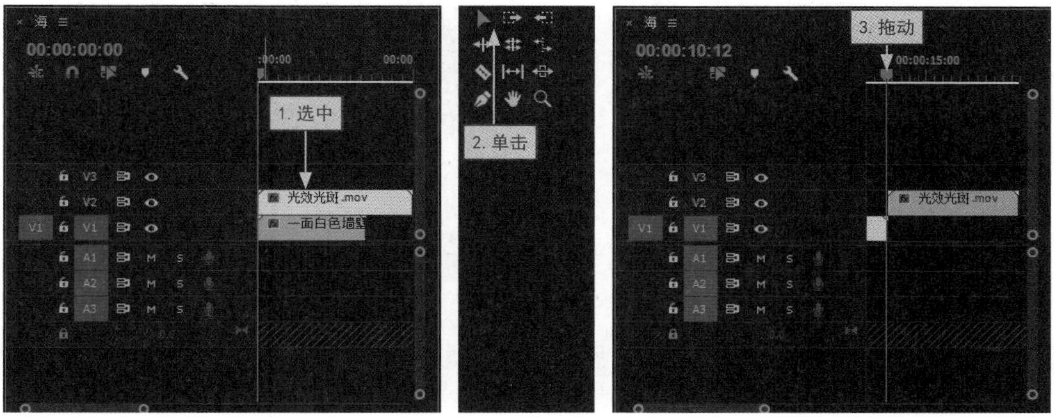

图2-50

2.4.2 使用剃刀工具

剃刀工具主要用于对素材进行分割和剪辑。选择该工具后，单击素材就可将素材分割为两段，并产生新的出点和入点。下面通过案例来具体介绍其用法。

[知识演练] 分割“一面白色的墙壁破碎坍塌”文件

步骤01 打开“分割素材文件.prproj”项目文件，在时间轴窗口中可以看到“一面白色墙壁破碎坍塌”和“烟花”两个素材已经导入到“一面白色墙壁破碎坍塌”序列中，如图2-51所示。

图2-51

步骤02 将时间指示器移动到第07秒01帧处，选择“一面白色墙壁破碎坍塌”素材，1.单击工具面板中的“剃刀工具”按钮，2.在07秒01帧处单击，便可将素材分割，如图2-52所示。

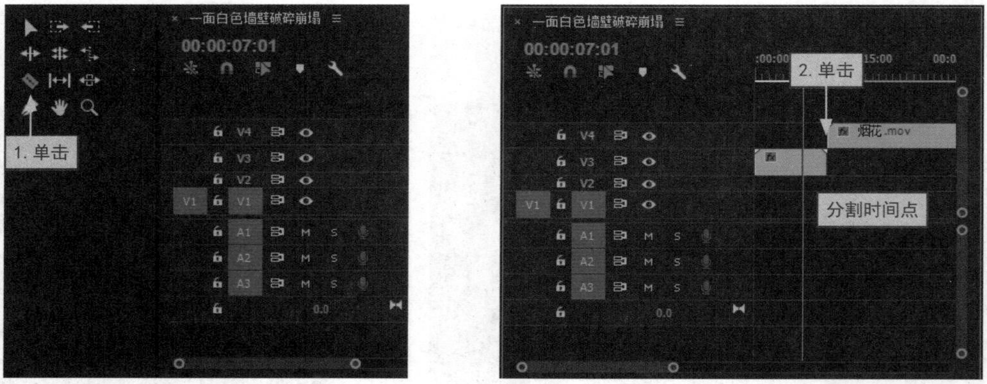

图2-52

步骤03 使用选择工具选择后半段（即07秒01帧以后的“一面白色墙壁破碎坍塌”素材）并删除，将素材“烟花”的入点移动到07秒01帧处，如图2-53所示。

图2-53

2.4.3 其他常用编辑工具

除了选择工具（图2-54中的序号1）和剃刀（图2-54中的序号6）工具外，常用的编辑工具还有轨道选择、波形编辑、滚动编辑、比率拉伸、外滑、内滑、钢笔、手形和缩放工具，如图2-54所示。下面分别对其他常用工具进行介绍，具体见表2-2所示。

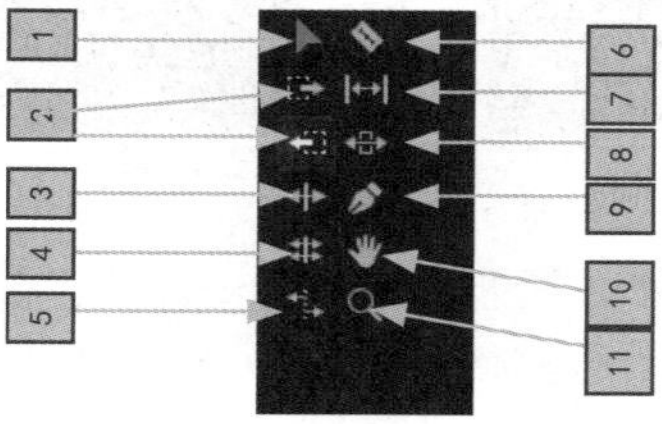

图2-54

表2-2

序 号	工具名称	作 用
2	轨道选择工具	单击该按钮，可选择某一轨道上的所有素材。
3	波形编辑工具	单击该按钮，可拖动素材的出点来改变素材的长度，而相邻两素材的长度则不变，项目的总长度发生改变。
4	滚动编辑工具	单击该按钮，拖动需要剪辑素材的边缘，可将增加到该素材的帧数从相邻的素材减去，即项目的总长度不发生改变。
5	比率拉伸工具	单击按钮，可对素材的速度进行相应的调整，来改变素材的长度。
7	外滑工具	单击该按钮，可对素材的入点和出点进行调整，保持项目总长度不变，且不影响相邻的其他素材。
8	内滑工具	单击该按钮，可保持要剪辑的素材的入点和出点不变，通过改变相邻素材的入点和出点，来改变其在序列窗口的位置，项目片段时间长度不变。
9	钢笔工具	单击该按钮，可对素材的关键帧进行设置。
10	手形工具	单击该按钮，可改变序列窗口的可视区域，有助于对一些较长的素材进行编辑。
11	缩放工具	单击该按钮，可调整时间轴窗口显示的单位比例，按Alt键，可对放大和缩小进行切换。

使用快捷键选择需要的编辑工具，可以显著提高工作效率，各个工具的快捷键如表2–3所示。

表2-3

工具名称	快 捷 键
选择工具	V
剃刀工具	C
轨道选择工具	A，Shift+A
波形编辑工具	B
滚动编辑工具	N
比率拉伸工具	R

续表

工具名称	快 捷 键
外滑工具	Y
内滑工具	U
钢笔工具	P
手形工具	H
缩放工具	Z

第 3 章

影视素材的调整与编辑操作

学习目标

剪辑作为影视艺术的重要组成部分，是在电视电影的发展过程中应运而生、独立出现并逐步完善的。同时，剪辑艺术的进步，又极大地影响和推动了影视艺术的提高和发展。本章将学习影视素材的调整与编辑操作，即对影视素材文件进行基础的剪辑。

本章要点

- 素材的复制与粘贴
- 设置素材的显示方式
- 调整素材尺寸
- 调整播放位置
- 同步编辑多个摄像机序列

……

LESSON 3.1

影视素材的掌握

知识级别

■初级入门 | □中级提高 | □高级拓展

知识难度 ★★

学习时长 90 分钟

学习目标

① 了解素材的常用编辑命令。

② 掌握素材显示与出入点的设置方法。

③ 掌握视频与音频的简单编辑操作。

※主要内容※

内 容	难 度	内 容	难 度
视频素材的复制与粘贴	★	视频素材的删除与重命名	★
设置素材的显示方式	★	设置素材的入点和出点	★
标记素材	★	素材轨道的锁定与解锁	★
视频、音频的链接与解除	★		

3.1.1 视频素材的复制与粘贴

视频素材的复制与粘贴是素材编辑的基本操作，在一般的应用软件中也是必不可少的。对素材复制只需单击“编辑”菜单项，选择“复制”命令（或者按Ctrl+C组合键）。对素材粘贴只需单击“编辑”菜单项，选择“粘贴”命令（或者按Ctrl+V组合键）。下面通过具体的案例来介绍相关的操作。

[知识演练] 对“卡通”文件执行复制与粘贴操作

步骤01 打开“素材的复制与粘贴.prproj”项目文件，可以看到项目窗口中有“卡通.mp4”素材和“卡通”序列，将素材拖到时间轴窗口，如图3-1所示。

步骤02 1.在时间轴窗口中选择“卡通.mp4”素材文件，2.单击“编辑”菜单项，3.选择“复制”命令（或者按Ctrl+C组合键）即可完成复制素材的操作，如图3-2所示。

图3-1

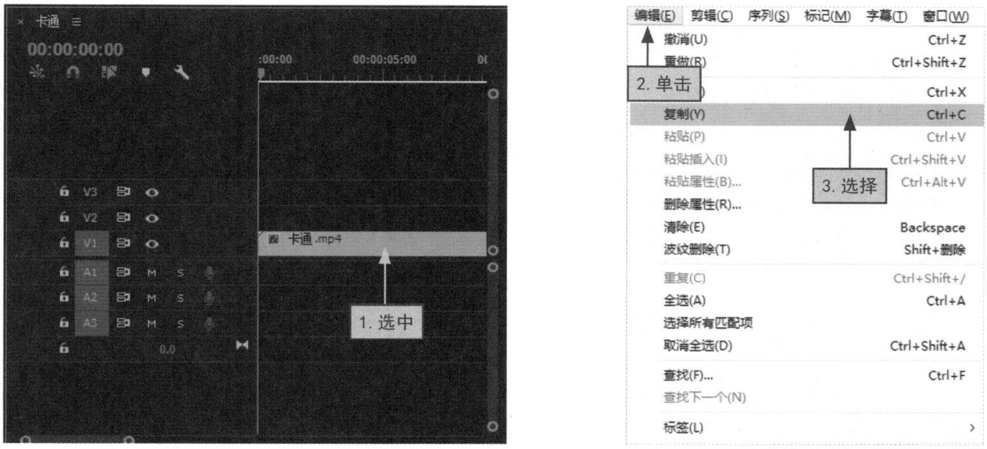

图3-2

步骤03 将时间指示器移到想要粘贴的位置，1.单击“编辑”菜单项，2.选择“粘贴”命令（或者按Ctrl+V组合键）即可粘贴素材，如图3-3所示。

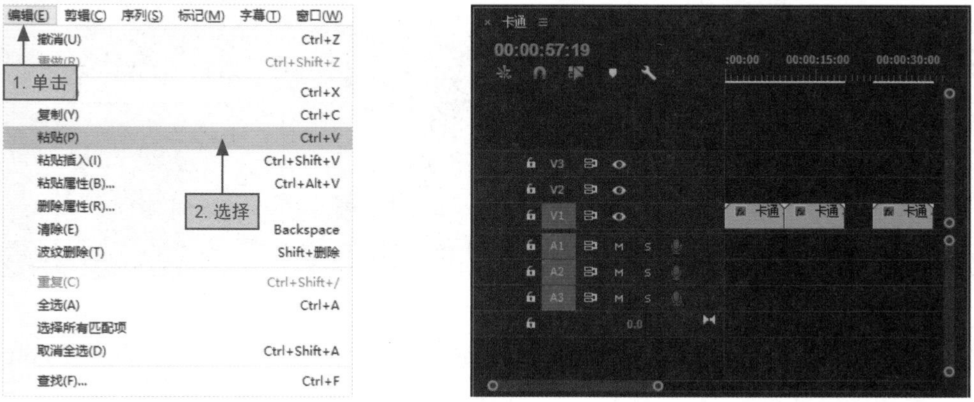

图3-3

3.1.2 视频素材的删除与重命名

如果用户想要在项目窗口或时间轴窗口中删除视频素材，一般有快捷键删除和菜单命令删除两种办法。

- **快捷键删除：**选择要删除的视频素材，按Delete键即可删除素材。
- **菜单命令删除：**选择要删除的视频素材，单击“编辑”菜单项，选择“清除”命令。或在素材上右击，选择“清除”命令，将其删除。

将素材导入到项目窗口后，为了便于区分，用户可以根据实际需要对其进行重命名，一般对素材进行重命名的方法有以下两种。

- **通过快捷菜单命名：**在项目窗口中选中需要重命名的素材，右击，选择“重命名”命令，在输入框中输入修改的名称，按Enter键即可完成。
- **单击素材名称命名：**在项目窗口选择需要重命名的素材，单击素材名称，在输入框中输入修改的名称，按Enter键即可完成。

下面通过具体的案例来介绍其用法。

[知识演练] 通过删除和重命名对“卡通”和“小树生长”素材进行整理

步骤01 打开“视频素材的删除与重命名.prproj”项目文件，可以看到项目窗口中有3个视频素材和“序列1”序列，在时间轴窗口中已经对其进行了简单的剪辑，如图3-4所示。

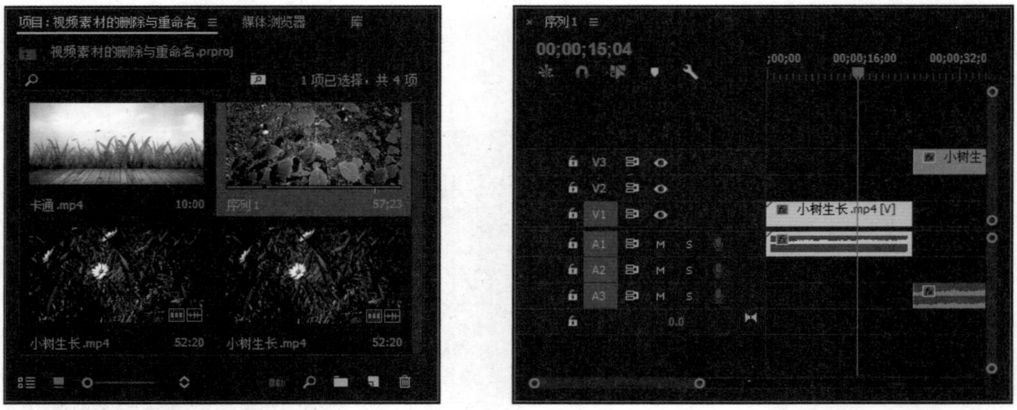

图3-4

步骤02 在时间轴窗口中可以看到因为使用的是同一个素材，但其所用视频素材的时间段不一样，为了方便编辑需要对其进行重命名。在项目窗口中选择第二个“小树生长.mp4”视频素材并右击，1.选择“重命名”命令，2.在输入框中输入“小树摇摆”，按Enter键即可完成，如图3-5所示。

图3-5

步骤03 重命名区分后便可以很方便地使用这两段素材。我们可以看到在时间轴窗口中还有一个“卡通.mp4”素材，但在实际效果中并不需要该素材。只需在项目窗口中选择素材，右击，选择“清除”命令删除，如图3-6所示。

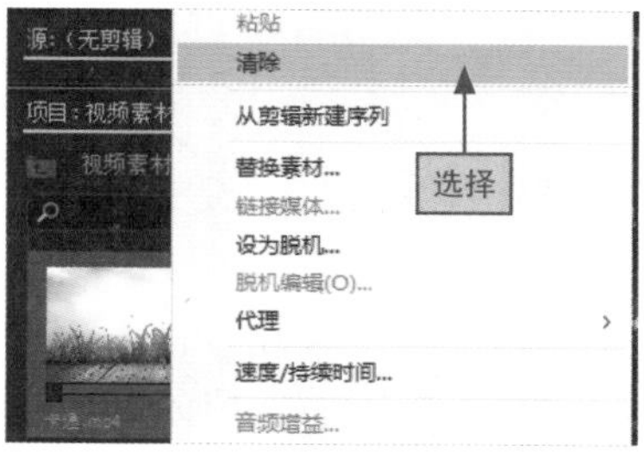

图3-6

知识延伸 | 删除视频素材的不同情况

在时间轴窗口中选择素材对其进行删除，只会删除时间轴窗口中的编辑素材，如果需要使用还可以从项目窗口中拖至时间轴窗口中使用；在项目窗口中选中素材并执行删除命令，则时间轴窗口中素材和项目窗口中素材都会被删除，即不能再使用该素材。

3.1.3 设置素材的显示方式

在项目窗口中，素材的显示方式一般有“图标”和“列表”两种，这两种显示方式只需在项目名称处右击，选择“图标”或者“列表”命令即可进行切换。还可以通过左下角的按钮进行切换，如图3-7所示。

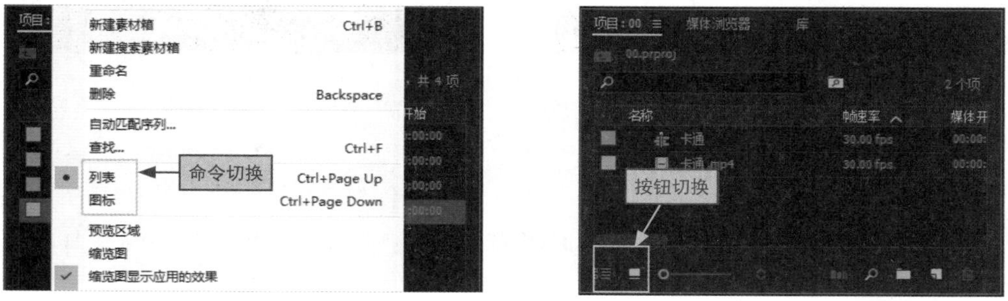

图3-7

3.1.4 设置素材的入点与出点

在Premiere CC中将素材添加到时间轴窗口就会产生出点和入点，1.可以单击“标记”菜单项，2.选择“转到入点/转到出点”命令来查看其出入点位置。在编辑过程中需要重新设置素材的入点和出点，可以通过选择工具来快速设置。还可以通过放大工具放大时间轴窗口的显示效果或通过拖动窗口下方的时间缩放滑块来放大或缩小时间轴窗口的显示效果来精确设置时间点，如图3-8所示。

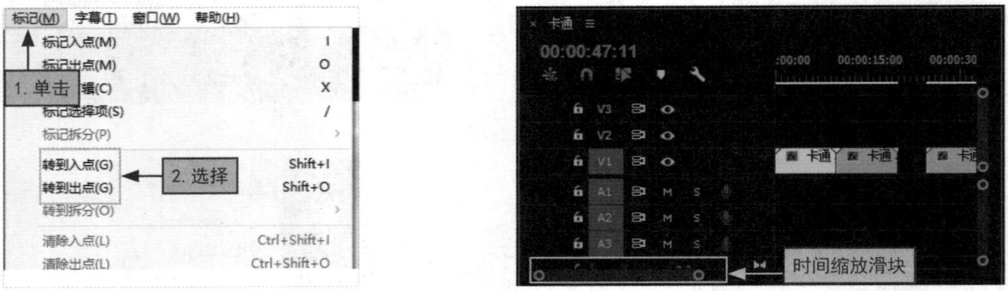

图3-8

除了使用选择工具和菜单命令外，还可以使用滚动编辑工具、波形编辑工具、剃刀工具、外滑工具和内滑工具来设置素材的出点和入点。

①使用滚动编辑工具设置出点和入点

使用滚动编辑工具只需单击相应的工具按钮，1.将鼠标光标移至两个相邻素材的边缘；2.当鼠标光标变为对应的形状时，按住左键拖动鼠标即可进行设置。使用该工具设置素材的出点和入点，不会改变整个视频的持续时间。当设置一个素材的入点和出点后，下一个素材的持续时间会根据前一个素材的变动而自动调整，如图3-9所示。

图3-9

②使用波形编辑工具设置出点和入点

使用波形编辑工具设置素材的出点和入点时，只会改变被编辑素材的持续时间，因此视频的持续时间会跟随素材的持续时间而改变。其具体方法为：单击波形编辑工具按钮，将鼠标光标放于素材的首端或尾端，当鼠标光标变为对应的形状时，拖动即可完成，如图3-10所示。

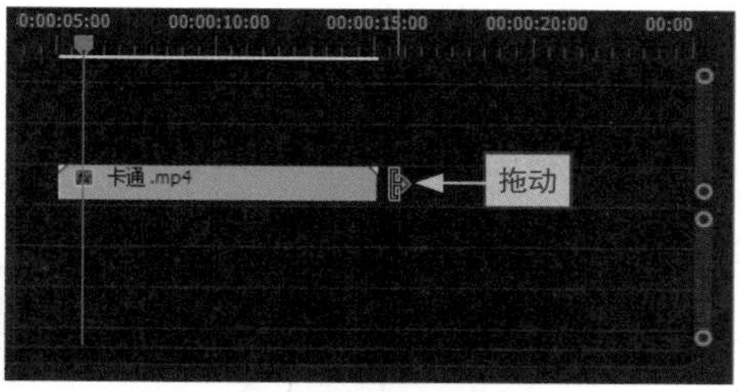

图3-10

❸使用外滑工具和内滑工具设置出点和入点

使用外滑工具可以改变两个素材之间的出点和入点，并且能保持中间素材持续时间的不同。内滑工具会保持中间素材的出点和入点不变，而且改变相邻素材的持续时间。两者的使用方法与前面几种相似，如图3-11所示。

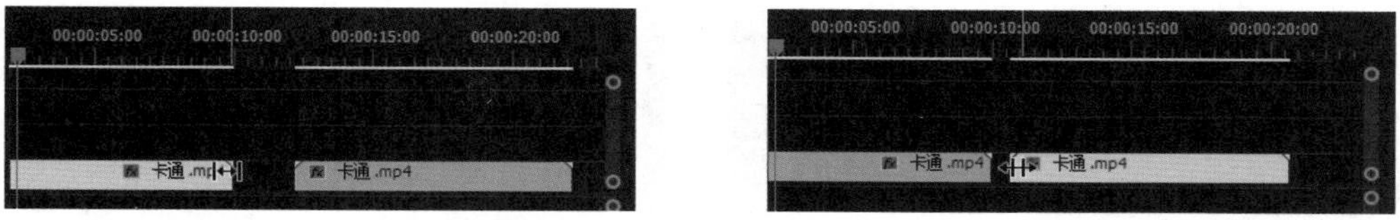

图3-11

❹使用剃刀工具设置出点和入点

使用剃刀工具可以改变两个素材之间的出点和入点，通过该工具可以将素材切割成两片，也可快速创建素材的出点和入点。其步骤为：将时间指示器移动到需要分割的位置，使用剃刀工具在该位置单击即可，如图3-12所示。

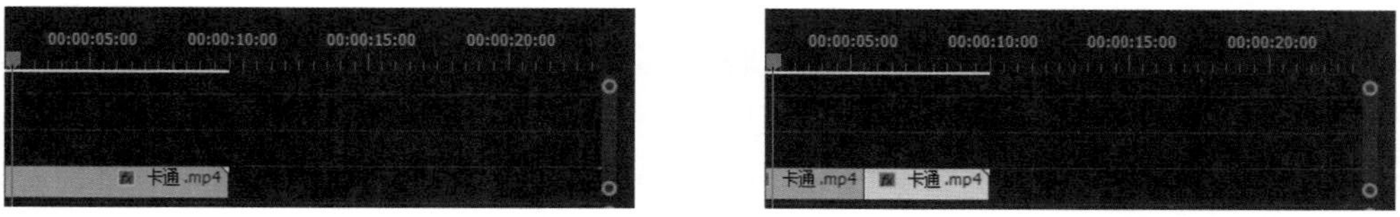

图3-12

知识延伸 | 设置出点和入点

单击监视器窗口的“标记入点”按钮和“标记出点”按钮也可为当前素材设置入点和出点。

3.1.5 标记素材

在Premiere CC中可以标记素材，以标识重要的内容或查看素材的帧与帧之间是否对齐。一般情况下，用户可以为素材添加默认的标记，并可以对其进行设置。

❶添加标记

对素材进行标记只需将时间指示器移到想要标识的位置，双击监视器窗口左下角的“添加标记”图标，如图3-13所示。也可以在“标记”菜单下选择“添加标记”命令。

图3-13

在打开的对话框中设置其名称、持续时间和标记颜色等参数。设置完毕后，单击“确定”按钮即可，如图3-14所示。

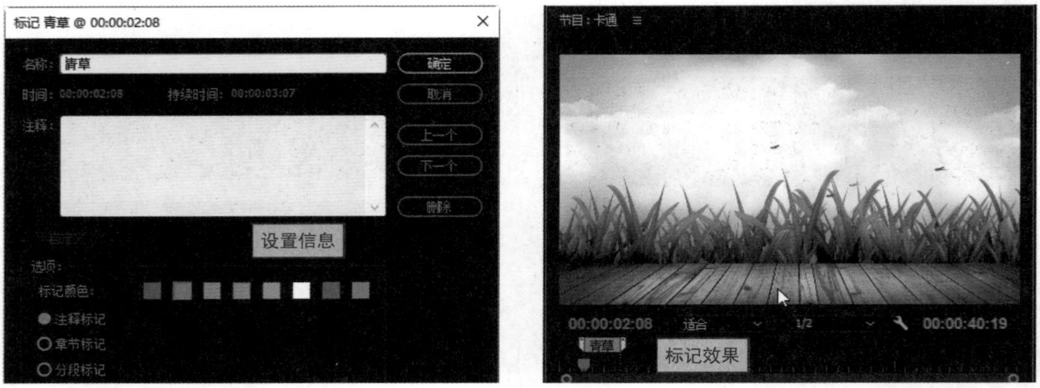

图3-14

❷查找标记

当存在多个标记时，用户还可以通过在标记名称上右击，在弹出的快捷菜单中选择“转到上一个标记”或“转到下一个标记”命令即可查找需要编辑的标记，如图3-15左图所示。或者1.单击“标记”菜单项，2.选择“转到下一标记”命令查找，如图3-15右图所示。

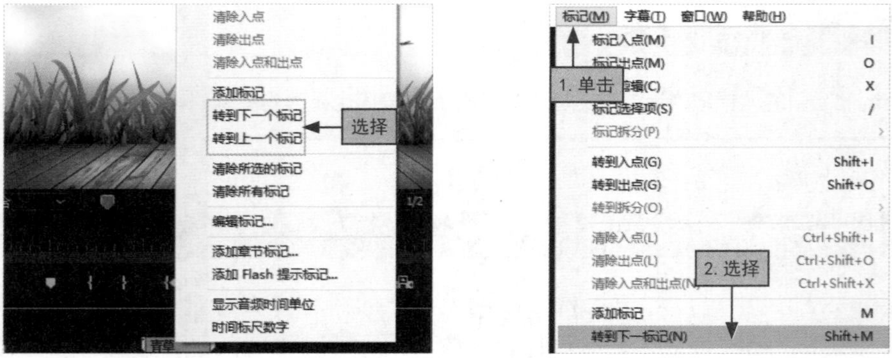

图3-15

3.删除标记

当存在多个标记时，经过剪辑后有些标记可能不需要了，就可将其删除，其操作为：在标记名称上右击，选择“清除所选的标记”命令清除当前选择的标记。或者选择“清除所有标记”命令便可删除所有标记，如图3-16左图所示。

还可以1.单击“标记”菜单项，2.选择“清除所选标记”或者“清除所有标记”命令对标记执行相应的操作，如图3-16右图所示。

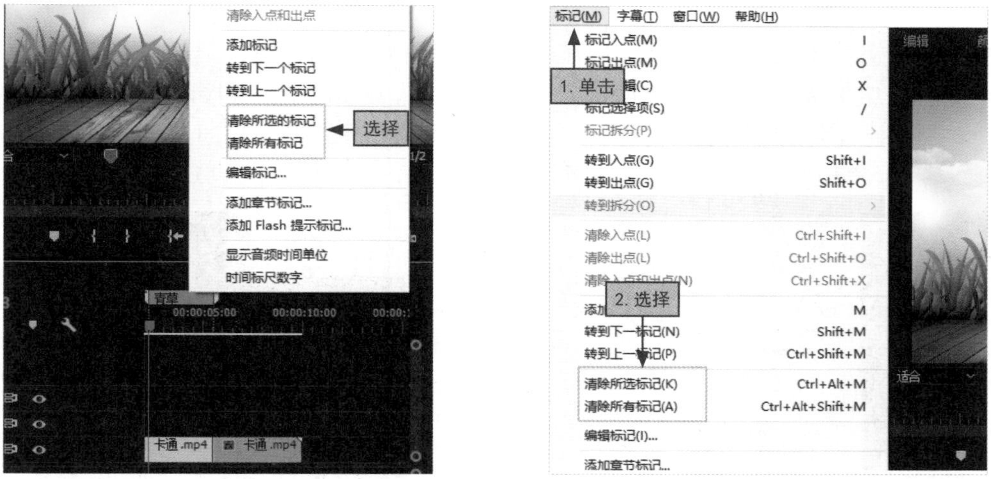

图3-16

3.1.6 素材轨道的锁定与解锁

将多个素材添加到时间轴窗口后，会出现多个素材轨道。如果仅需要对其中某个素材轨道进行操作，为了方便在剪辑时不影响其他轨道的素材，这时用户可以将其他素材轨道进行锁定，其操作是：只需单击时间轴窗口前面的“切换轨道锁定”按钮，便可对其进行锁定。锁定后素材不能被编辑，以斜杠涂满，如图3-17所示。

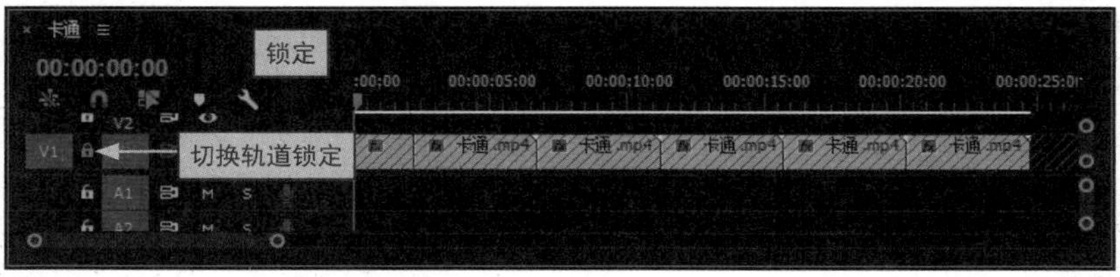

图3-17

在剪辑完成后，进行综合整理时，需要对每个素材进行小小的改动，这时需要对素材轨道解锁。素材轨道的解锁只需单击时间轴窗口前面被锁定的“切换轨道锁定”按钮，便可解锁，如图3-18所示。

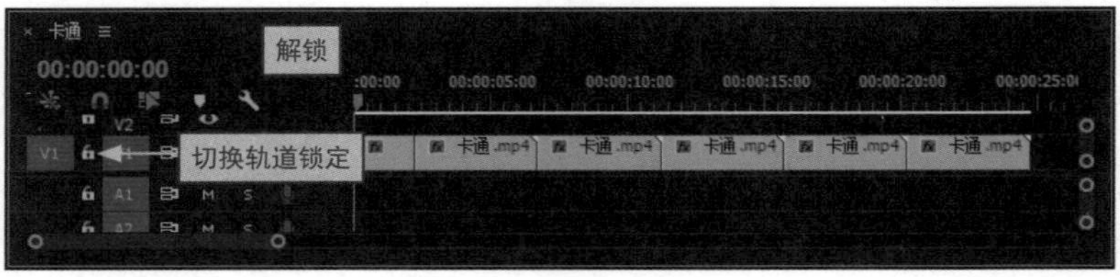

图3-18

3.1.7 视频、音频的链接与解除

将视频、音频素材文件添加到时间轴窗口后，视频将会放于视频轨道，音频则会放于音频轨道。用户在为某一段视频配好音频后，便可以将音频与视频链接，方便对其进行整体的编辑。1.视频与音频的链接只需选择音频与视频素材，在任意选择的素材上右击；2.选择“链接”命令，便可将两者连在一起。移动其中一个另一个也将同步移动，如图3-19所示。

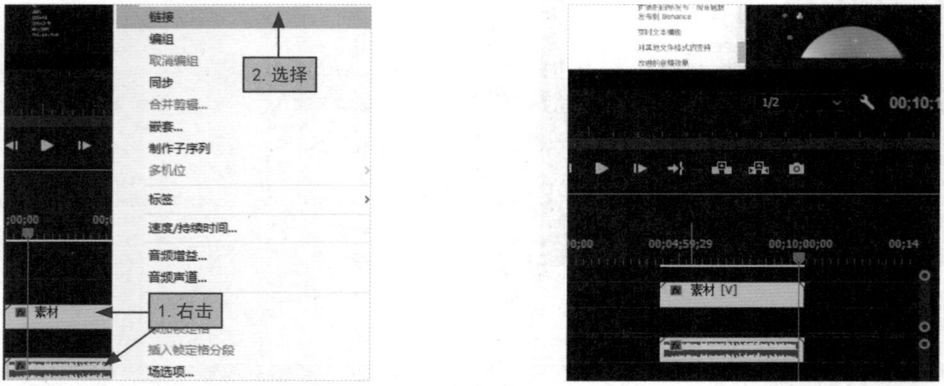

图3-19

在导入既有音频又有视频的素材时，将其添加到时间轴窗口后，视频与音频会同步播放。但在一些情况下可能只需要视频而不需要音频，用户可以解除链接，从而删除音频。1.视频与音频的解除只需选择音频与视频素材，在其上右击；2.选择“取消链接”命令，便可使两者解除链接。移动其中一个另一个不会受到影响，如图3-20所示。

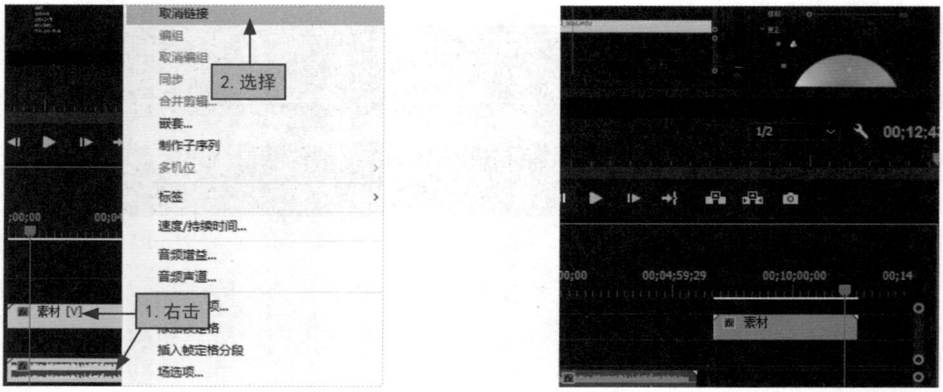

图3-20

LESSON 3.2

影视素材的调整

知识级别

■初级入门 | □中级提高 | □高级拓展

知识难度 ★★

学习时长 60 分钟

学习目标

① 掌握调整项目尺寸的方法。

② 掌握调整播放时间和速度的方法。

③ 掌握调整播放位置的方法。

※主要内容※

内　容	难　度	内　容	难　度
调整素材尺寸	★	调整播放速度和持续时间	★
调整播放位置	★		

3.2.1 调整素材尺寸

在Premiere CC中，添加到时间轴窗口的视频素材有时会出现显示不完全或者分辨率太低等情况，可以通过调节素材的尺寸来解决该问题。想要调整素材尺寸，只需选择素材，打开效果控件面板，通过“缩放”选项来调整其尺寸大小，下面通过具体案例来介绍其用法。

[知识演练] 在监视器窗口调整多个素材的尺寸

源文件/第3章	初始文件/调整素材尺寸.prproj
	最终文件/调整素材尺寸.prproj

步骤01 打开“调整素材尺寸.prproj”项目文件，可以看到项目窗口有3个视频素材，并已将其添加到了时间轴窗口。1.在时间轴窗口中选择“卡通”素材，2.打开的“效果控件”面板，如图3-21所示。

步骤02 1.在“效果控件”面板中将“缩放”数值设为40.0。选择素材“小树生长.mp4”，打开其“效果控件”面板；2.设置“缩放”数值为80.0。如图3-22所示。

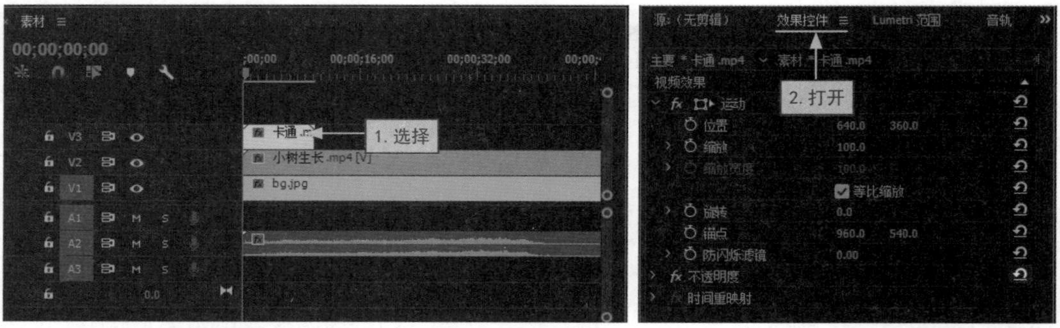

图3-21

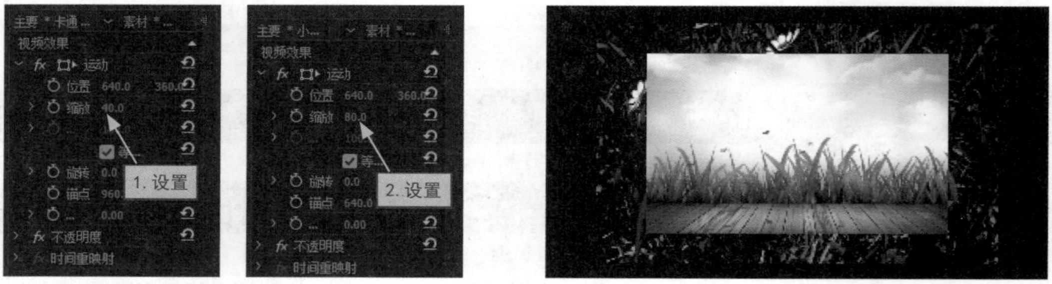

图3-22

步骤03 选择“bg.jpg”素材，打开其“效果控件”面板，设置“缩放”数值为270.0，如图3-23所示。

图3-23

3.2.2 调整播放速度和持续时间

在时间轴窗口的视频素材不仅可以调整尺寸大小，还可以调整播放的速度和持续时间，实现慢放或快放的效果，从而增加或减少视频的持续时间。调整播放速度和持续时间只需选择素材，单击“剪辑”菜单项，选择“速度/持续时间”命令，在打开的“剪辑速度/持续时间”对话框中设置“速度”和“持续时间”参数值。下面通过具体的案例来介绍其用法。

[知识演练] 调节“小树生长”素材的播放速度，实现慢放效果

源文件/第3章	初始文件/调节播放速度.prproj
	最终文件/调节播放速度.prproj

步骤01 打开“调整播放速度.prproj”项目文件，可以看到项目窗口的视频素材文件为31秒26帧。选择该素材，1.单击“剪辑”菜单项，2.选择“速度/持续时间”命令，打开“剪辑速度/持续时间”对话框，如图3-24所示。

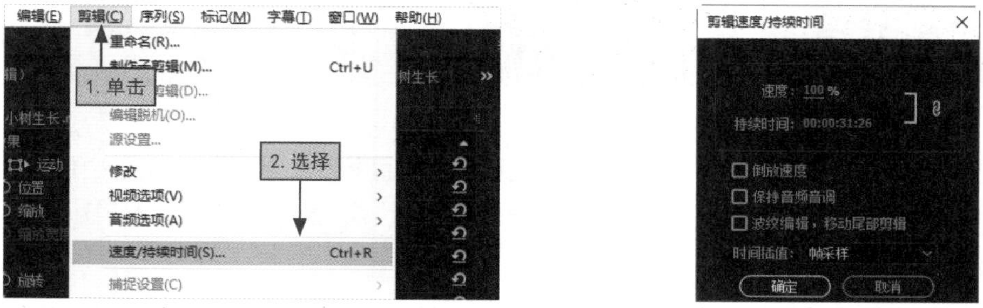

图3-24

步骤02 1.在打开的“剪辑速度/持续时间”对话框中设置“速度”为50%，则“持续时间”变为01分03秒22帧。2.单击“确定”按钮即可完成，如图3-25所示。

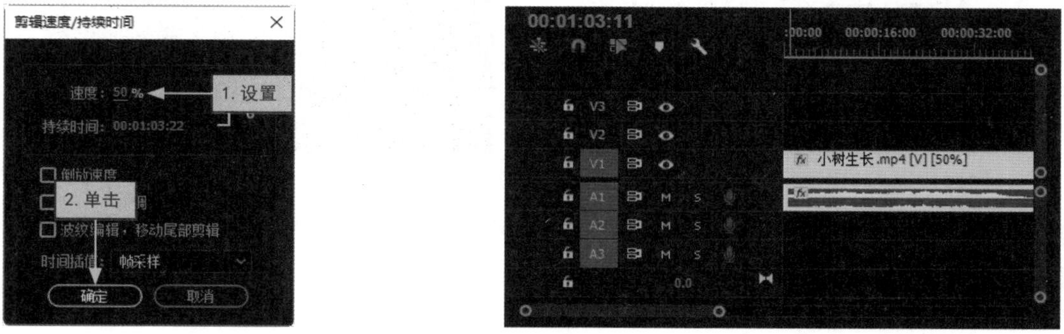

图3-25

3.2.3 调整播放位置

在时间轴窗口的视频素材可以通过调整其播放位置实现移动播放。调整播放位置，只需选择素材文件，打开“效果控件”面板，通过调节“位置”参数和“锚点”参数即可，下面通过具体的案例来介绍其用法。

[知识演练] 调节“海滨”和“夏天”素材的位置实现移动效果

源文件/第3章	初始文件/调整播放位置.prproj
	最终文件/调整播放位置.prproj

步骤01 打开“调整播放位置.prproj”项目文件，可以看到在时间轴窗口的“海滨”序列已添

加两个素材文件。1.将“海滨”素材缩放到60.0，2.将“夏天”素材缩放到150.0，如图3-26所示。

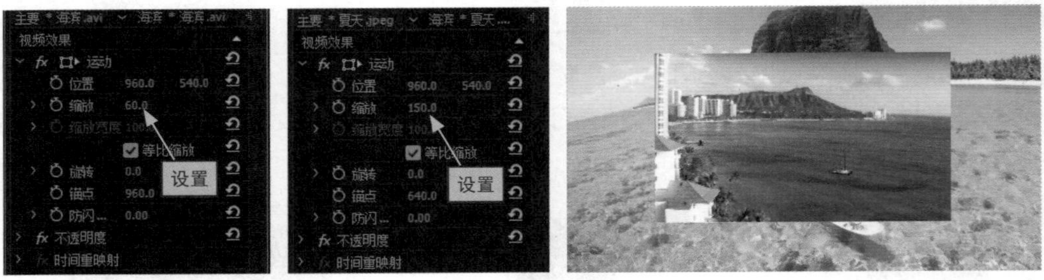

图3-26

步骤02 选择“海滨”视频素材，打开其“效果控件”面板，1.在0秒处设置“位置”数值为（682，666），并记录关键帧；2.在05秒处设置“位置”数值为（1300，368），并记录关键帧。如图3-27所示。

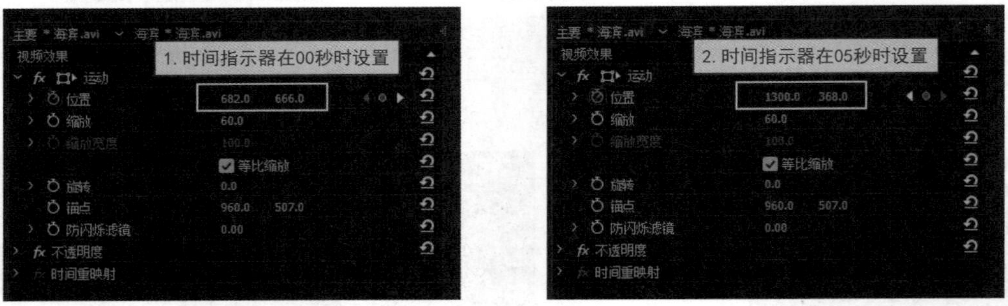

图3-27

步骤03 设置完成后按空格键或单击“播放”按钮便可查看在00秒和05秒的效果。通过其位置移动实现了移动播放效果，如图3-28所示。

图3-28

LESSON 3.3 影视素材的剪辑

知识级别

■初级入门 | □中级提高 | □高级拓展

知识难度 ★★★

学习时长 100 分钟

学习目标

① 精确添加与删除视频。

② 同步编辑多个摄像机序列。

③ 了解主剪辑与子剪辑的使用。

※主要内容※

内 容	难 度	内 容	难 度
精确添加视频——三点编辑	★	精确添加视频——四点编辑	★
精确删除视频——提升与删除	★★	同步编辑多个摄像机序列	★★
使用主剪辑与子剪辑	★★		

3.3.1 精确添加视频——三点编辑

三点编辑就是通过指定源素材的入点、节目素材的入点和节目素材的出点这三点精确地将一段定义标记点的素材按指定要求放在定义有标记点的时间线上。这是视频剪辑的一种比较实用的方式，因为一段自制的视频中片段比较多，通常涉及两个以上的视频素材，一个一个处理既浪费时间又没办法协调过渡，所以这种方法就变得比较常用。下面通过具体的案例来介绍该方法的具体操作。

[知识演练] 应用三点编辑插入“飞机起飞”素材的前3秒

源文件/第3章	初始文件/三点编辑.prproj
	最终文件/三点编辑.prproj

步骤01 打开“三点编辑.prproj”项目文件，在项目窗口中双击“飞机起飞”素材，将其在素材源窗口打开，将时间指示器移动到第0秒处，单击鼠标右键，选择“标记入点”命令，如图3-29所示。

图3-29

步骤02 将时间指示器移动到第3秒处右击，选择“标记出点”命令，在时间轴窗口中将时间指示器移到第2秒处右击，选择“标记入点”命令，如图3-30所示。

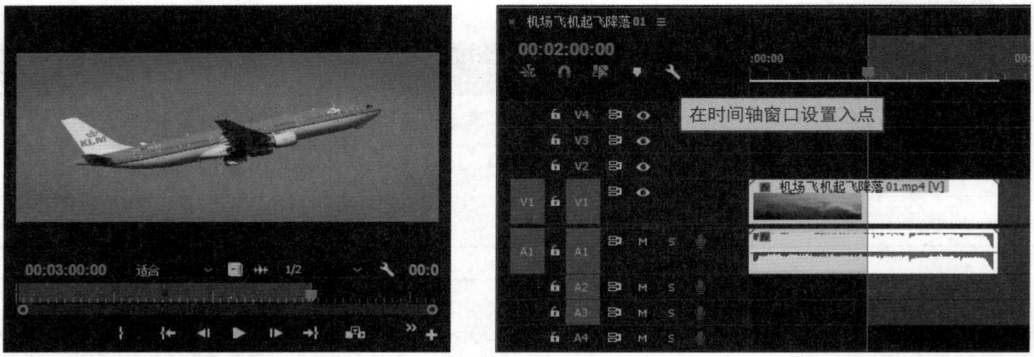

图3-30

步骤03 在素材源窗口单击右下角的“插入”按钮，便可将“飞机起飞”素材的前3秒插入到整个素材的2～5秒时间段，如图3-31所示。

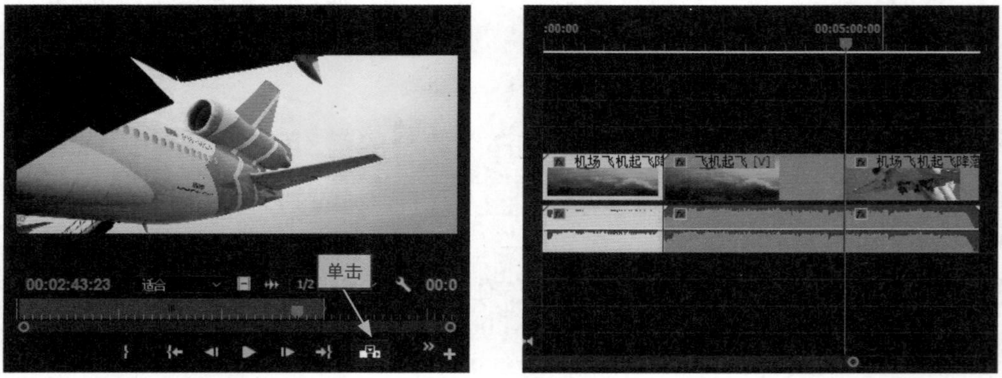

图3-31

3.3.2 精确添加视频——四点编辑

与三点编辑相比，四点编辑较为复杂，它需要对4个点进行指定，即源素材的入点、出点以及节目素材的入点、出点。其使用方法与三点编辑基本相同，但在使用前，用户需要对轨道进行设置。若没有选择轨道，需要在时间轴窗口的素材轨道中进行选择。在进行四点编辑时，用户需要在“源监视器”面板中对素材的出点和入点进行设置。若源素材的入点和出点的持续时间与节目素材的入点和出点之间的持续时间不匹配，就会打开“适合剪辑”对话框，在对话框中用户可选择忽略某个点或者更改剪辑速度，使两段素材时间相同。下面通过具体的案例来介绍该方法的具体用法。

[知识演练] 应用四点编辑覆盖掉“飞过的摩托”素材

源文件/第3章	初始文件/四点编辑.prproj
	最终文件/四点编辑.prproj

步骤01 打开“四点编辑.prproj”项目文件，在项目窗口双击“骏马奔跑.mov”素材，将其在素材源窗口打开，1.将时间指示器移动到第02秒处并右击，选择“标记入点”命令；2.将时间指示器移动到第7秒处并右击，选择“标记出点”命令。如图3-32所示，两点的持续时间为5秒。

图3-32

步骤02 1.在时间轴窗口将时间指示器移到第08秒处，在监视器窗口右击，选择“标记入点”命令添加入点；2.将时间指示器移到第12秒处；3.在监视器窗口右击，选择“标记出点”命令添加出点。如图3-33所示。

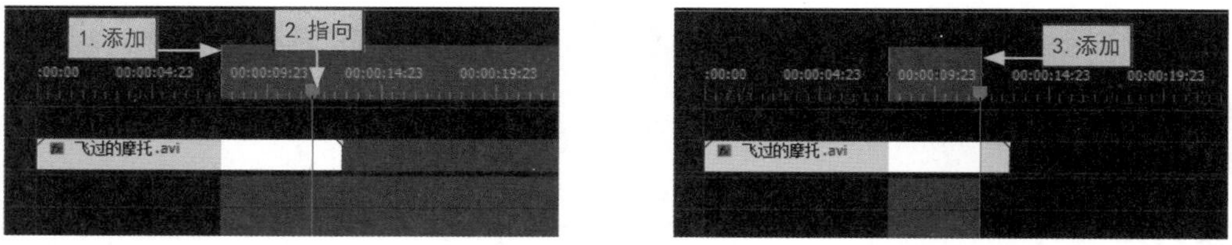

图3-33

步骤03 在素材源窗口单击右下角的“覆盖”按钮，便可用“骏马奔跑”素材覆盖掉“飞过的摩托”素材08～12的内容，如图3-34所示。

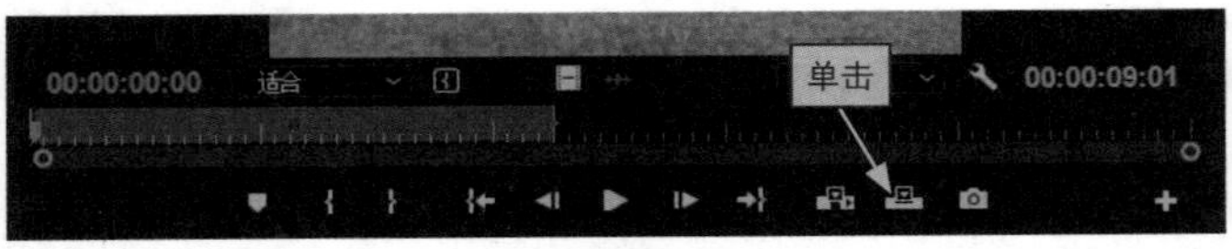

图3-34

步骤04 由于两个素材的出点和入点之间的持续时间不一致，将会打开“适合剪辑”对话框，1.选中对话框内的“更改剪辑速度（适合填充）”单选按钮，2.单击“确定”按钮。通过改变“骏马奔跑”素材单位速度来实现两个素材入点和出点的持续时间一致，如图3-35所示。

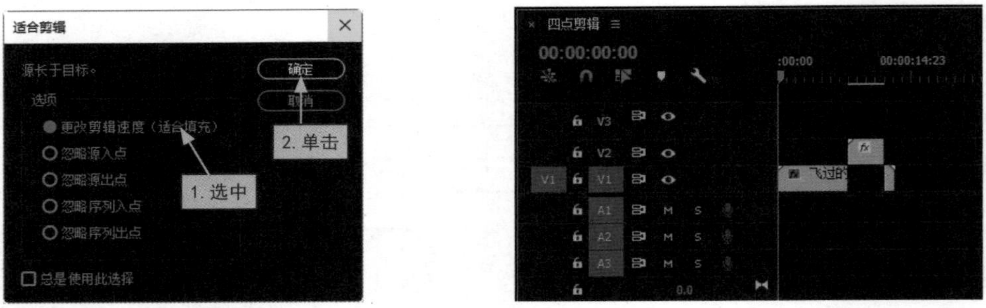

图3-35

3.3.3 精确删除视频——提升与提取

时间轴窗口的视频素材有时可能会需要对其中的某一段进行删除，但可能为了画面质量需要精确到某一帧。在Premiere CC中要想精确删除视频可以使用“提升”与“提取”功能。使用此二者只需在时间轴窗口素材时间线上设置“标记出点”和“标记入点”，在监视器窗口下方单击“提升/提取”按钮即可。使用“提升”功能后，出点和入点之间的视频将被直接删除，并且前后不会连接。而使用“提取”功能后，前后默认会自动连接。下面通过具体的案例来介绍精确删除视频的相关操作。

[知识演练] 精确删除“飞过的摩托”素材中的一段视频

源文件/第3章	初始文件/精确删除视频.prproj
	最终文件/精确删除视频.prproj

步骤01 打开“精确删除视频.prproj”项目文件，在时间轴窗口选择“飞过的摩托.avi”素材，将时间指示器移到05秒08帧，1.单击“标记”菜单项，2.选择“标记入点”命令并将时间指示器移到09秒12帧，3.单击“标记”菜单项，4.选择“标记出点”命令，如图3-36所示。

步骤02 在监视器窗口单击“提取”按钮，便可看到“标记出点”和“标记入点”之间已被删除，并自动连接后半段视频，如图3-37所示。

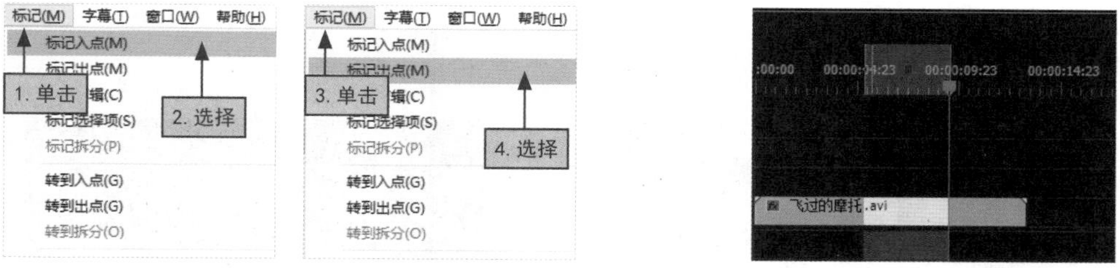

图3-36

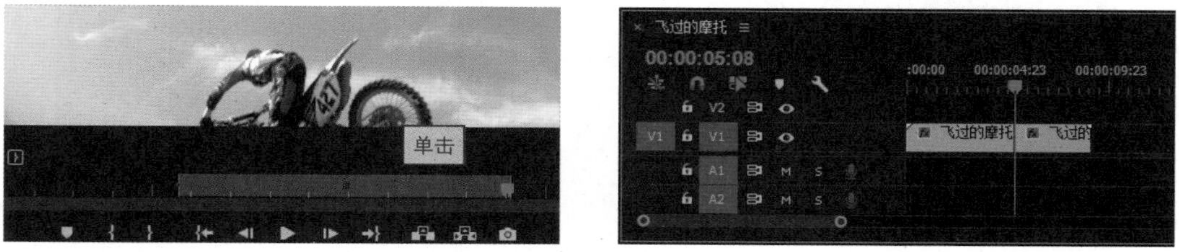

图3-37

3.3.4 同步编辑多个摄像机序列

在使用Premiere CC剪辑的时候，经常会遇到处理几台摄像机摄录的不同角度的视频素材，需要同时从不同的角度进行剪辑这类问题。要解决这一问题就需要同步编辑多个摄像机序列，下面通过具体的案例来介绍相关的操作方法。

[知识演练] 同时编辑“马奔跑”和“骏马奔跑”素材

源文件/第3章	初始文件/同步编辑多个摄像机序列.prproj
	最终文件/同步编辑多个摄像机序列.prproj

步骤01 打开“同步编辑多个摄像机序列.prproj”项目文件，在项目窗口中可看到“马奔跑.mp4”素材和“骏马奔跑.mov”素材。选择这两个素材，单击鼠标右键，选择“创建多机位源序列”命令，如图3-38所示。

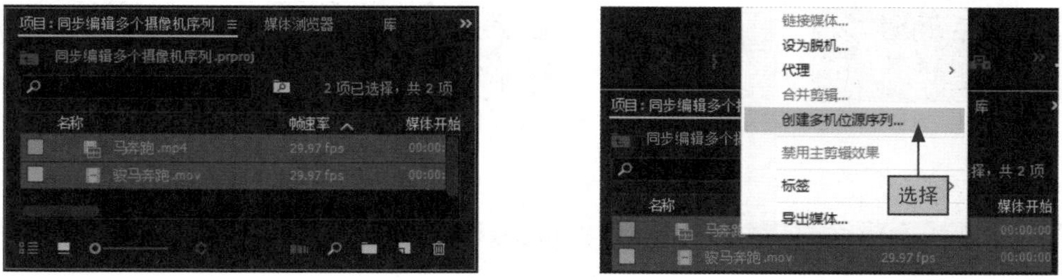

图3-38

步骤02 1.在打开的“创建多机位源序列”对话框的“同步点”栏中选中“入点”单选按钮，2.设置“序列设置”为“相机1”，3.单击“确定”按钮，如图3-39所示。

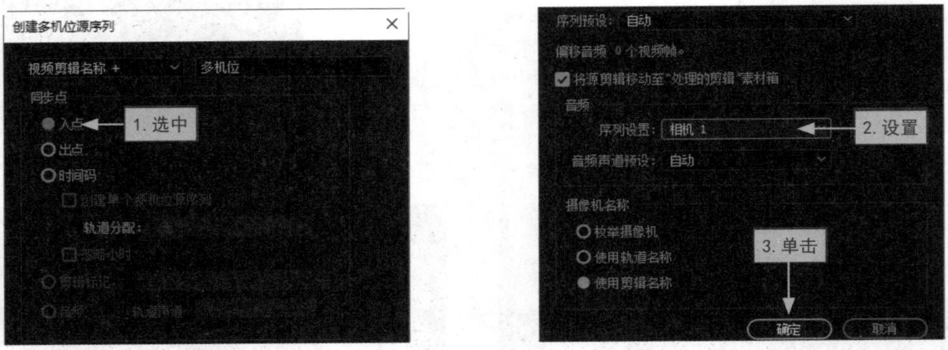

图3-39

步骤03 1.在项目窗口中复制一个“骏马奔跑.mov多机位”序列，将其命名为“多机位”序列；2.将“多机位”序列添加到时间轴窗口。如图3-40所示。

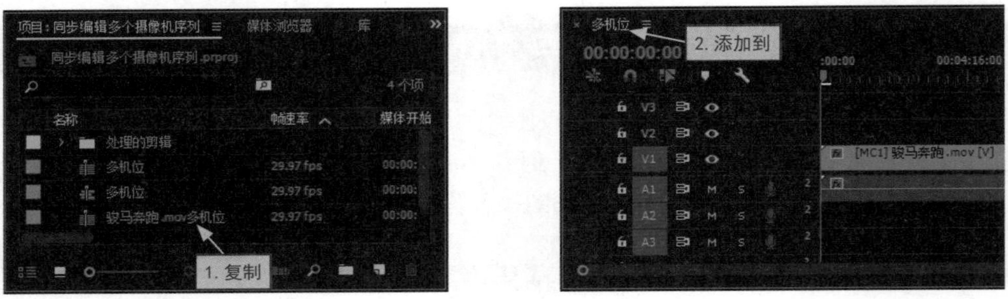

图3-40

步骤04 1.单击监视器窗口右下角的“工具”按钮；2.选择“多机位”选项，单击“播放”按钮便可在节目监视器窗口中看到两个视频同时播放，并可以对其进行编辑。如图3-41所示。

图3-41

3.3.5 使用主剪辑与子剪辑

在Premiere CC中，主剪辑和子剪辑是可以同时运用于一个项目中的，它们是父子级别的关系，子剪辑隶属于主剪辑。主剪辑就是当素材文件首次导入项目窗口时，将作为项目窗口中的主剪辑，不会对原始的磁盘文件产生影响。而子剪辑则是独立于主剪辑，是一个比主剪辑更短、经过剪辑的文件。

当某个素材脱机时，主剪辑和子剪辑将会随之出现变化，具体如表3-1所示。

表3-1

变 化	影 响
一个主剪辑脱机	若将一个主剪辑脱机，或者将其从项目窗口删除，该情况下并未从磁盘中将素材文件进行删除，主剪辑和子剪辑仍然是联机的。
一个素材脱机	若将一个素材脱机，并从磁盘中对素材文件进行删除，则子剪辑及其主剪辑都会脱机。
从项目中删除子剪辑	若将子剪辑从项目中删除，这样的情况下主剪辑将不会受到影响。
重新采集子剪辑	若重新采集一个子剪辑，该子剪辑将会变为主剪辑。子剪辑在序列的实例将不再与旧的子剪辑链接，而链接到新的子剪辑中。
一个子剪辑脱机	若将一个子剪辑设为脱机，则在时间轴窗口的实例也将变为脱机状态，但是其副本将保持联机状态不变，基于主剪辑的其他子剪辑也将保持联机状态不变。

下面通过具体的案例来介绍子剪辑的用法。

[知识演练] 创建子剪辑

源文件/第3章	初始文件/创建子剪辑.prproj
	最终文件/创建子剪辑.prproj

步骤01 打开“创建子剪辑.prproj”项目文件，单击鼠标右键，1.选择“新建素材箱”命令（或单击右下角的“新建素材箱”按钮）。2.将视频素材移到素材箱中，双击“海滨.avi”素材，在“源监视器”窗口中打开，如图3-42所示。

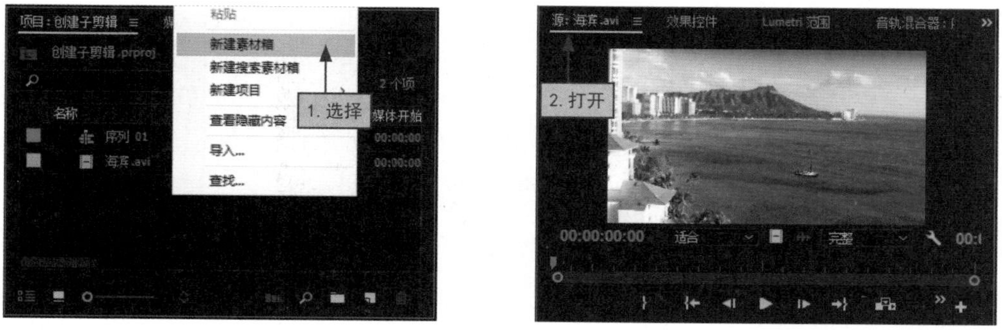

图3-42

步骤02 在“源监视器”窗口中将时间指示器移动到01秒09帧处，单击“标记”菜单项，选择“标记入点”命令；1.将时间指示器移动到06秒24帧处，单击“标记”菜单项，选择“标记出点”命令；2.单击“剪辑”菜单项；3.选择“制作子剪辑”命令。如图3-43所示。

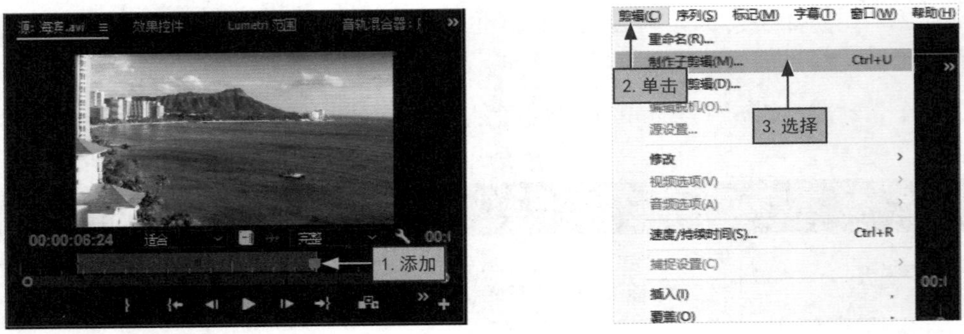

图3-43

步骤03 在打开的“制作子剪辑”对话框中设置新建子剪辑的名称，1.命名为“海滨.avi子剪辑001”，2.单击“确定”按钮便完成创建子剪辑的操作，如图3-44所示。

图3-44

第4章

影视素材图像的校正与控制

学习目标

在使用Premiere CC对素材进行编辑时，经常要碰到调色这一环节，例如把整个片子调成某个色调。不过有些环节对调色的要求非常高，尤其对一些高质量的片子，其画面颜色的处理是一项很重要的内容，有时直接影响效果的成败。本章将介绍常用的影视素材图像的校正与控制技术。

本章要点

◆ 均衡
◆ 通道混合器
◆ 分色
◆ 颜色替换
◆ 灰度系数校正
……

LESSON 4.1

图像颜色校正

知识级别

□初级入门 | ■中级提高 | □高级拓展

知识难度 ★★★

学习时长 80 分钟

学习目标

① 了解各种颜色校正效果。

② 掌握图像色彩调整的综合应用。

※主要内容※

内 容	难 度	内 容	难 度
均衡	★	亮度与对比度	★
分色	★	更改颜色	★
更改为颜色	★	通道混合器	★
颜色平衡	★★	色彩	★★
视频限幅器	★★		

4.1.1 均衡

在剪辑视频时，可以通过多种方式对色彩进行调节，但一般使用颜色校正功能来处理。将颜色校正效果应用于剪辑的方式与应用所有标准效果的方式相同，可在“效果控件”面板中调整效果属性。颜色校正效果和其他颜色效果都是基于剪辑的。然而，通过嵌套序列可以将它们应用于多个剪辑。

“均衡”效果可以改变图像的像素值，以便产生更一致的亮度或颜色分量分布。此效果的功能类似于Adobe Photoshop中的“色调均化”命令。Alpha为0（透明）值的像素不在考虑范围内。其面板如图4-1所示，参数组中各个参数的作用如表4-1所示。

使用“均衡”效果只需在项目窗口中单击“效果”选项，在展开的“效果”面板中选择“视频效果/颜色校正/均衡”命令，将其拖曳至时间轴窗口的素材上即可添加该特效，如图4-2所示为添加该特效的前后对比效果。

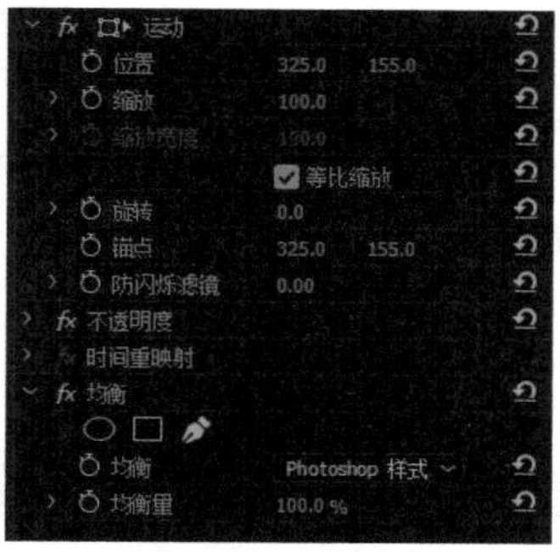

图4-1

表4-1

参数名称	作　用
均衡	该参数有3个参数值，其中，RGB根据红色、绿色和蓝色分量对图像进行均衡。“亮度”根据每个像素的亮度对图像进行均衡。“Photoshop 样式”通过重新分布图像中像素的亮度值来更均匀地表示所有亮度级别，从而对图像进行均衡。
均衡量	重新分布亮度值的程度。为100%时，像素值尽可能均匀分布；百分比越低，重新分布的像素值越小。

▲使用前

▲使用后

图4-2

4.1.2 亮度与对比度

“亮度与对比度”效果主要用于调节图像的亮度与对比度，其面板如图4-3所示，参数组中各个参数的作用如表4-2所示。

图4-3

表4-2

参数名称	作　用
亮度	调整图像的整体亮度。
对比度	调整图像的整体对比度。

使用“亮度与对比度”效果只需在“效果”面板中选择“视频效果/颜色校正/亮度与对比度”命令，将其拖曳至时间轴窗口的素材上即可添加该特效，如图4-4所示为添加该特效的前后对比效果。

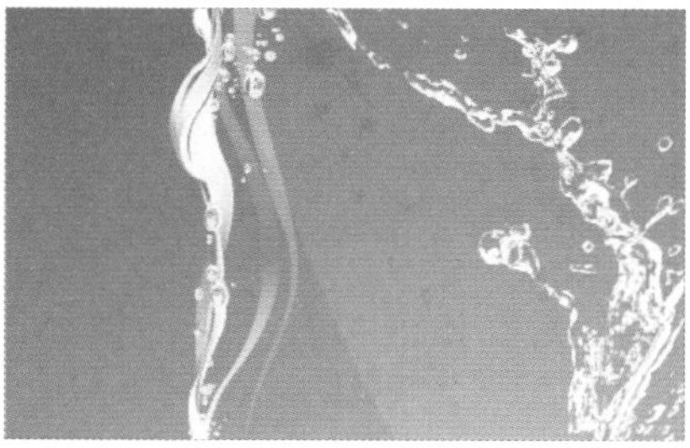

▲使用前

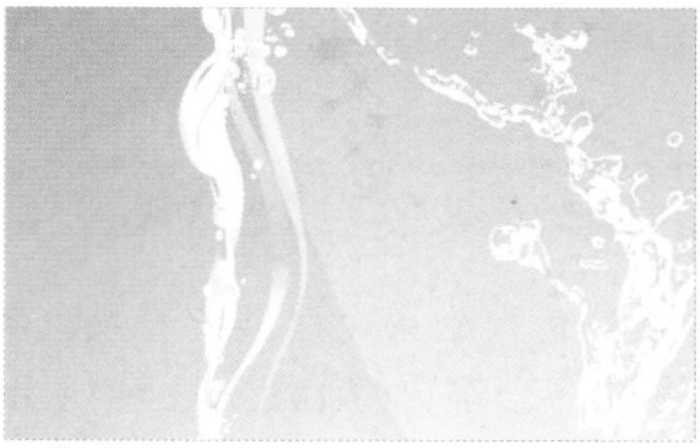

▲使用后

图4-4

4.1.3 分色

“分色”效果可从剪辑中移除所有颜色，但类似“要保留的颜色”的颜色除外。例如，篮球比赛镜头可以脱色，篮球本身的橙色除外。其面板如图4-5所示，参数组中各个参数的作用如表4-3所示。

图4-5

表4-3

参数名称	作　用
脱色量	移除多少颜色，值为100%表示将不同于选定颜色的图像区域显示为灰度。
要保留的颜色	使用吸管或拾色器来确定要保留的颜色。
容差	颜色匹配运算的灵活性。值为0%表示将所有像素脱色（精确匹配“要保留的颜色”的颜色除外）。值为100%表示无颜色变化。
边缘柔和度	颜色边界的柔和度。较高的值将使从彩色到灰色的过渡更平滑。
匹配颜色	确定是要比较颜色的RGB值还是色相值。选择“使用RGB”选项将执行更严格的匹配，通常使图像更大程度脱色。

使用“分色”效果只需在“效果”面板中选择“视频效果/颜色校正/分色”命令，并将其拖曳至时间轴窗口的素材上即可添加该特效，如图4-6所示为添加该特效的前后对比效果。

▲使用前　　▲使用后

图4-6

4.1.4 更改颜色

“更改颜色”效果可以调整一系列颜色的色相、亮度和饱和度。其面板如图4-7所示，参数组中各个参数的作用如表4-4所示。

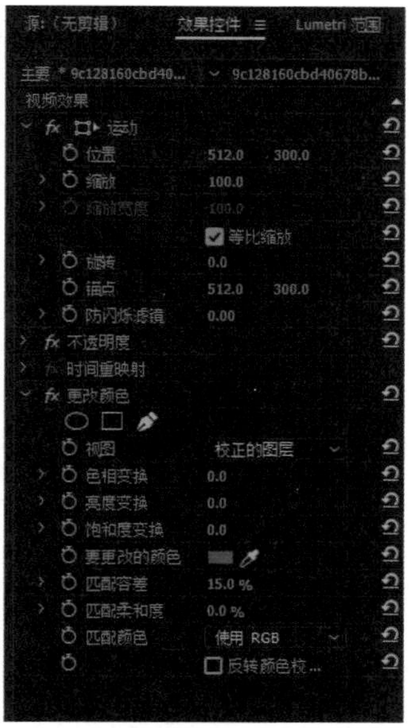

图4-7

表4-4

参数名称	作　用
视图	“校正的图层”显示更改颜色效果的结果。
色相变换	色相的调整量（读数）。
亮度变换	正值使匹配的像素变亮；负值使匹配的像素变暗。
饱和度变换	正值增加匹配的像素的饱和度（向纯色移动）；负值降低匹配的像素的饱和度（向灰色移动）。
要更改的颜色	范围中要更改的中心颜色。
匹配容差	颜色可以在多大程度上不同于“要匹配的颜色”并且仍然匹配。
匹配柔和度	不匹配的像素受效果影响的程度，与“要匹配的颜色”的相似性成比例。
匹配颜色	确定一个在其中匹配的颜色以确定相似性的色彩空间。
反转颜色校正蒙版	反转受影响的蒙版颜色。

使用“更改颜色”效果只需在“效果”面板中选择“视频效果/颜色校正/更改颜色”命令，并将其拖曳至时间轴窗口的素材上即可添加该特效，如图4-8所示为添加该特效的前后对比效果。

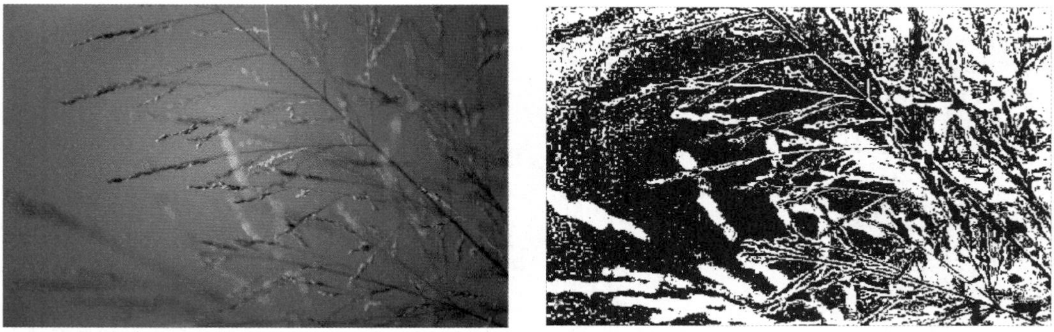
▲使用前　　▲使用后

图4-8

4.1.5 更改为颜色

“更改为颜色”效果是使用色相、亮度和饱和度(HLS)值将在图像中选择的颜色更改为另一种颜色，保持其他颜色不受影响。

“更改为颜色”效果提供了“更改颜色”效果未能提供的灵活性和选项。其面板如图4-9所示，参数组中各个参数的作用如表4-5所示。

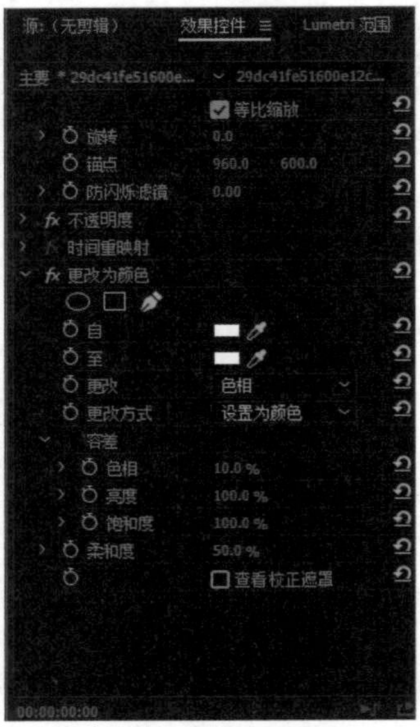

图4-9

表4-5

参数名称	作　用
自	要更改的颜色范围的中心。
至	将匹配的像素更改成的颜色。如果要动画颜色变化，则需要为“至”颜色设置关键帧。
更改	哪些通道受影响。
更改方式	如何更改颜色。“设置为颜色”将受影响的像素直接更改为目标颜色。
容差	颜色可以在多大程度上不同于“自”颜色并且仍然匹配。展开此控件可以显示色相、亮度和饱和度值的单独滑块。
柔和度	一般用于校正遮罩边缘的羽化量。较高的值将在受颜色更改影响的区域与不受影响的区域之间创建更平滑的过渡。
查看校正遮罩	显示灰度遮罩，表示效果影响每个像素的程度。白色区域的变化最大，黑暗区域变化最小。

使用“更改为颜色”效果只需在“效果”面板中选择“视频效果/颜色校正/更改为颜色”命令，并将其拖曳至时间轴窗口的素材上即可添加该特效，如图4-10所示为添加该特效的前后对比效果。

▲使用前

▲使用后

图4-10

4.1.6 通道混合器

“通道混合器”效果是通过使用当前颜色通道的混合组合来修改颜色通道。使用此效果可以执行其他颜色调整工具无法轻松完成的创意颜色调整，例如，可以通过选择每个颜色通道所占的百分比来创建高质量灰度图像，创建高质量综合色调或其他着色图像，以及交换或复制通道等。“通道混合器”效果面板如图4–11所示，参数组中各个参数的作用如表4–6所示。

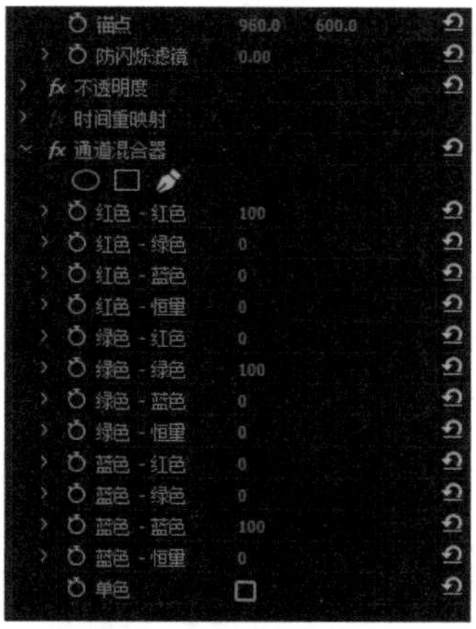

图4–11

表4–6

参数名称	作　用
输出通道-输入通道	增加到输出通道值的输入通道值的（百分比）。例如，“红色 - 绿色”设置为10，表示在每个像素的红色通道的值上增加该像素绿色通道的值的10%。“蓝色-绿色”设置为100和“蓝色 - 蓝色”设置为0表示将蓝色通道值替换成绿色通道值。
输出通道-恒量	增加到输出通道值的恒量值（百分比）。例如“红色-恒量”为100，表示通过增加100%红色来为每个像素增加红色通道的饱和度。
单色	使用红色、绿色和蓝色输出通道中的红色输出通道的值，从而创建灰度图像。

使用“通道混合器”效果只需在“效果”面板中选择“视频效果/颜色校正/通道混合器”命令，并将其拖曳至时间轴窗口的素材上即可添加该特效，如图4–12所示为添加该特效的前后对比效果。

▲使用前　　▲使用后

图4–12

4.1.7 颜色平衡

“颜色平衡”效果是通过更改图像阴影、中间调和高光中的红色、绿色和蓝色所占的量来实现对图像进行颜色调整。其面板如图4–13所示，参数组中各个参数的作用如表4–7所示。

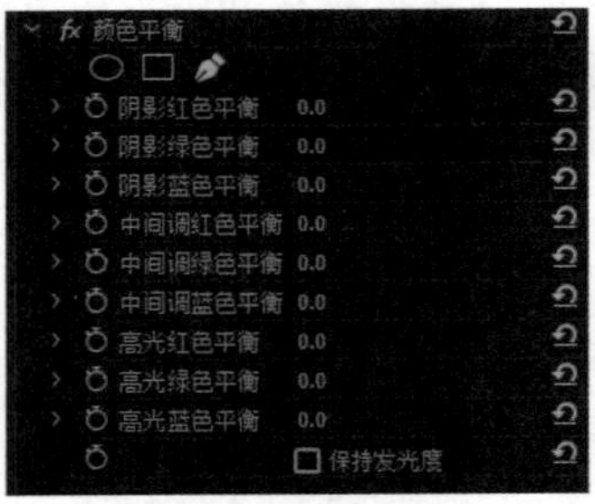

图4-13

表4-7

参数名称	作 用
阴影颜色平衡	通过更改阴影颜色调节。
中间调颜色平衡	通过更改中间调颜色调节。
高光颜色平衡	通过更改高光颜色调节。
保持发光度	在更改颜色时保持图像的平均亮度，此控件可保持图像中的色调平衡。

使用“颜色平衡”效果只需在“效果”面板中选择“视频效果/颜色校正/颜色平衡”命令，并将其拖曳至时间轴窗口的素材上即可添加该特效，如图4-14所示为添加该特效的前后对比效果。

▲使用前　▲使用后

图4-14

4.1.8 色彩

“色彩”效果用于改变图像的颜色信息。对于每个像素，应用该效果后，其着色量决定了两种颜色之间的混合程度，其面板如图4-15所示，参数组中各个参数的作用如表4-8所示。

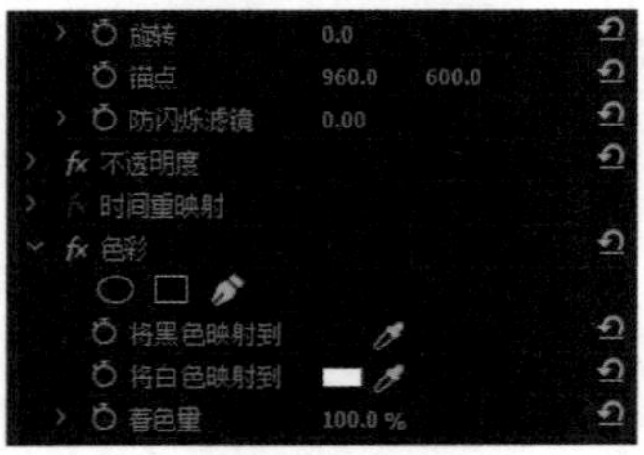

图4-15

表4-8

参数名称	作 用
将黑色映射到	用于将黑色变为指定的颜色。
将白色映射到	用于将白色变为指定的颜色。
着色量	设置效果颜色与原颜色的混合程度。

使用“色彩”效果只需在“效果”面板中选择“视频效果/颜色校正/色彩”命令，并将其拖至时间轴窗口的素材上即可添加该特效，如图4-16所示为添加该特效的前后对比效果。

▲使用前

▲使用后

图4-16

4.1.9 视频限幅器

“视频限幅器”效果用于限制剪辑中的明亮度和颜色，使它们位于定义的参数范围内。这些参数可用于在使视频信号满足广播限制的情况下尽可能保留视频。其面板如图4-17所示，参数组中各个参数的作用如表4-9所示。

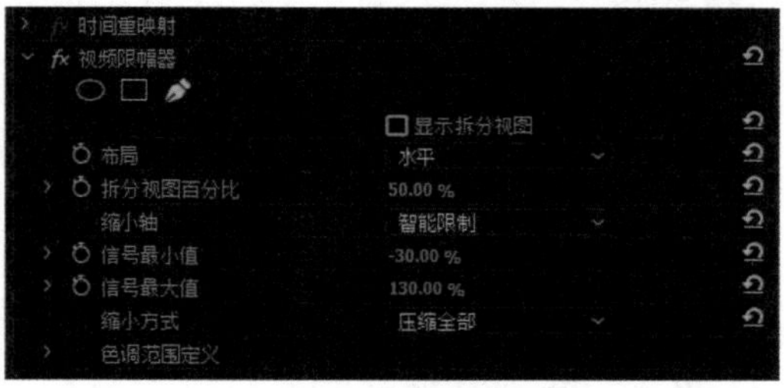

图4-17

表4-9

名称	作用	名称	作用
显示拆分视图	将图像的一部分显示为校正视图，而将其他图像的另一部分显示为未校正视图。	布局	确定“拆分视图”图像是并排（水平）还是上下（垂直）布局。
缩小方式	允许压缩特定的色调范围以保留重要色调范围中的细节（“高光压缩”、“中间调压缩”、“阴影压缩”或“高光和阴影压缩”）或压缩所有的色调范围（“压缩全部”），此为其默认值。	缩小轴	允许设置多项限制，以定义明亮度的范围（亮度）、颜色（色度）、颜色和明亮度（色度和亮度）或总体视频信号（智能限制）。“最小”和“最大”控件的可用性取决于选择的“缩小轴”选项。
亮度最小值	指定图像中的最暗级别。	亮度最大值	指定图像中的最亮级别。
色度最小值	指定图像中的颜色的最低饱和度。	色度最大值	指定图像中的颜色的最高饱和度。
信号最小值	指定最小的视频信号，包括亮度和饱和度。	信号最大值	指定最大的视频信号，包括亮度和饱和度。

续表

名　称	作　用	名　称	作　用
拆分视图百分比	用于调整校正视图的大小，默认值为50%。	色调范围定义	定义剪辑中的阴影、中间调和高光的色调范围。拖动方形滑块可调整阈值。拖动三角形滑块可调整柔和度（羽化）的程度。
阴影阈值	确定剪辑中阴影的值。	阴影柔和度	确定剪辑中阴影的柔和度。
高光阈值	确定剪辑中高光的值。	高光柔和度	确定剪辑中高光的柔和度。

使用“视频限幅器”效果只需在“效果”面板中选择“视频效果/颜色校正/视频限幅器”命令，并将其拖曳至时间轴窗口的素材上即可添加该特效，如图4-18所示为添加该特效的前后对比效果。

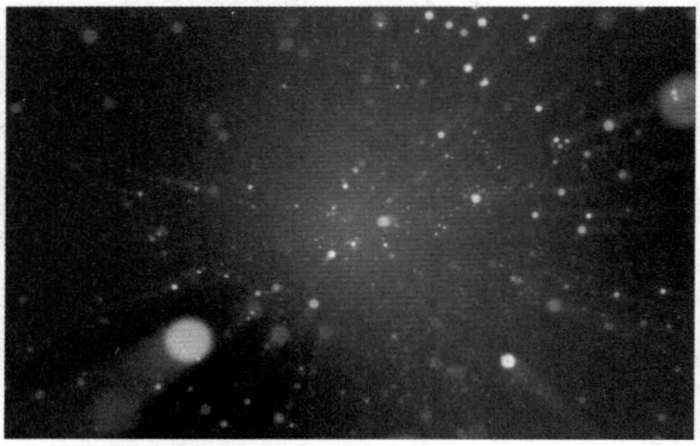

▲使用前

▲使用后

图4-18

实战应用　汽车变色效果制作

本例将通过设置图像颜色校正效果实现汽车变色的效果。

源文件/第4章	初始文件/色彩变换.prproj
	最终文件/色彩变换.prproj

步骤01 打开“色彩变换.prproj”项目文件，可看到项目窗口的“汽车”素材已经添加到时间轴窗口中。在时间轴窗口选择“汽车”素材，1.单击“编辑”菜单项，2.选择“复制”命令，将时间指示器移到第一段素材的末端，3.单击“编辑”菜单项，4.选择“粘贴”命令，再次粘贴，生成两个素材，如图4-19所示。

步骤02 选择第二个“汽车”素材，展开“效果”面板，选择“视频效果/颜色校正/更改为颜色”命令，并将该效果添加到第二个“汽车”素材上，如图4-20所示。

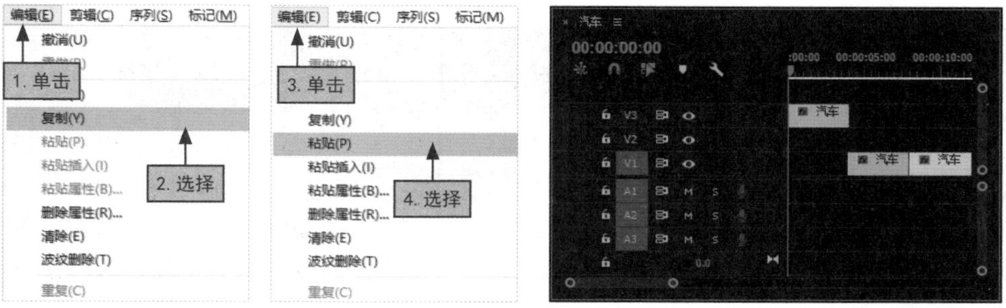

图4-19

图4-20

步骤03 1.在“效果控件”面板中将“自”颜色设置为紫色，“至”颜色设置为红色；2.把“更改方式”设置为“变换为颜色”。如图4-21所示。

图4-21

步骤04 选择第三个“汽车”素材，在“效果”面板中将“视频效果/颜色校正/更改为颜色”效果添加到该素材上。1.在“效果控件”面板中将“自”颜色设置为绿色，“至”颜色设置为暗红色；2.把“更改方式”设置为“变换为颜色”完成整个操作。如图4-22所示。

图4-22

LESSON 4.2

图像控制

知识级别

□初级入门 | ■中级提高 | □高级拓展

知识难度 ★★★

学习时长 80 分钟

学习目标

① 了解各种图像控制效果的作用。

② 掌握各种图像控制效果的综合应用。

※主要内容※

内　容	难　度	内　容	难　度
黑白	★	颜色平衡（RGB）	★
颜色过滤	★	颜色替换	★
灰度系数校正	★		

在Premiere CC中，“图像控制”效果栏中包含了黑白、颜色平衡、颜色过滤、颜色替换以及灰度系数校正5种色彩效果。

4.2.1 黑白

“黑白”效果一般用于将素材的颜色变更为灰度颜色。

使用“黑白”效果只需在“效果”面板中选择“视频效果/图像控制/黑白”命令，并将其拖曳至时间轴窗口的素材上即可添加该特效，如图4-23所示为应用该特效的前后对比效果。

▲使用前

▲使用后

图4-23

4.2.2 颜色平衡（RGB）

“颜色平衡（RGB）”效果是通过对素材中的红色、绿色以及蓝色进行增加或减少设置来实现颜色的平衡调整。其面板如图4-24所示，参数组中各个参数的作用如表4-10所示。

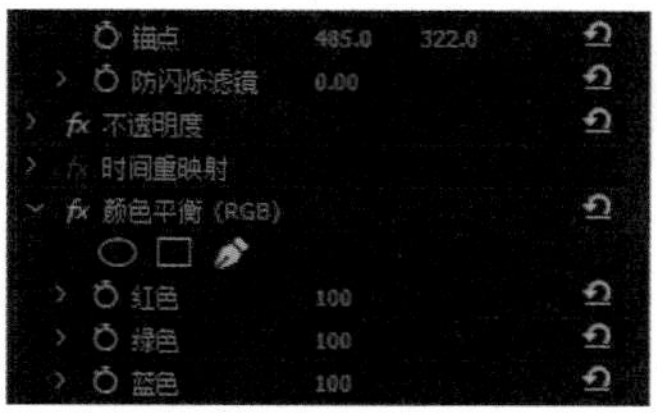

图4-24

表4-10

参数名称	作　用
红色	设置素材中红色的量。
绿色	设置素材中绿色的量。
蓝色	设置素材中蓝色的量。

使用“颜色平衡”效果只需在“效果”面板中选择“视频效果/图像控制/颜色平衡”命令，并将其拖曳至时间轴窗口的素材上即可添加该特效，如图4-25所示为应用该特效的前后对比效果。

▲使用前　▲使用后

图4-25

4.2.3 颜色过滤

“颜色过滤”效果是将剪辑转换成灰度，但不包括指定的单个颜色，使用该效果可强调剪辑的特定区域。例如，在篮球比赛剪辑中，为了突出篮球，可以通过“颜色滤镜”效果的设置，从而选择和保留篮球的颜色，同时使剪辑的其余部分以灰度显示。需要注意的是，使用“颜色过滤”效果只能隔离颜色，而不能隔离剪辑中的对象。

使用“颜色过滤”效果只需在“效果”面板中选择“视频效果/图像控制/颜色过滤”命令，并将其拖至时间轴窗口的素材上即可添加该特效，如图4-26所示为应用该特效的前后对比效果。

▲使用前

▲使用后

图4-26

4.2.4 颜色替换

“颜色替换”效果是将所有出现的选定颜色替换成新的颜色，同时保留灰色阶。其面板如图4-27所示，参数组中各个参数的作用如表4-11所示。

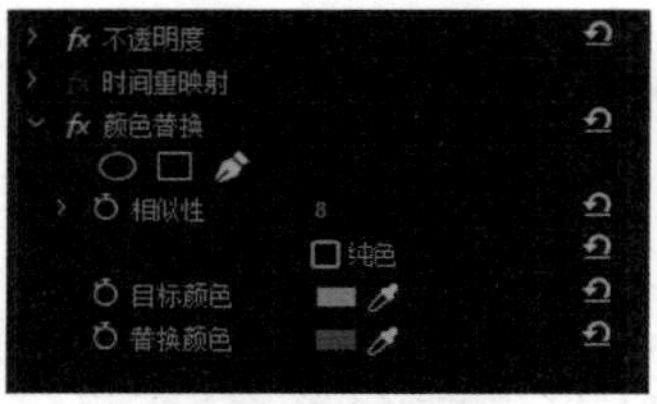

图4-27

表4-11

参数名称	作　用
相似性	目标颜色与替换颜色的相似程度。
目标颜色	设置想要进行替换的颜色。
替换颜色	设置替换成的颜色。

使用“颜色替换”效果只需在“效果”面板中选择“视频效果/图像控制/颜色替换”命令，并将其拖至时间轴窗口的素材上即可添加该特效，如图4-28所示为应用该特效的前后对比效果。

▲使用前

▲使用后

图4-28

4.2.5 灰度系数校正

“灰度系数校正”效果可以在不显著更改阴影和高光的情况下使剪辑变亮或变暗。其实现的方法是更改中间调的亮度级别（中间灰色阶），同时保持暗区和亮区不受影响。默认灰度系数值为10，可在“效果控件”面板中将灰度系数值从1调整到28。

使用“灰度系数校正”效果只需在“效果”面板中选择“视频效果/图像控制/灰度系数校正”命令，并将其拖曳至时间轴窗口的素材上即可添加该特效，如图4-29所示为应用该特效的前后对比效果。

▲使用前

▲使用后

图4-29

实战应用 制作树叶季节变化效果

本例将综合利用灰度系数校正、颜色替换等图像控制效果实现树叶的季节变换效果。

源文件/第4章	初始文件/树叶变色.prproj
	最终文件/树叶变色.prproj

步骤01 打开“树叶变色.prproj”项目文件，可看到项目窗口的“树叶”素材已经添加到时间轴窗口中。在时间轴窗口选择“树叶”素材，单击“编辑”菜单项，选择“复制”命令，将时间指示器放到第一段素材的末端，单击“编辑”菜单项，选择“粘贴”命令完成复制“树叶”副本素材的操作，如图4-30所示。

图4-30

步骤02 选择第二个“树叶”素材，在“效果”面板中选择“视频效果/图像控制/灰度系数校正”命令，并将其添加到该素材上，如图4-31所示。

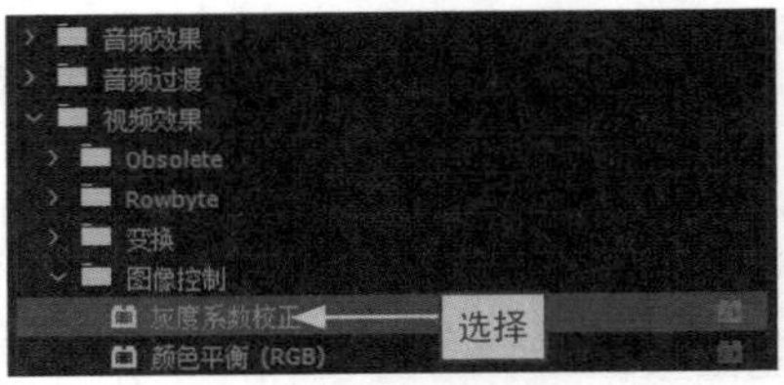

图4-31

步骤03 在打开的“效果控件”面板中设置“灰度系数校正”数值为28，可查看其效果，如图4-32所示。

图4-32

步骤04 选择第二个“树叶”素材，在“效果”面板中选择“视频效果/图像控制/颜色替换”命令，并将其添加到该素材上。在“效果控件”面板中设置“目标颜色”为浅绿色（617D01），“替换颜色”为黄色（AE8942）完成整个制作，如图4-33所示。

图4-33

第5章

视频转场效果基础操作

学习目标

转场也就是场面转换，不同的场面转换可以产生不同的艺术效果。几乎所有影片都有从一个场景切换到另一个场景的操作。例如，为突出视觉效果的壮观、惊险或者恐怖等，可以使用技术转场。在Premiere CC中为实现转场功能提供了多种特殊效果，可以轻松做出很多转场效果。本章将介绍视频转场效果的基础操作。

本章要点

◆ 视频转场的添加与删除
◆ 视频默认转场的设置与自动匹配
◆ 转场效果的替换
◆ 设置转场时间
◆ 设置转场效果对齐方式
……

LESSON 5.1 视频转场效果添加与属性设置

知识级别

■初级入门 | □中级提高 | □高级拓展

知识难度 ★★

学习时长 60 分钟

学习目标

① 掌握视频转场的添加与删除方法。

② 掌握在不同轨道的转场效果添加。

③ 掌握转场效果的替换。

※主要内容※

内　容	难　度	内　容	难　度
视频转场的添加与删除	★	视频默认转场的设置与自动匹配	★
转场效果的替换	★		

5.1.1 视频转场的添加与删除

在影片中一段视频结束后需要播放下一段视频，在这之间就需要转场，使影片衔接更加自然。在制作影片的过程中，镜头与镜头之间的连接和切换可分为技巧切换和无技巧切换两种类型。其中，无技巧切换是指在镜头与镜头之间直接切换，这是最基本的组接方法之一，在电影中应用较为频繁；有技巧切换是指在镜头组接时加入淡入淡出、叠化等视频转场过渡手法，使镜头之间的过渡更加多样化。

在Premiere CC中，系统为我们提供了多种视频转场效果，视频转场的添加主要有以下两种方式。

- **通过“搜索框”添加：**打开“效果”面板，1.在搜索框中输入视频转场效果名称，2.选择需要的转场效果并将其添加到时间线的视频素材上即可，如图5–1所示。
- **通过“菜单命令”添加：**打开“效果”面板，1.选择“视频过渡”选项，2.在下面的7类效果中找到需要的转场效果，添加到时间线的视频素材上即可，如图5–2所示。

有时候很难预料到镜头在添加视频转场后会产生怎样的效果。此时，往往需要通过删除添加的转场效果，尝试应用不同的转场，视频转场的删除主要有以下两种方式。

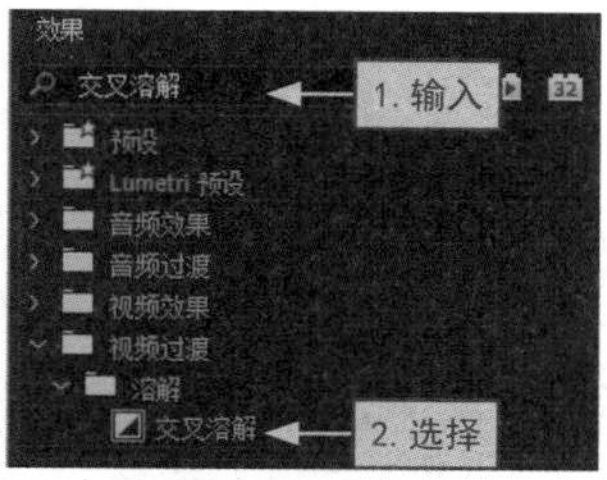

图5-1

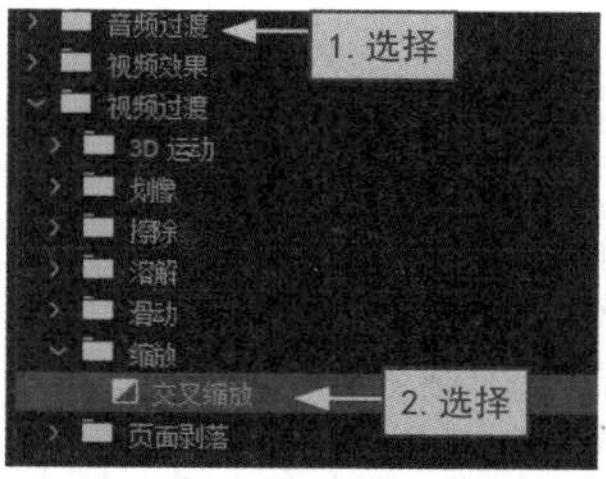

图5-2

- **在时间线删除：** 在时间线上选中添加的视频转场效果，单击鼠标右键，选择“清除”命令即可删除该效果，如图5-3所示。

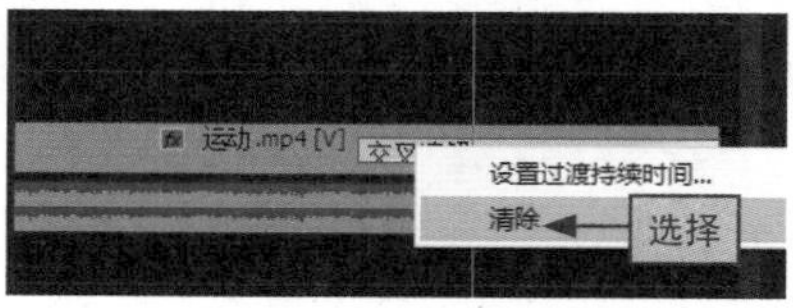

图5-3

- **按快捷键删除：** 选择视频转场效果，直接按Delete键或Backspace键删除。

下面通过具体的案例来介绍其用法。

[知识演练] 给视频“云”和“奔跑”添加转场效果

源文件/第5章	初始文件/视频转场.prproj
	最终文件/视频转场.prproj

步骤01 打开“视频转场.prproj”项目文件，可以看到项目窗口中有两个视频素材已添加到时间线上，将“云.MP4”视频放于“奔跑.MP4”视频的前面，如图5-4所示。

图5-4

步骤02 打开“效果”面板，1.选择“视频过渡/溶解/交叉溶解”命令，2.将其添加到“奔跑.MP4”视频上，如图5-5所示。

图5-5

步骤03 再次打开“效果”面板，选择“视频过渡/溶解/交叉溶解”命令，将其添加到“云.mp4”视频上，播放便可查看其效果，如图5-6所示。

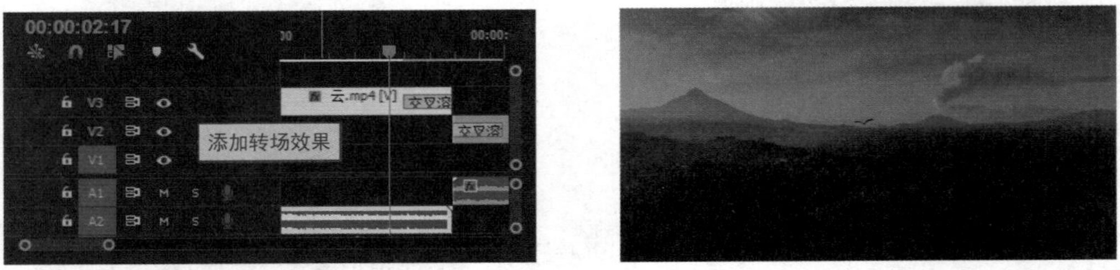

图5-6

5.1.2 视频默认转场的设置与自动匹配

在视频编辑过程中，如果在整个项目中需要多次使用相同的转场效果，那么可以将其设置为默认过渡效果，这样便可以快速地将其运用到各个素材之间。

在默认情况下，Premiere CC的默认过渡效果为“交叉溶解”，在该效果的图标上有一个蓝色的边框。如果要设置新的默认过渡效果，可以先选择一个视频过渡效果，然后单击鼠标右键，在弹出的快捷菜单中选择“将所选过渡设置为默认过渡”命令即可。

下面通过具体的案例来介绍其用法。

[知识演练] 将“叠加溶解”效果设置为默认转场效果

步骤01 打开“效果”面板，1.展开“视频过渡/溶解”选项，可查看现在的默认转场效果为蓝色边框的“交叉溶解”效果；2.选择“叠加溶解”命令并单击鼠标右键；3.选择“将所选过渡设置为默认过渡”命令。如图5-7所示。

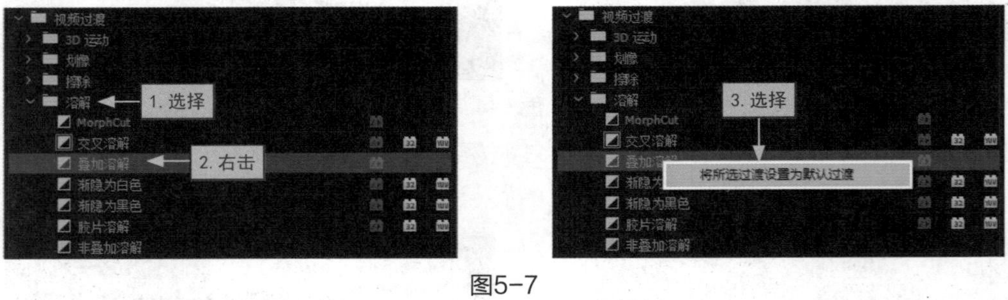

图5-7

步骤02 设置完成后，即可看到“叠加溶解”为蓝色边框，在任意一个素材上按Ctrl+D组合键即可添加该效果，如图5-8所示。

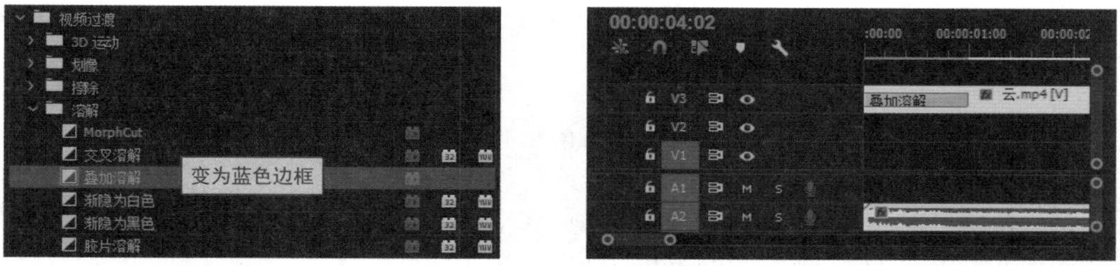

图5-8

在编辑过程中，如果需要多个素材同时都应用一个转场效果，便可以使用“应用默认过渡到选择项”命令，直接全部使用该转场效果。其操作比较简单，1.只需选择所有素材后单击“序列”菜单项，2.选择“应用默认过渡到选择项”命令即可完成，如图5-9所示。

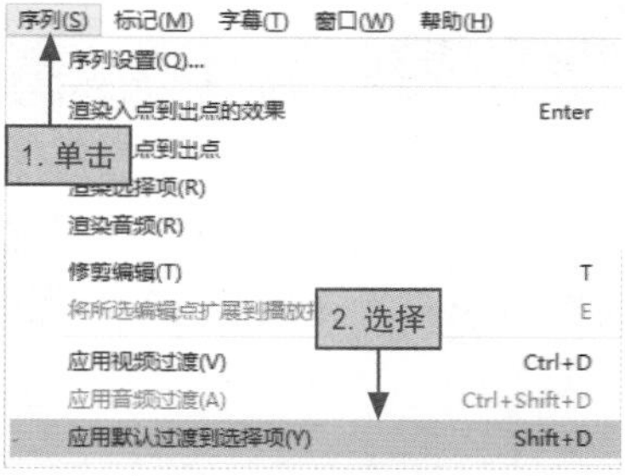

图5-9

5.1.3 转场效果的替换

如果在应用过渡效果后，没有达到预期的效果，可对其效果进行替换。替换转场效果只需在“效果”面板中选择需要的转场效果，然后将其添加到时间轴窗口中需要替换的转场效果上即可，新的过渡效果将替换原来的过渡效果。下面通过具体的案例来介绍其用法。

[知识演练] 将视频的“叠加溶解”转场替换为“交叉溶解”转场效果

源文件/第5章	初始文件/替换转场效果.prproj
	最终文件/替换转场效果.prproj

步骤01 打开“替换转场效果.prproj”项目文件，可以看到项目窗口有两个视频素材。选中两个素材按住鼠标左键不放将其拖曳到时间轴窗口的V1轨道。打开“效果”面板，选择“视频过渡/溶解/叠加溶解”命令，如图5-10所示。

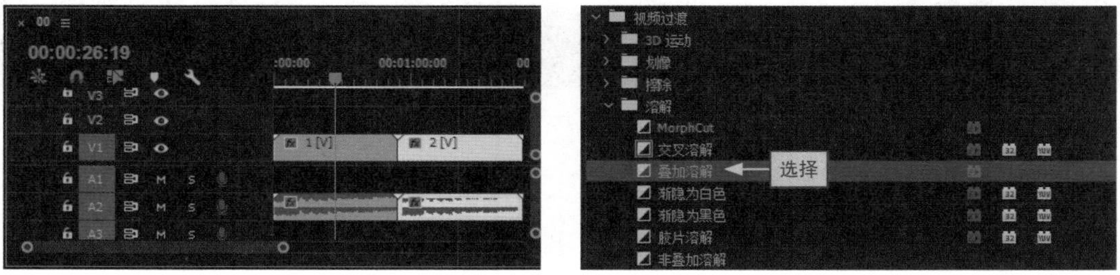

图5-10

步骤02 将“叠加溶解”效果拖曳到时间轴窗口的V1时间线上，可以看到两个视频素材已添加“叠加溶解”转场效果，如图5-11所示。

图5-11

步骤03 1.在“效果”面板的搜索框中输入“交叉溶解”，2.选择“交叉溶解”命令，将其拖曳到时间轴窗口的V1时间线上，可查看新的“交叉溶解”过渡效果将替换原来的“叠加溶解”过渡效果，如图5-12所示。

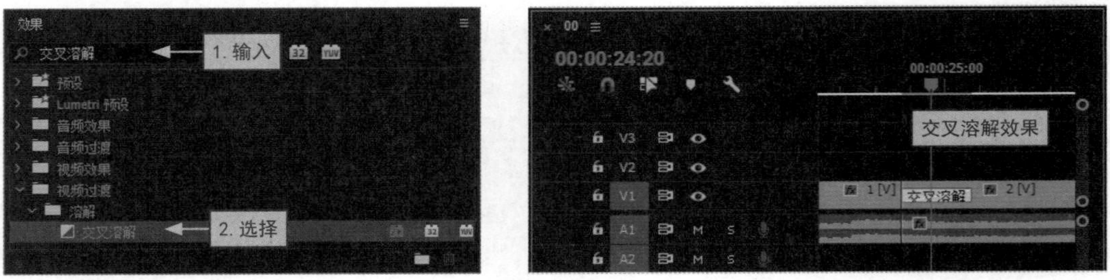

图5-12

步骤04 设置完成后，选中“交叉溶解”效果，即可在“效果控件”面板中查看其属性，播放即可查看效果，如图5-13所示。

图5-13

LESSON 5.2 视频转场效果的参数设置

知识级别

□初级入门 | ■中级提高 | □高级拓展

知识难度 ★★★

学习时长 60 分钟

学习目标

① 掌握设置转场时间的方法。

② 掌握设置转场效果对齐方式的方法。

③ 掌握调整转场效果参数的方法。

※主要内容※

内　容	难　度	内　容	难　度
设置转场时间	★	设置转场效果对齐方式	★
调整转场效果参数	★★		

5.2.1 设置转场时间

为素材添加转场特效之后，在“序列”窗口中的素材上会出现一个重叠区域，这个区域就是发生切换的范围。在“效果控件”面板中还可以对其中的参数进行设置，主要从持续时间、对齐方式和品质等几个方面来调整它的转场效果，如图5-14所示。

图5-14

在Premiere CC中，视频过渡效果的默认持续时间为25帧。若要过渡时间长一点或者短一点时就需要更改其持续时间。要更改默认过渡效果的持续时间，主要通过3种方式进行设置。

- **在时间轴窗口中设置：** 在时间轴窗口中选择需要调整的过渡效果，单击鼠标右键，1.选择“设置过渡持续时间”命令，2.在打开的“设置过渡持续时间”对话框中设置持续时间，3.单击“确定”按钮即可，如图5-15所示。

图5-15

- **在“效果控件”面板中设置：** 在时间轴窗口中选择需要调整的过渡效果，打开“效果控件”面板，设置其持续时间即可，如图5-16所示。

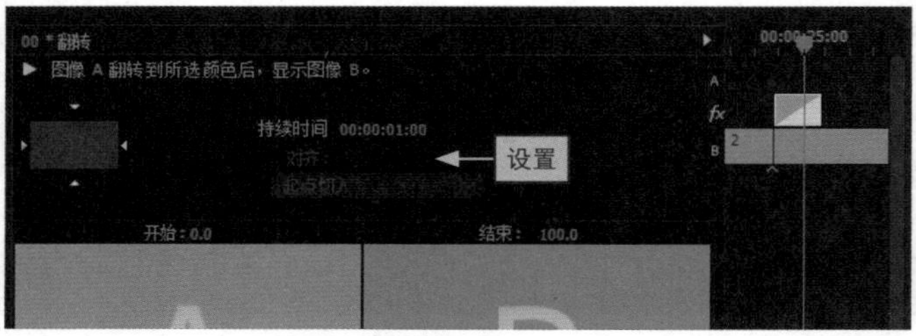

图5-16

- **通过“首选项”对话框设置：** 打开“首选项”对话框，在“常规”选项设置界面中设置“视频过渡默认持续时间”参数，单击“确定”按钮，即可更改默认过渡效果的持续时间，如图5-17所示。

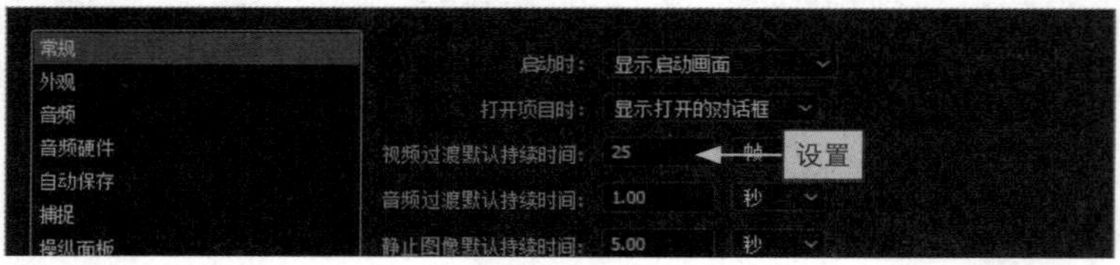

图5-17

知识延伸 | 拖动调整转场时间

除了上述的3种方法外，还可以在时间轴窗口中选择需要调整的过渡效果，将鼠标光标放在其左侧，当鼠标光标变为适当的形状时，向左拖动可增加过渡时间，向右拖动可缩短过渡时间。同样，将鼠标放于过渡效果的右侧，当鼠标光标变为适当的形状时，向左拖动可缩短过渡时间，向右拖动可增加过渡时间。

5.2.2 设置转场效果对齐方式

默认情况下，Premiere CC过渡效果的对齐方式是以居中素材切点（两个素材中的分割点）的方式进行对齐的，此时过渡效果在前一个素材中显示的时间与在后一个素材中显示的时间是相同的。如果需要设置其他的效果，则可以通过设置其对齐方式来进行，主要通过以下两种方式设置。

- **在“效果控件”面板中设置：**要想设置转场效果对齐方式，只需要选择调整的过渡效果，在“效果控件”面板的“对齐”下拉列表框中选择“起点切入”选项，则切换效果位于第二个素材的开头；选择“结束切入”选项，则切换效果在第一个素材的末尾处结束。如果通过在时间轴窗口中手动调整其持续时间，则该选项的值自动变为“自定义起点”，如图5-18所示。
- **在时间轴窗口中设置：**在时间轴窗口中单击过渡效果并向左或向右拖动它，可以修改过渡效果的对齐方式。向左拖动过渡效果，可以将过渡效果与编辑点的结束处对齐。若需要让过渡效果居中，就需要将过渡效果放置在编辑点范围内的中心，如图5-19所示。

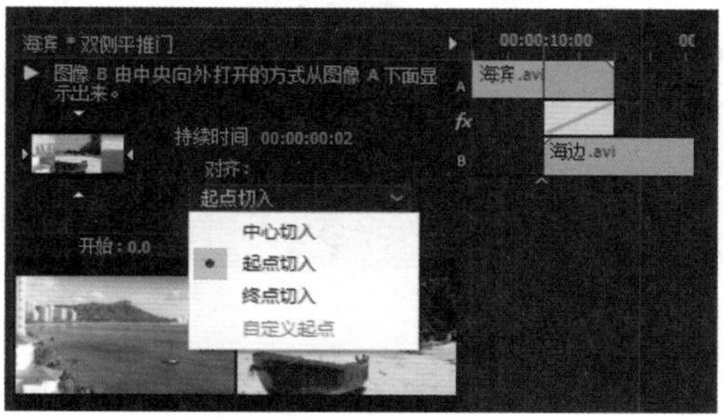

图5-18

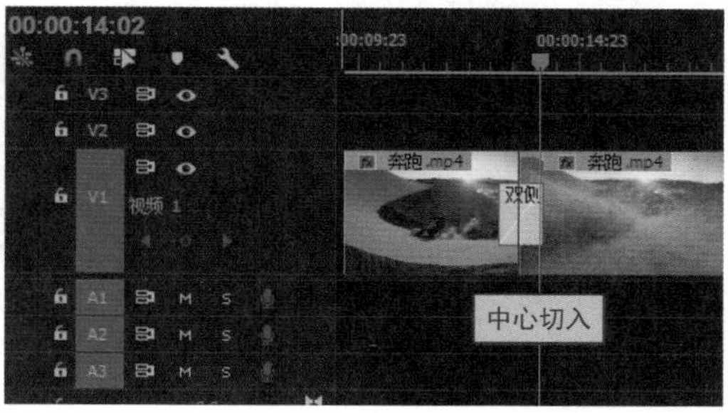

图5-19

对齐方式主要有4种方式，其用法如表5-1所示。

表5-1

对齐方式	作　用
中心切入	将转场特效添加在两段素材的中间位置。
起点切入	以素材B的入点位置为准建立切点。
终点切入	以素材A的出点位置为转场结束位置。
自定义起点	通过鼠标拖动特效转场特效，自定义转场的起始位置。

5.2.3 调整转场效果参数

除了前面的两种参数设置，用户还可在“效果控件”面板中进行其他操作，如反向设置转场效果、显示真实来源、消除锯齿品质和边框设置等。

1. 反向设置过渡效果

在对素材进行转场效果设置后，打开“效果控件”面板，可选择进行反向设置过渡效果，只需选中“反向”复选框即可。

在应用过渡效果后，默认情况下是从A到B，即从第一个素材过渡到第二个素材，若在“效果控件”面板下方选中“反向”复选框，则将从素材B过渡到素材A。大多数的过渡效果都可以使用“反向”效果，如“擦拭”下的“双侧平推门”，通常是从素材A中心推开到出现素材B，选中“反向”复选框则变成素材A从两侧向中心关闭显示素材B，如图5-20所示。

图5-20

2. 显示实际源

在默认情况下使用转场效果后，在“效果控件”面板中只会显示素材A和素材B，不会显示源图效果。在需要对转场效果进行预览查看时，可拖动“开始”或“结束”滑块，选中“显示实际源”复选框，即可预览转场效果，如图5-21所示。

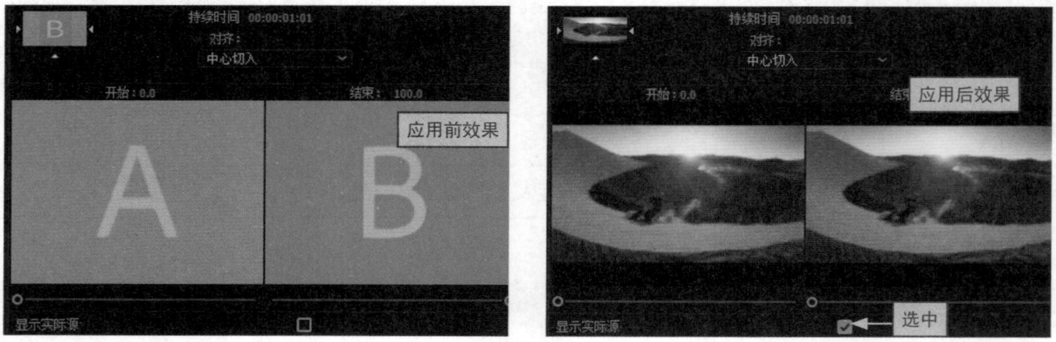

图5-21

3. 消除锯齿品质

转场效果的应用除了可以使效果更加流畅外，还可以达到柔化边缘的目的。只需在“效果控件”面板的“消除锯齿品质”下拉列表框中对锯齿的品质进行选择即可，如图5-22所示。

图5-22

④边框设置

除了前面几种参数，在“效果控件”面板中还可以设置过渡效果的边框颜色和边框宽度。

边框宽度设置项是用来调整切换的边框选项的宽度，默认状况下是没有边框，部分切换没有边框设置项；边框颜色设置项是用来指定切换的边框颜色，使用拾色器或吸管可以选择颜色，如图5-23所示。

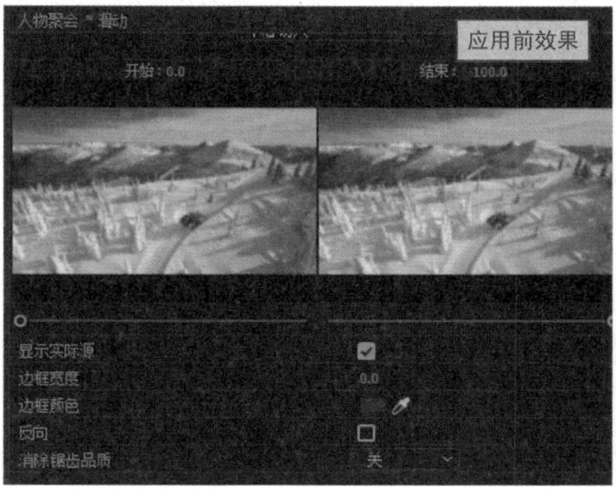

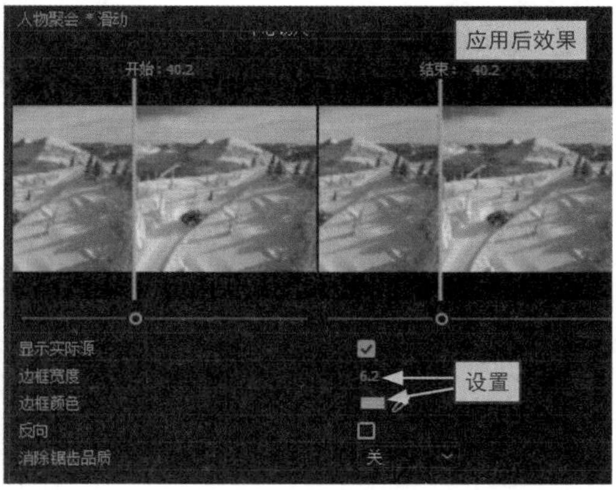

图5-23

实战应用 “滑雪”与“沙滩”的转场效果制作

本例将综合利用转场效果的添加以及转场特效的对齐方式调整、持续时间调整等知识点来实现“滑雪”与“沙滩”镜头的转场效果制作。

源文件/第5章	初始文件/视频转场效果调整.prproj
	最终文件/视频转场效果调整.prproj

步骤01 打开“视频转场效果调整.prproj”项目文件，可看到项目窗口的素材“沙滩”和“滑

雪.mp4”已经添加到时间线上。将两个素材连接放置，打开“效果”面板，1.选择“视频过渡/滑动/滑动”命令，2.将“滑动”过渡效果添加到素材“滑雪.MP4”尾端，如图5-24所示。

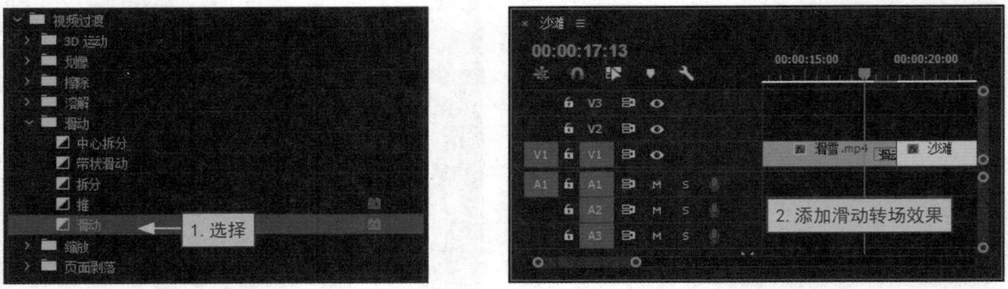

图5-24

步骤02 在时间线上选择“滑动”效果，打开“效果控件”面板，1.设置其“持续时间”为01秒，2.设置“对齐方式”为起点切入。可以看到“滑动”效果已经位于两个素材的中间位置，如图5-25所示。

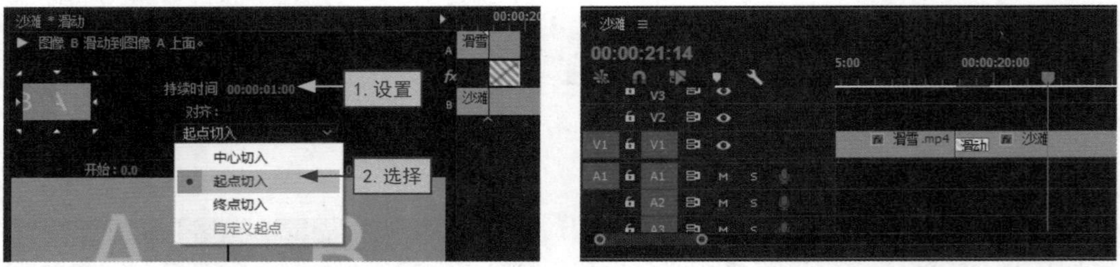

图5-25

步骤03 1.在“效果控件”面板中选中“显示实际源”复选框，即可在“效果控件”面板预览其转场效果。2.设置“边框颜色”为蓝色（6096A6）、“边框宽度”为5，如图5-26所示。

步骤04 1.将“消除锯齿品质”设置为高，还可以拖动“开始”和“结束”的时间线滑块，查看其效果，或者，2.可以选中“反向”复选框，如图5-27所示。

图5-26

图5-27

第6章

不同转场效果的设置与编辑

学习目标

视频转场主要是利用某些特殊的动态效果，将第一个镜头的画面逐渐过渡到第二个镜头的画面，在不同素材间产生自然、平滑、美观以及流畅的过渡效果，让视频画面更有表现力。合理地运用不同的转场效果，可以制作出赏心悦目的动态影视片段。本章详细介绍不同转场效果的编辑与设置方法。

本章要点

- 立方体旋转
- 翻转
- 圆画像
- 盒形画像
- 菱形画像

……

LESSON 6.1 3D运动类视频转场

知识级别

■初级入门｜□中级提高｜□高级拓展

知识难度 ★★

学习时长 45 分钟

学习目标

① 3D 运动类视频转 场的设置。

② 运用不同 3D 视频转场效果制作动态视频片段。

③ 掌握 3D 运动类视频转场技巧。

※主要内容※

内 容	难 度	内 容	难 度
立方体旋转	★★	立方体旋转用法案例	★★
翻转	★★	翻转用法案例	★★

6.1.1 立方体旋转

“立方体旋转”是视频转场中比较高级的3D转场效果。该转场效果是将素材A、素材B各自作为立方体的某一个面进行旋转转换，来实现素材间的过渡效果。下面通过具体的实例来讲解添加3D立方体旋转效果的设置，其具体操作如下。

[知识演练] 为星际迷航宣传片添加立方体旋转效果

源文件/第6章	初始文件/立方体旋转.prproj
	最终文件/立方体旋转.prproj

步骤01 打开“立方体旋转.prproj”项目文件，1.在项目窗口中选择素材文件“星际01”和“星际02”；2.按住鼠标左键不放将其拖动到时间轴窗口的V1时间线上，释放鼠标左键将选择的图片素材添加到时间线中，如图6-1所示。

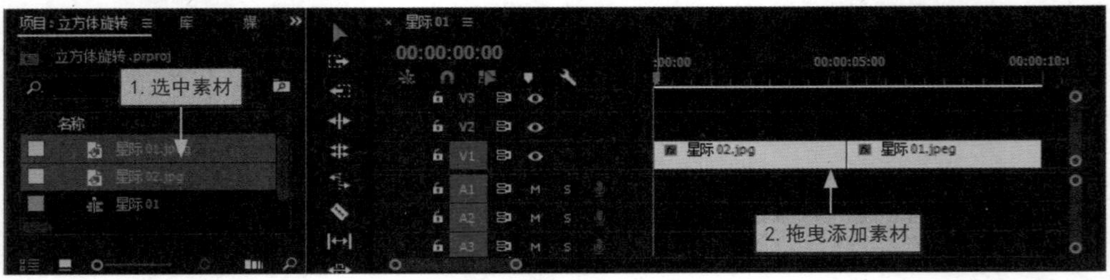

图6-1

步骤02 打开“效果”面板，1.选择“视频过渡/3D运动/立方体旋转”命令，2.按住鼠标左键，将其拖动到时间线的图片素材“星际01.jpg”与“星际02.jpg”之间后释放鼠标左键，完成添加“立方体旋转”视频转场效果，如图6-2所示。

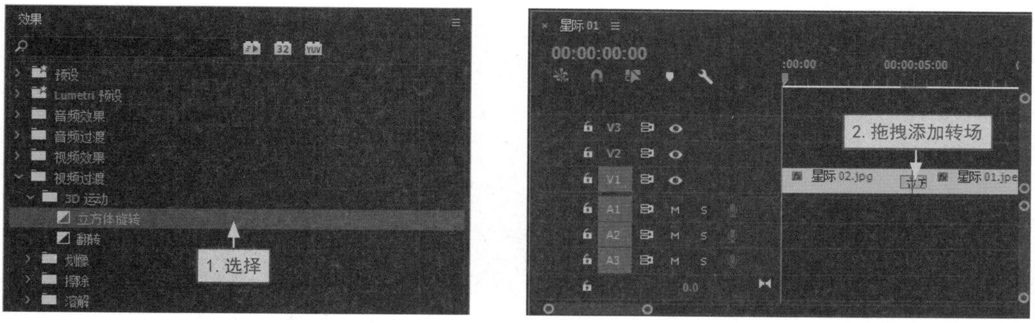

图6-2

步骤03 单击时间线中的“立方体旋转”效果调出“效果控件”参数设置面板，如图6-3所示。1.在“效果控件”面板中设置对齐方式为起点切入，2.设置持续时间为00:00:02:00，如图6-4所示。

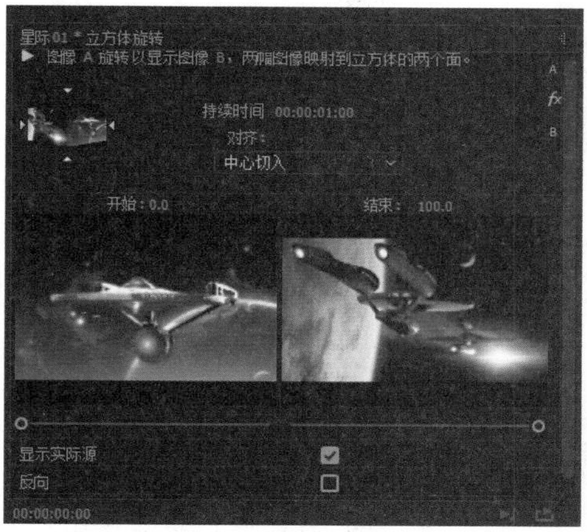

图6-3

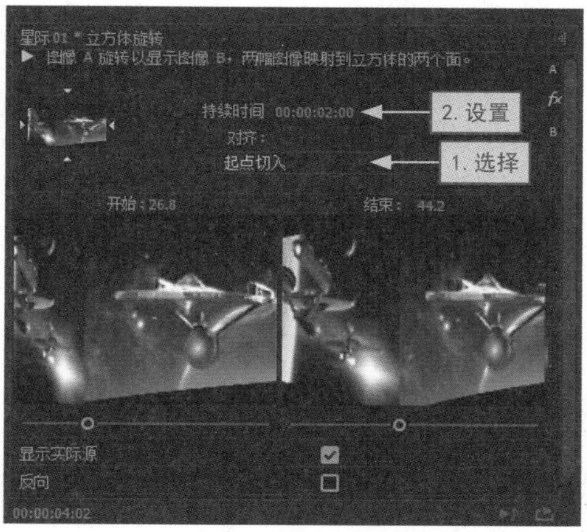

图6-4

步骤04 增加其持续时间后，在时间线上的“立方体旋转”效果长度也将增加。完成播放即可查看效果，如图6-5所示。

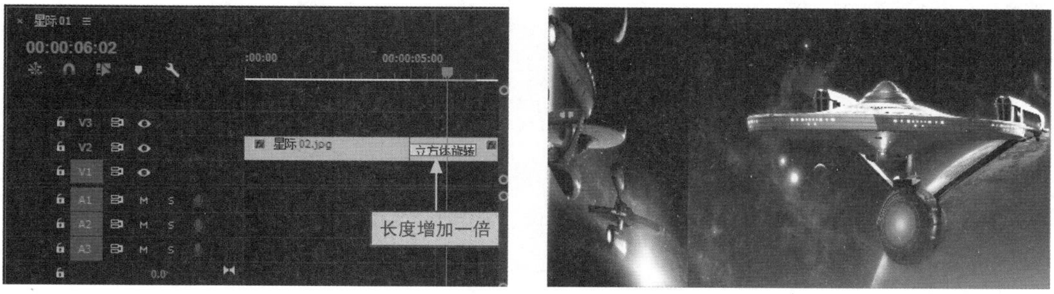

图6-5

6.1.2 翻转

“翻转”是指将素材A以垂直或水平方向进行翻转过渡到素材B，来实现素材间的转场过渡效果。下面通过具体的实例来讲解添加3D翻转效果的设置，其具体操作如下。

[知识演练] 利用翻转效果进行游戏角色展览

源文件/第6章	初始文件/翻转.prproj
	最终文件/翻转.prproj

步骤01 打开“翻转.prproj”项目文件，在项目窗口中选择素材文件“游戏角色01.jpg”、“游戏角色03.jpg”，按住鼠标左键不放将其拖动到时间轴窗口的V1时间线上，释放鼠标左键，选择的图片素材将添加到时间线中，如图6-6所示。

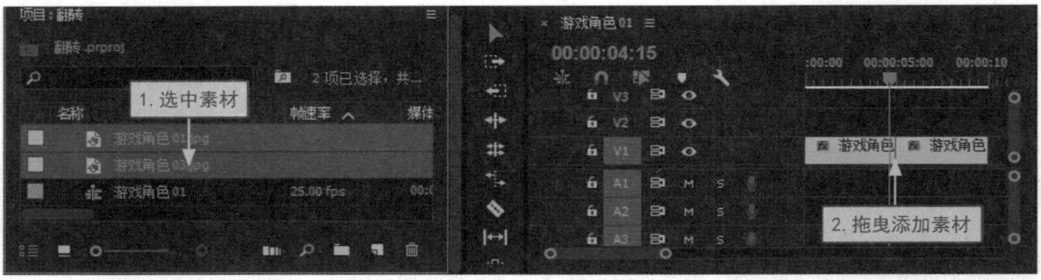

图6-6

步骤02 打开“效果”面板，1.选择“视频过渡/3D运动/翻转”命令，并按住鼠标左键将其拖动到时间线的图片素材“游戏角色01.jpg”与“游戏角色03.jpg”之间后释放鼠标左键，2.完成“翻转”视频转场效果的添加，如图6-7所示。

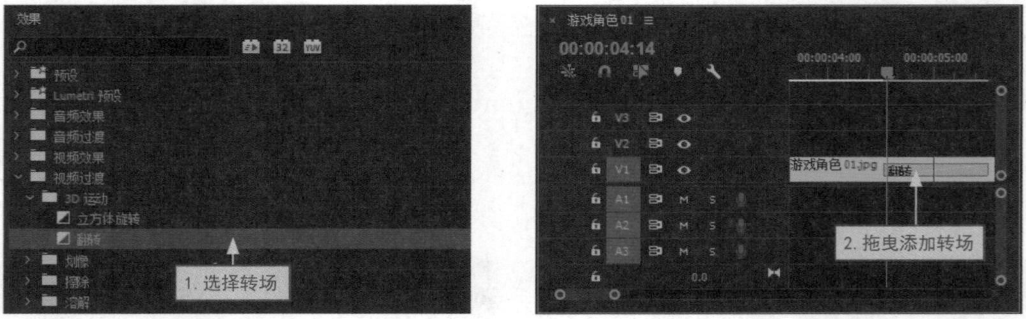

图6-7

步骤03 单击时间线中的“翻转”效果，调出“效果控件”面板，1.设置“持续时间”为00:00:02:00，2.单击“自定义”按钮。3.在打开的“翻转设置”对话框中，设置“带”为4，4.设置“填充颜色”为蓝色（335282），5.单击“确定”按钮，如图6-8所示。

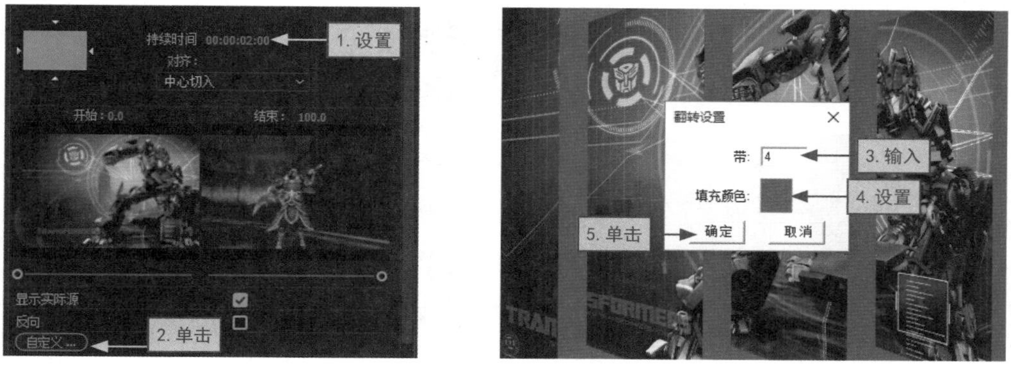

图6-8

步骤04 设置其持续时间增加后，在时间线上的“翻转”效果长度也将增加。完成播放即可查看效果，如图6-9所示。

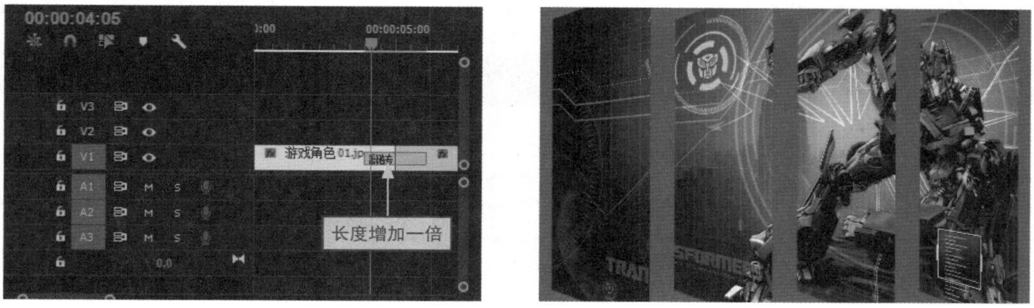

图6-9

知识延伸丨“自定义”中的色彩设置方式

在Premiere cc 中设置颜色时，除了采用直接输入色值的方式外，还可以通过“吸管”来进行。其具体操作为：1.在“拾色器”对话框中单击“吸管”按钮，此时鼠标光标变为吸管形状。2.在左侧的颜色区域中单击即可拾取颜色，如图6-10中左图所示。3.也可以将吸管状态的鼠标光标移动到屏幕的其他位置进行单击，从而完成屏幕颜色的拾取，如图6-10右图所示。

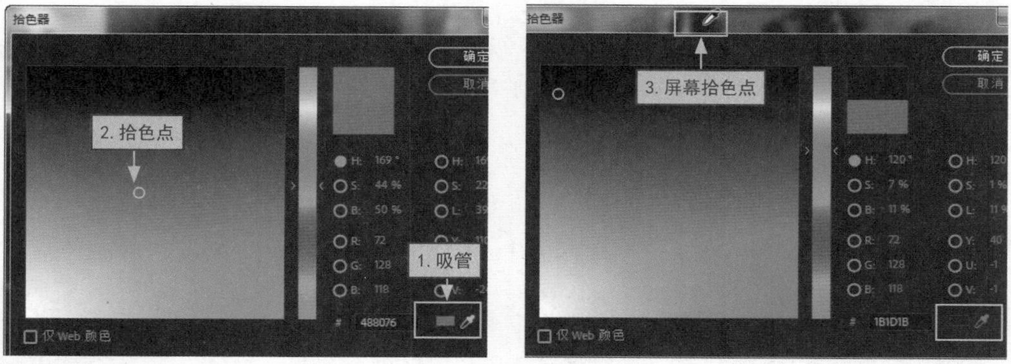

图6-10

LESSON

6.2 划像类视频转场

知识级别

□初级入门 | ■中级提高 | □高级拓展

知识难度 ★★★

学习时长 90 分钟

学习目标

① 掌握划像类视频转场用法。

② 了解划像类视频转场效果。

③ 掌握运用不同划像类转场效果制作动态视频片段的方法。

※主要内容※

内　容	难　度	内　容	难　度
交叉划像	★★	圆划像	★★
盒形划像	★★	菱形划像	★★

划像类视频转场是通过从屏幕中心进行划像实现转场效果的，主要有交叉划像、圆划像、盒形划像和菱形划像4类，下面逐一进行介绍。

6.2.1 交叉划像

“交叉划像”视频转场效果是素材B以十字形逐渐变大并替换素材A来实现素材间的过渡效果。使用“交叉划像”视频转场效果只需打开“效果”面板，选择“视频过渡/划像/交叉划像”命令，并将其拖至素材上即可。两张图片添加交叉划像转场效果后的动画参数面板如图6-11左图所示，其效果预览如图6-11右图所示。

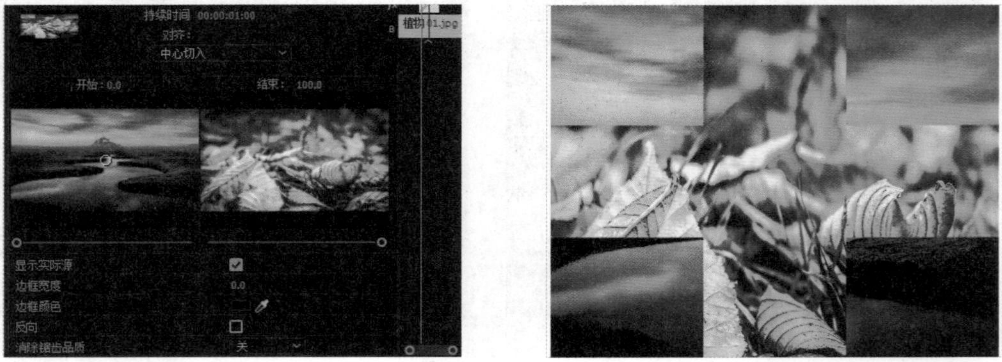

图6-11

6.2.2 圆划像

“圆划像”视频转场效果是素材B以圆形逐渐变大并替换素材A的视频过渡效果。

使用“圆划像”视频转场效果只需在“效果”面板中选择“视频过渡/划像/圆划像”命令，并将其拖曳至素材上即可。为两张图片添加圆划像转场效果后的动画参数面板如图6-12中左图所示，其效果预览如图6-12中右图所示。

图6-12

6.2.3 盒形划像

盒形划像也称正方形划像，即使素材B以矩形放大的方式从素材A中展开，完成图像的过渡效果。其效果参数面板如图6-13中左图所示，其效果预览如图6-13中右图所示。

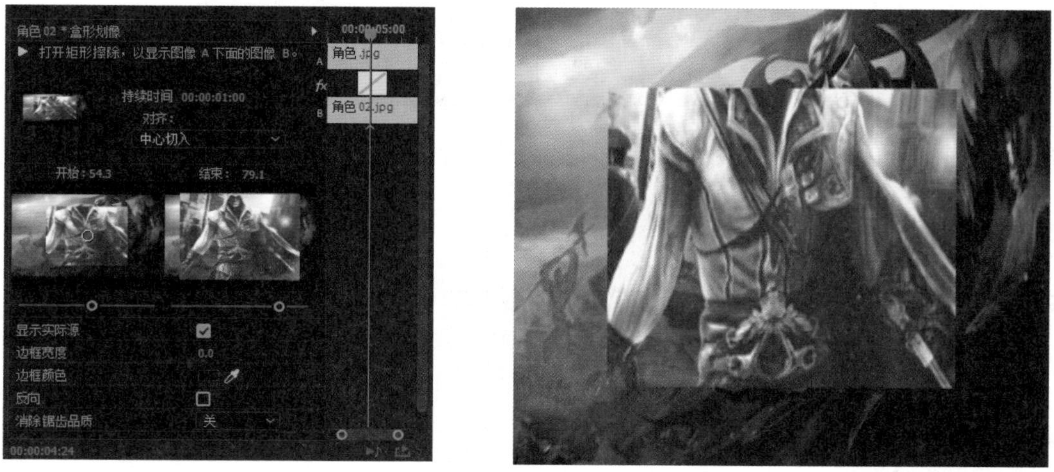

图6-13

6.2.4 菱形划像

“菱形划像”视频转场是素材B以菱形逐渐变大并替换素材A的视频过渡效果。其效果参数面板如图6-14中左图所示，其效果预览如图6-14中右图所示。

图6-14

知识延伸 | 改变划像形状在画面中的位置

在Premiere cc 中，应用“划像”转场效果中的任何一种效果后，都可以在“效果控件”面板的“开始”栏中拖动其中的小圆圈图标，改变划像形状在画面中的位置，如图6-15所示。

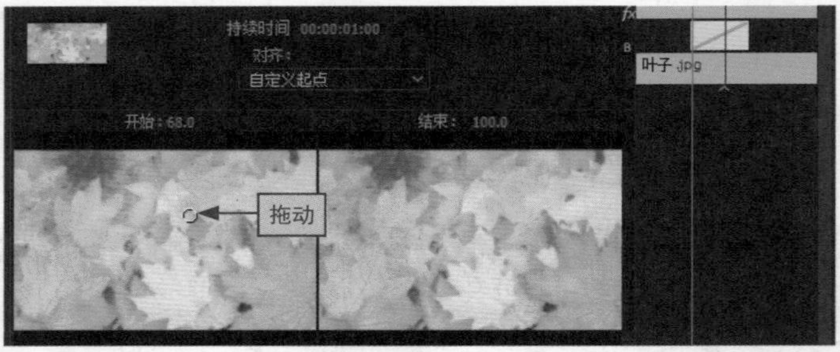

图6-15

实战应用 制作游戏模型展览效果

本例将综合利用划像类转场效果来制作游戏模型展览视频，实现游戏模型的播放展览。

源文件/第6章	初始文件/游戏模型展览.prproj
	最终文件/游戏模型展览.prproj

步骤01 打开“游戏模型展览.prproj”项目文件，已将提供的全部素材文件导入素材箱中，打开素材箱，如图6-16中左图所示。

步骤02 将“角色02.jpg”、“角色.jpg”、“战争.jpg”和“游戏01.jpg”素材拖曳到时间轴窗口的V1时间线上，如图6-16中右图所示。

图6-16

步骤03 选择“角色02.jpg”和“角色.jpg”素材，打开“效果”面板，1.选择“视频过渡/划像/交叉划像”命令，2.在两个素材中间添加“交叉划像”转场效果，如图6-17所示。

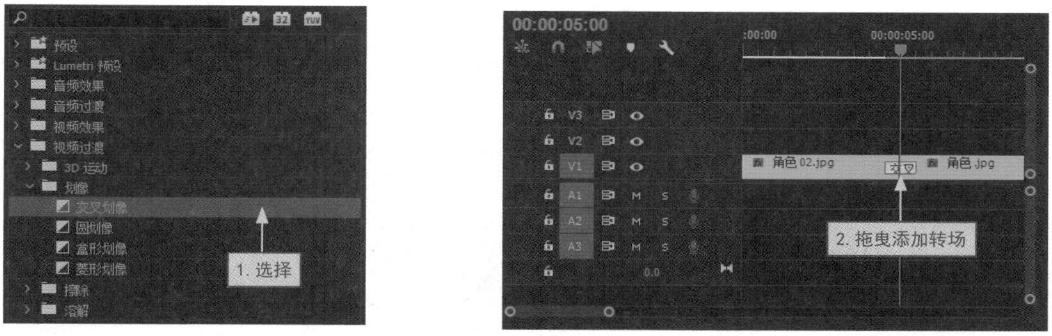

图6-17

步骤04 选择“交叉划像”效果，打开“效果控件”面板，可查看其设置的基本信息，如图6-18所示。

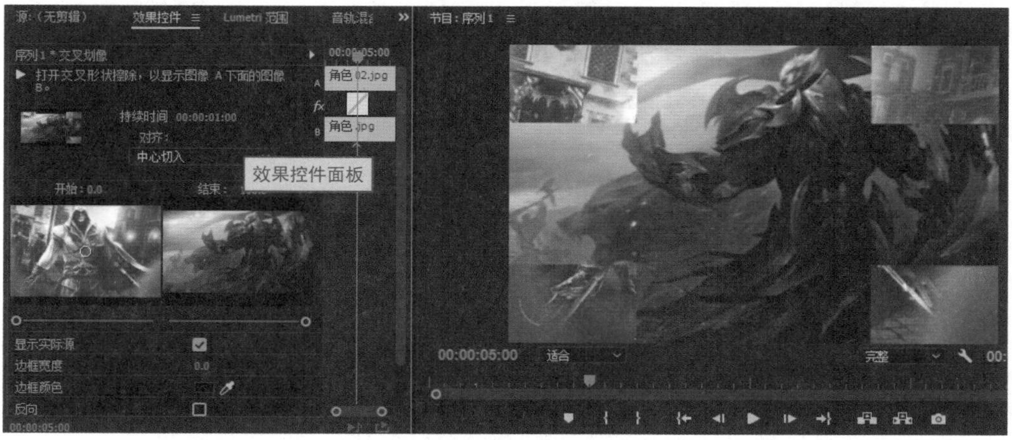

图6-18

步骤05 选择“战争.jpg”和“游戏01.jpg”素材，打开“效果”面板，选择“视频过渡/划像/菱形划像”命令，在两个素材中间添加“菱形划像”转场效果，打开“效果控件”面板，可查看其设置的基本信息，如图6-19所示。

图6-19

步骤06 选择“角色.jpg”和“战争.jpg”素材，打开“效果”面板，选择“视频过渡/划像/盒形划像”命令，在两个素材中间添加“盒形划像”转场效果，打开“效果控件”面板，可查看其设置的基本信息，如图6-20所示。

图6-20

步骤07 设置完成后播放便可观看其效果，在时间线上也可以看到添加的3个转场效果，如图6-21所示。

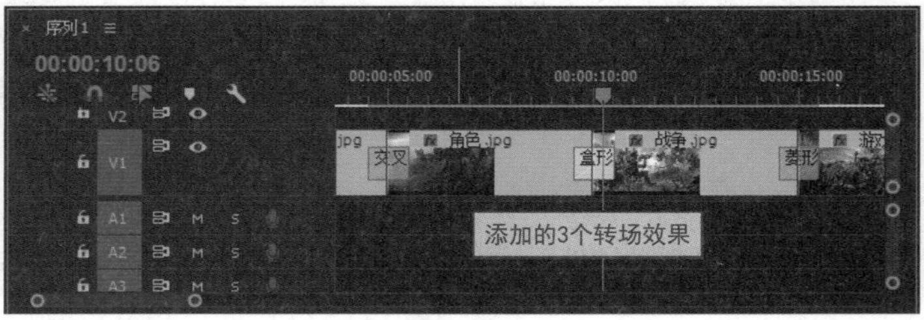

图6-21

LESSON

6.3 擦除类视频转场

知识级别

□初级入门 | ■中级提高 | □高级拓展

知识难度 ★★★

学习时长 120 分钟

学习目标

① 掌握擦除类视频转场用法。

② 了解擦除类视频转场效果。

③ 掌握运用不同擦除类转场效果制作动态视频片段的方法。

※主要内容※

内　容	难　度	内　容	难　度
划出	★★	双侧平推门	★★
带状擦除	★★	径向擦除	★★
插入	★★	时钟式擦除	★★
棋盘	★★	棋盘擦除	★★
楔形擦除	★★	水波块	★★
油漆飞溅	★★	渐变擦除	★★
百叶窗	★★	螺旋框	★★
随机块	★★	随机擦除	★★
风车	★★		

擦除类视频转场是通过擦除一个素材的不同部分来显示另一个素材，主要有划出、双侧平推门、带状擦除、径向擦除、插入、时钟式擦除、棋盘、棋盘擦除、楔形擦除、渐变擦除等17种方式，下面对其进行逐一介绍。

6.3.1 划出

“划出”视频转场是素材B从左至右擦除素材A的视频过渡效果。其效果参数面板与效果预览如图6-22所示。

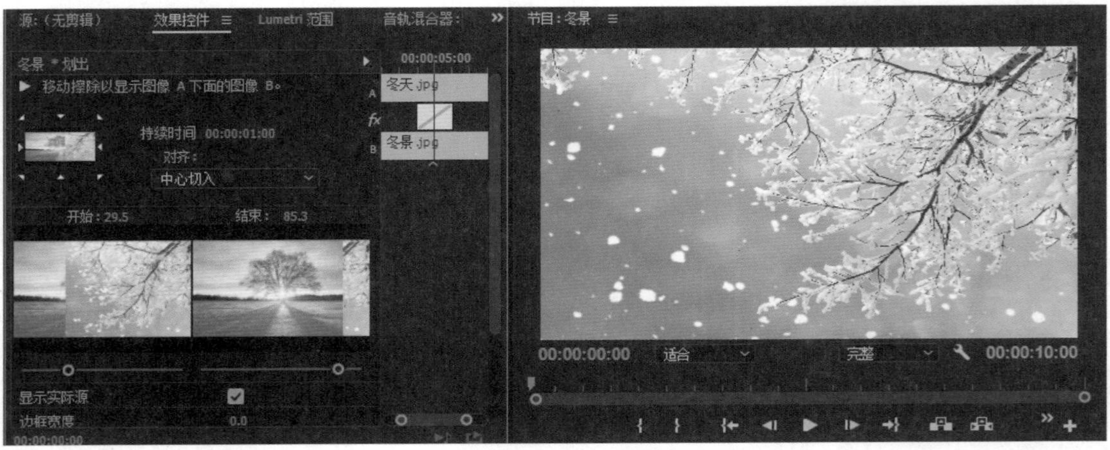

图6-22

6.3.2 双侧平推门

“双侧平推门”视频转场是素材B由中央向外打开的方式从素材A显示出来的视频过渡效果。其效果参数面板与效果预览如图6-23所示。

图6-23

6.3.3 带状擦除

“带状擦除”视频转场是素材B以条状从水平方向擦除素材A的视频过渡效果。其效果参数面板与效果预览如图6-24所示。

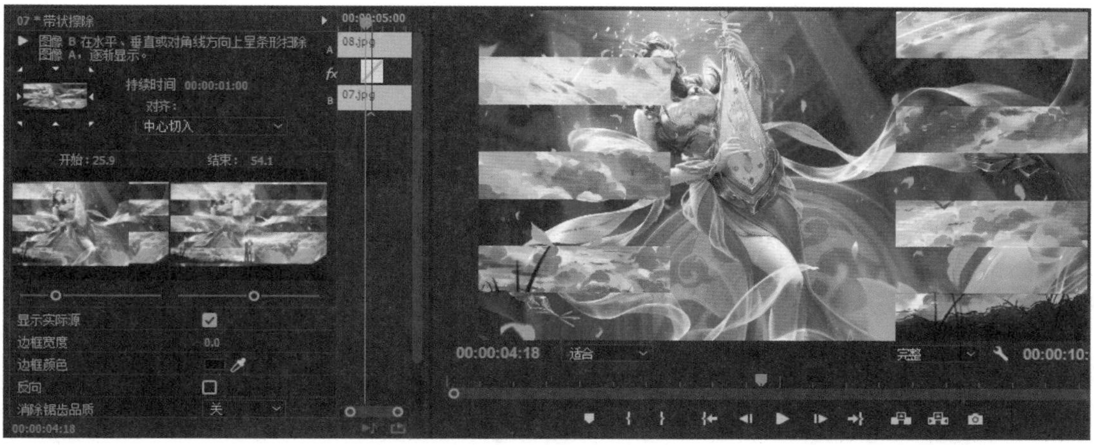

图6-24

6.3.4 径向擦除

“径向擦除”视频转场是素材B以左上角为中心，从场景右上角开始顺时针擦除画面，覆盖素材A。其效果参数面板与效果预览如图6-25所示。

图6-25

6.3.5 插入

“插入”视频转场是素材B以矩形方框的形式进入场景擦除素材A。其效果参数面板与效果预览如图6-26所示。

图6-26

6.3.6 时钟式擦除

“时钟式擦除”视频转场是素材B以圆周的顺时针方向进入场景擦除素材A。其效果参数面板与效果预览如图6-27所示。

图6-27

6.3.7 棋盘

“棋盘”视频转场是素材A以棋盘的方式消失，逐渐显示素材B。其效果参数面板与效果预览如图6-28所示。

图6-28

6.3.8 棋盘擦除

“棋盘擦除”视频转场是素材B以切片的棋盘方块图案从左逐渐延伸到右侧擦除素材A。其效果参数面板与效果预览如图6-29所示。

图6-29

知识延伸 | 自定义切片数量

在使用“棋盘”和“棋盘擦除”转场效果后，可在“效果控件”面板中单击“自定义”按钮，在打开的对话框中对“水平切片”和“垂直切片”参数进行设置，如图6-30所示。

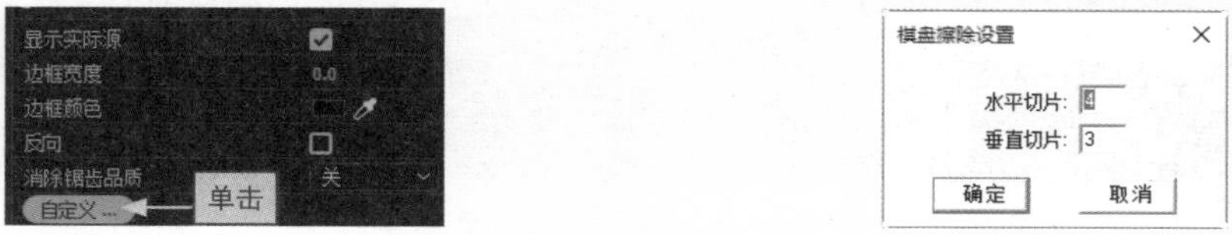

图6-30

6.3.9 楔形擦除

“楔形擦除”视频转场是素材B以饼式楔形的方式从场景中往下逐渐变大过渡擦除素材A。其效果参数面板与效果预览如图6-31所示。

图6-31

6.3.10 水波块

“水波块”视频转场是素材B沿Z字形交错扫过擦除素材A，也可以单击“自定义”按钮设置其水波块的数量。其效果参数面板与效果预览如图6-32所示。

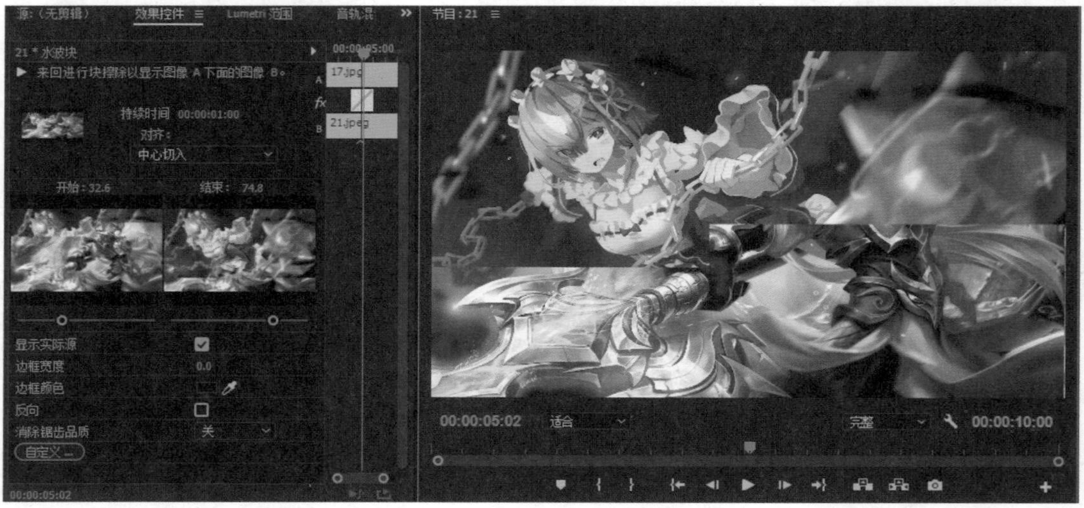

图6-32

6.3.11 油漆飞溅

“油漆飞溅”视频转场是素材B以墨点的方式逐渐擦除素材A，其效果参数面板与效果预览如图6-33所示。

图6-33

6.3.12 渐变擦除

“渐变擦除”视频转场是通过一张灰度图像制作渐变切换，使素材B充满灰度图像的黑色区域逐渐擦除素材A，其效果参数面板与效果预览如图6-34所示。

图6-34

使用“渐变擦除”视频转场还可以在“效果控件”面板中单击“自定义”按钮，在打开的“渐变擦除设置”对话框中设置作为灰度图像渐变的图片，在“柔和度”选项中设置过渡边缘的羽化程度。

6.3.13 百叶窗

“百叶窗”视频转场是素材B以百叶窗的方式逐渐擦除素材A，其效果参数面板与效果预览如图6-35所示。

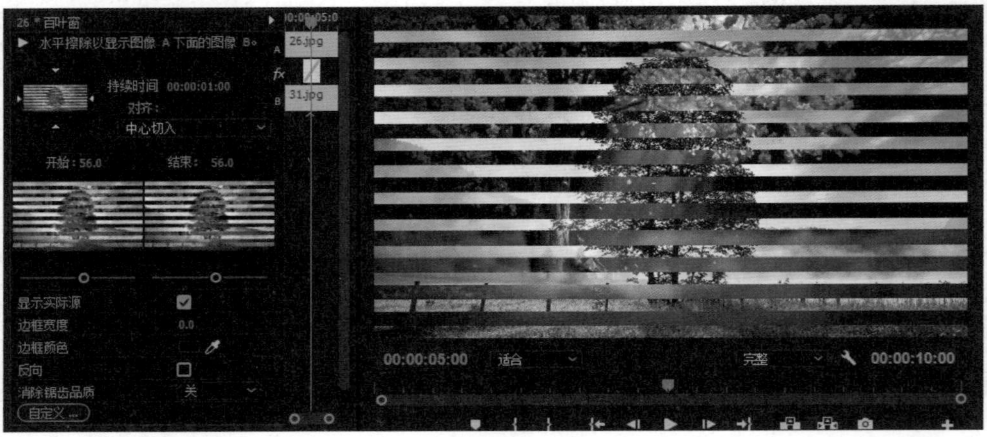

图6-35

6.3.14 螺旋框

“螺旋框”视频转场是素材B以矩形形式围绕画面移动，类似于螺旋的条纹，单击“自定义”按钮可以调整其垂直和水平方向上的数量。其效果参数面板与效果预览如图6-36所示。

图6-36

6.3.15 随机块

“随机块”视频转场是素材B以矩形随机出现的方式擦除素材A。单击“自定义”按钮可以调整其宽和高，其效果参数面板与效果预览如图6-37所示。

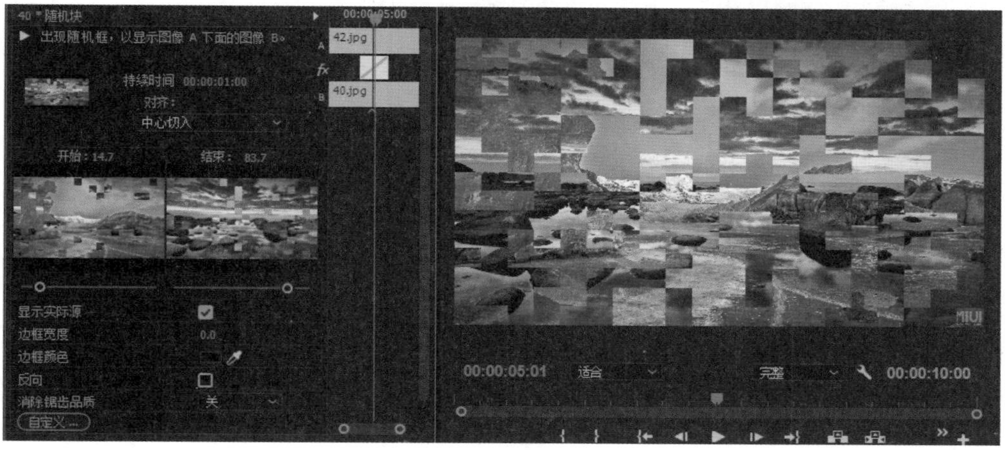

图6-37

6.3.16 随机擦除

“随机擦除”视频转场是素材B以从上到下逐渐增多小方块的方式擦除素材A，其效果参数面板与效果预览如图6-38所示。

图6-38

6.3.17 风车

“风车”视频转场是素材B以旋转变大的方式擦除素材A。单击“自定义”按钮可以调整其楔形数量，其效果参数面板与效果预览如图6-39所示。

图6-39

实战应用 制作“不同的天空”转场效果

本例将综合利用擦除类转场效果来制作各个时间的天空转换效果，带你观看不一样的天空。

源文件/第6章	初始文件/不同的天空.prproj
	最终文件/不同的天空.prproj

步骤01 打开“不同的天空.prproj”项目文件，已将提供的全部素材文件导入“素材箱1”中，打开素材箱1，如图6-40中左图所示。将素材箱中的全部素材拖曳到时间轴窗口的V1时间线上，如图6-40中右图所示。

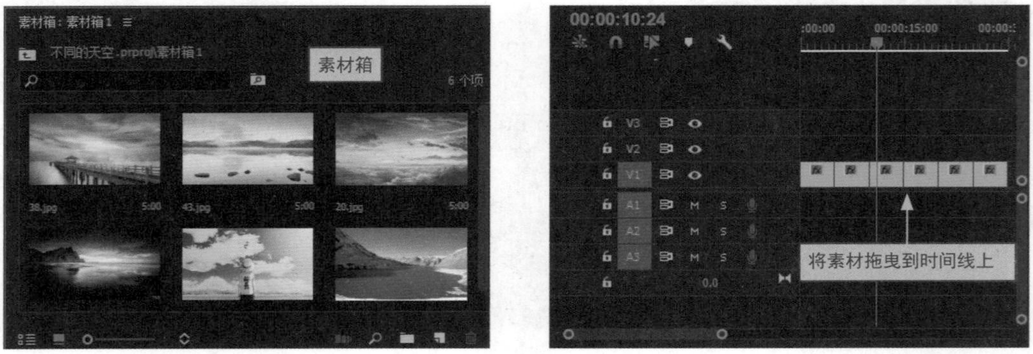

图6-40

步骤02 在时间线上选择所有素材，1.单击鼠标右键，2.选择“速度/持续时间”命令，3.在打开的“剪辑速度/持续时间”对话框中设置“持续时间”为02秒，4.完成后单击“确定”按钮，如图6-41所示。

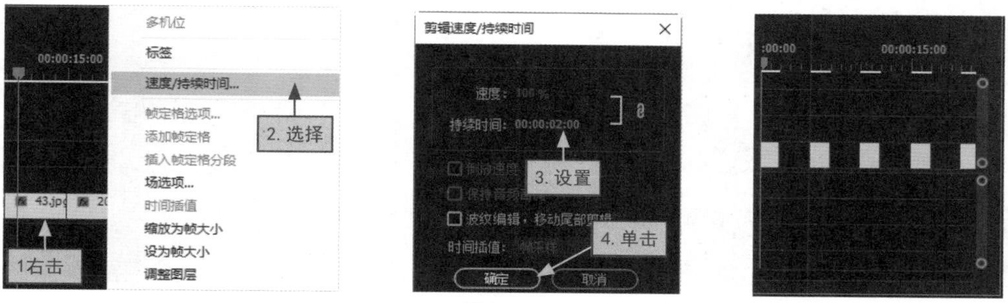

图6-41

步骤03 拖动时间线上的素材使之连贯，依次为“38.jpg、43.jpg、20.jpg、03.jpg、30.jpg和36.jpg添加转场效果。选择“38.jpg”和“43.jpg”素材，打开“效果”面板，1.选择“视频过渡/擦除/风车”命令，2.在两个素材中间添加“风车”转场效果，如图6-42所示。

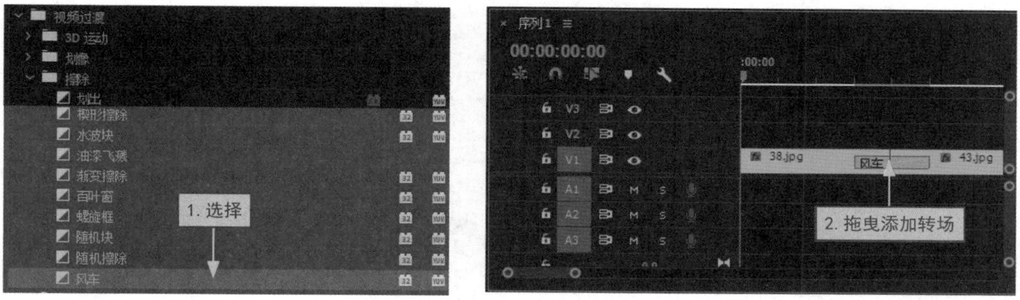

图6-42

步骤04 选择“风车”效果，打开“效果控件”面板，1.单击“自定义”按钮，在打开的“风车设置”对话框中将“楔形数量”设置为12，2.单击“确定”按钮，如图6-43所示。

图6-43

步骤05 选择“43.jpg”和“20.jpg”素材，打开“效果”面板，选择“视频过渡/擦除/随机擦除”命令，在两个素材中间添加“随机擦除”转场效果，打开“效果控件”面板，查看其设置的基本信息，如图6-44所示。

图6-44

步骤06 选择“20.jpg”和“30.jpg”素材，打开“效果”面板，选择“视频过渡/擦除/油漆飞溅”命令，在两个素材中间添加“油漆飞溅”转场效果，打开“效果控件”面板，将“消除锯齿品质”设为高，然后查看其设置的基本信息即效果预览，如图6-45所示。

图6-45

步骤07 选择“03.jpg”和“30.jpg”素材，打开“效果”面板，选择“视频过渡/擦除/渐变擦除”命令，在两个素材中间添加“渐变擦除”转场效果，打开“效果控件”面板，1.单击“自定义”按钮，2.在打开的“渐变擦除设置”对话框中设置“选择图像”为“30.jpg”，3.单击“确定”按钮，如图6-46所示。

图6-46

步骤08 选择“30.jpg”和“36.jpg”素材，打开“效果”面板，选择“视频过渡/擦除/带状擦除”命令，在两个素材中间添加“带状擦除”转场效果，打开“效果控件”面板，1.设置“消除锯齿品质”为高。2.单击“自定义”按钮，3.在打开的“带状擦除设置”对话框中设置“带数量”为8，4.单击“确定”按钮，如图6-47所示。

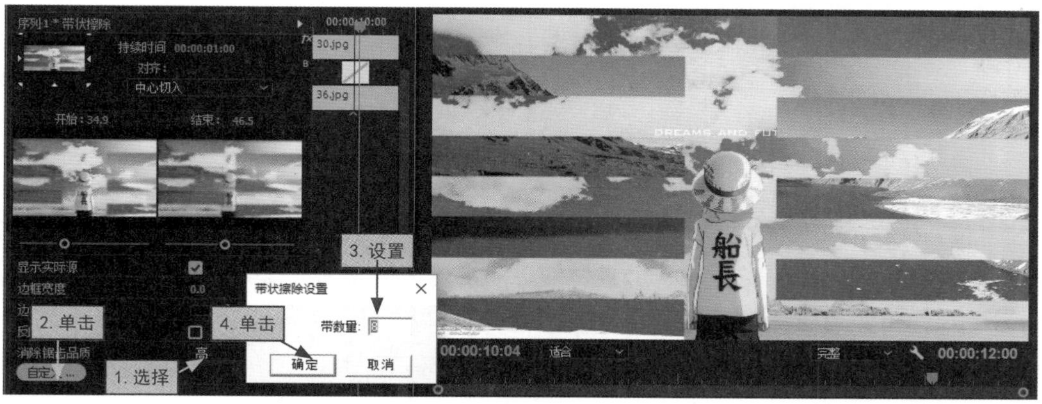

图6-47

步骤09 设置完成后播放便可观看其效果，在时间线上也可以看到添加的转场效果，如图6-48所示。

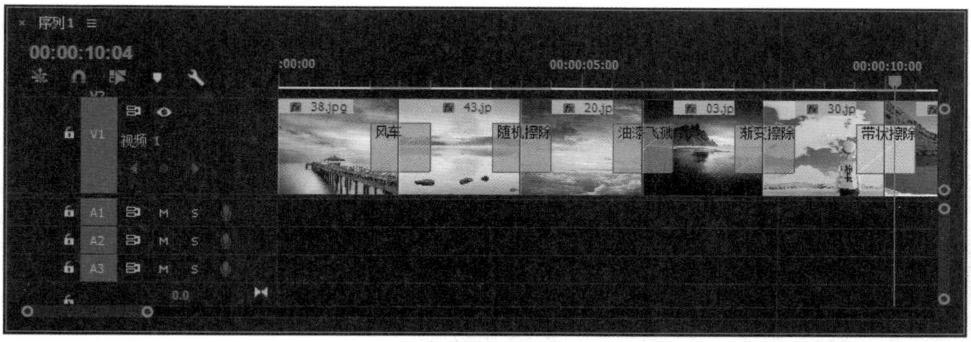

图6-48

LESSON 6.4 溶解类视频转场

知识级别

□初级入门 | ■中级提高 | □高级拓展

知识难度 ★★★

学习时长 90 分钟

学习目标

① 掌握溶解类视频转场用法。

② 了解溶解类视频转场效果。

③ 掌握运用不同溶解类转场效果制作动态视频片段的方法。

※主要内容※

内 容	难 度	内 容	难 度
MorphCut	★★	交叉溶解	★★
叠加溶解	★★	渐隐为白色	★★
渐隐为黑色	★★	胶片溶解	★★
非叠加溶解	★★		

溶解类视频转场主要是通过一个素材的逐渐淡入而显现另一个素材的效果实现转场，主要有MorphCut、交叉溶解、叠加溶解、渐隐为白色、渐隐为黑色、胶片溶解和非叠加溶解7类。

6.4.1 MorphCut

MorphCut是近几个版本新增加的一种转场效果，主要用于访谈节目素材的剪辑。该效果可以通过平滑分散注意力的方式来确保节目的完整性，帮助用户创建更加完美的访谈体验，其效果参数面板与效果预览如图6-49所示。

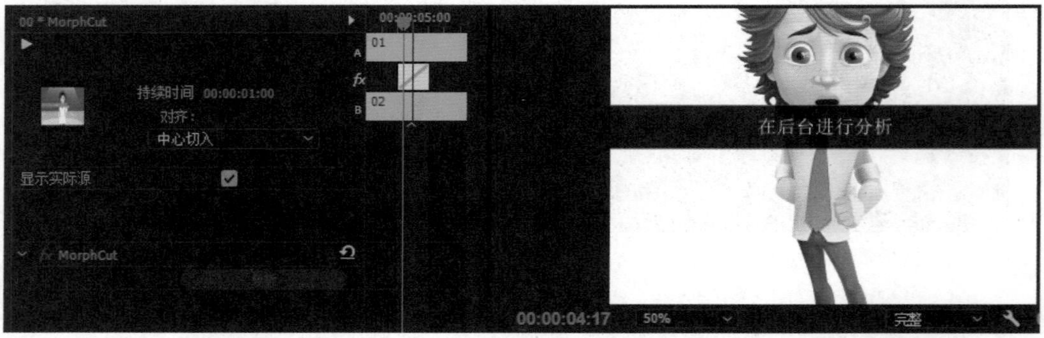

图6-49

6.4.2 交叉溶解

“交叉溶解”视频转场是通过素材A逐渐淡化，使素材B逐渐淡入，其效果参数面板如图6-50中左图所示，其效果预览如图6-50中右图所示。

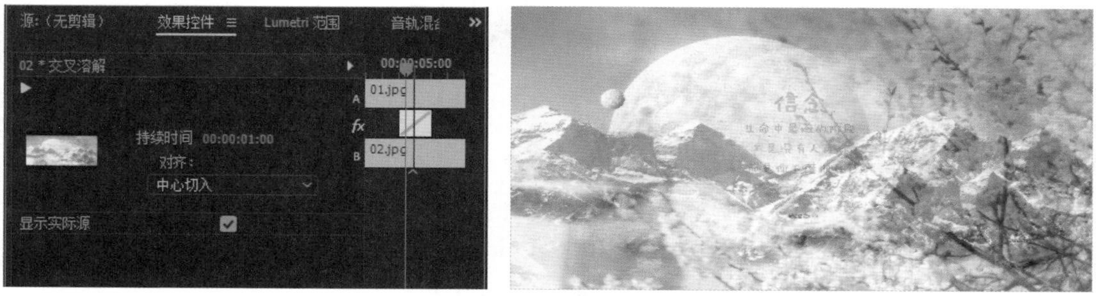

图6-50

6.4.3 叠加溶解

“叠加溶解”视频转场是通过颜色叠加的方式使素材A逐渐淡出，素材B逐渐淡入，其效果参数面板与效果预览如图6-51所示。

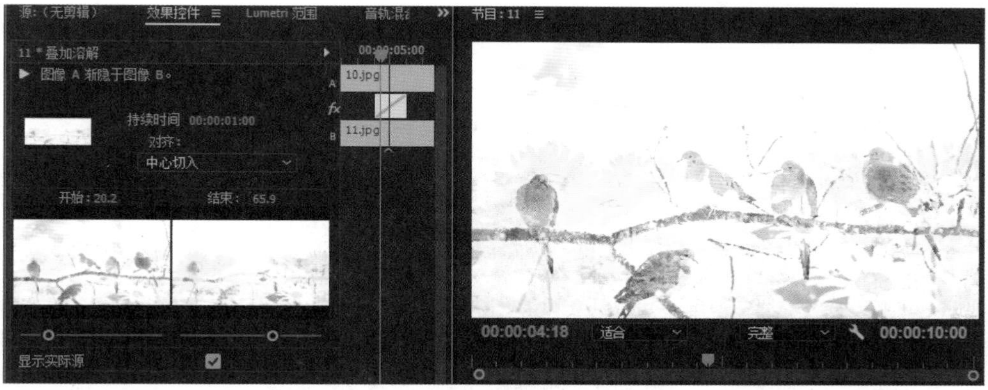

图6-51

6.4.4 渐隐为白色

“渐隐为白色”视频转场是将素材A逐渐淡化为白色，使素材B逐渐淡入，其效果参数面板与效果预览如图6-52所示。

知识延伸丨溶解类转场

在溶解类转场效果中，交叉溶解、叠加溶解、渐隐为白色、渐隐为黑色和胶片溶解的转场效果都比较类似，不同的是一个素材到另一个素材的溶解程度不同。

图6-52

6.4.5 渐隐为黑色

“渐隐为黑色”视频转场是将素材A逐渐淡化为黑色，使素材B逐渐淡入，其效果参数面板与效果预览如图6-53所示。

图6-53

6.4.6 胶片溶解

“胶片溶解”视频转场是将素材A以类似于胶片的方式逐渐淡化于素材B，其效果参数面板与效果预览如图6-54所示。

图6-54

6.4.7 非叠加溶解

“非叠加溶解”视频转场是将素材A的明亮度映射到素材B以实现转场效果，其效果参数面板与效果预览如图6-55所示。

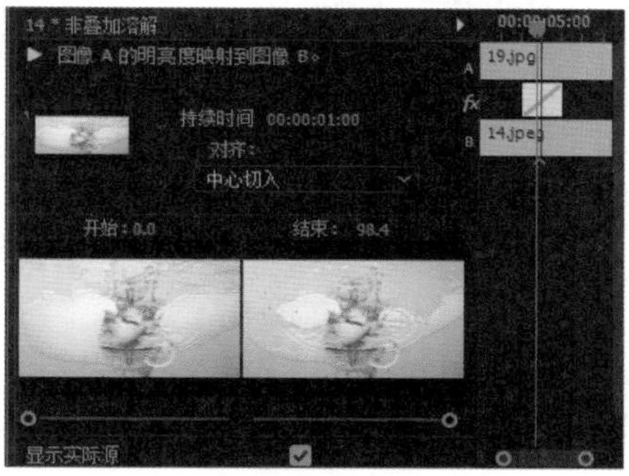

图6-55

实战应用 制作“可爱小人物”展览效果

本例将综合利用溶解类转场来制作一个动漫角色或小动物展览效果，下面将具体介绍其操作步骤。

源文件/第6章	初始文件/可爱小人物.prproj
	最终文件/可爱小人物.prproj

步骤01 打开“可爱小人物.prproj”项目文件，已将提供的全部素材文件导入“素材箱1”中，打开素材箱1，如图6-56中左图所示。将素材箱中的全部素材拖曳到时间轴窗口的V1时间线上，如图6-56中右图所示。

步骤02 1.在时间线上选择所有素材并右击，2.选择“速度/持续时间”命令，如图6-57所示。3.在打开的“剪辑速度/持续时间”对话框中设置“持续时间”为03秒，4.完成后单击“确定”按钮，如图6-58所示。

图6-56

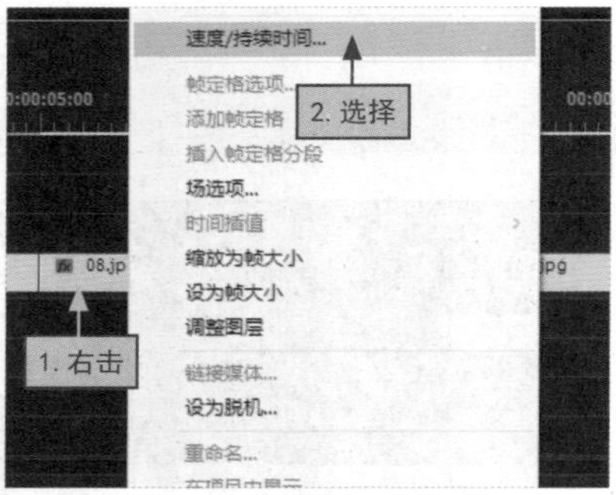

图6-57

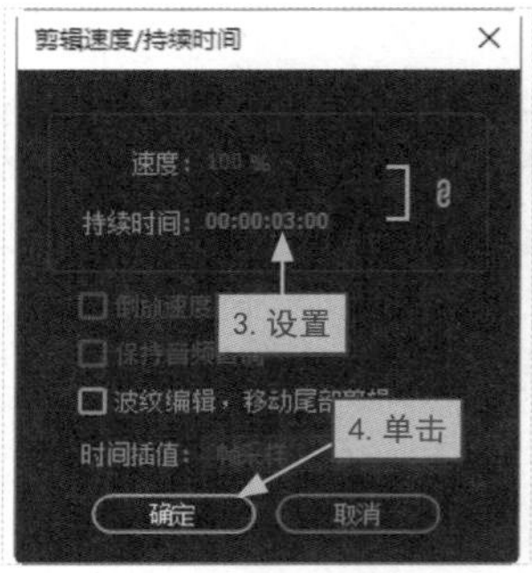

图6-58

步骤03 拖动时间线上的素材使之连贯，依次为07.jpg、08.jpg、12.jpg、26.jpg、可爱.jpg添加转场效果。选择“07.jpg”和“08.jpg”素材，打开“效果”面板，1.选择“视频过渡/溶解/胶片溶解”命令，2.在两个素材中间添加“胶片溶解”转场效果，如图6-59所示。

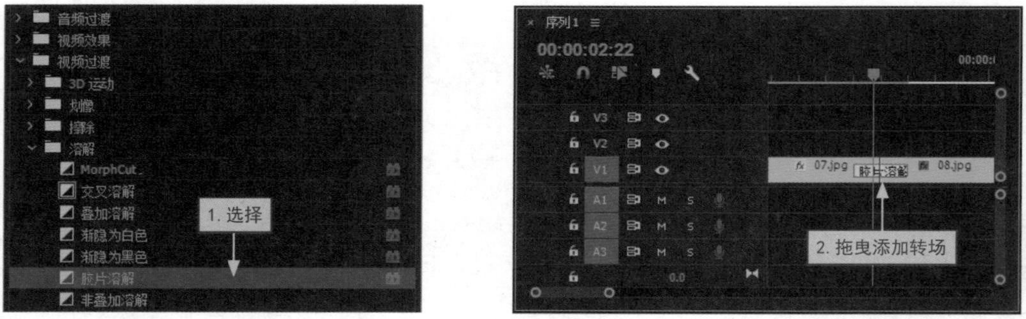

图6-59

步骤04 选择“胶片溶解”效果，打开“效果控件”面板，设置其对齐方式为起点切入，如图6-60所示。

步骤05 选择“08.jpg”和“12.jpg”素材，打开“效果”面板，选择“视频过渡/溶解/非叠加溶解”命令，在两个素材中间添加“非叠加溶解”转场效果，打开“效果控件”面板，可查看其设置的基本信息，如图6-61所示。

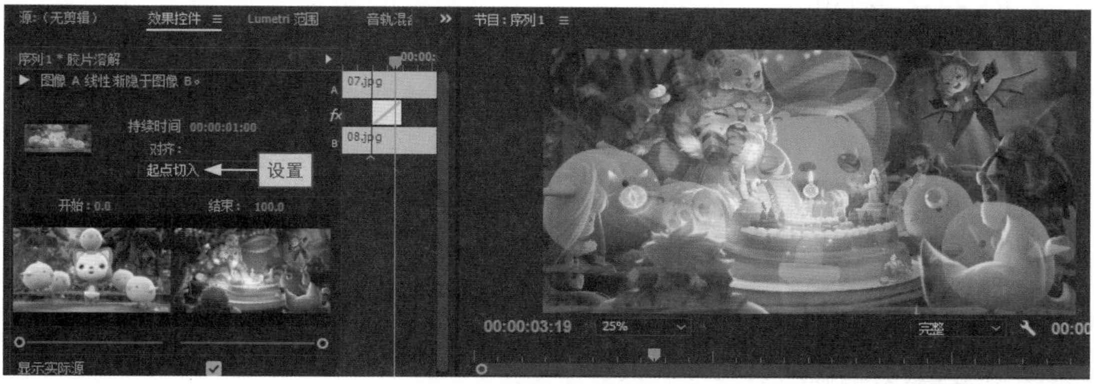

图6-60

图6-61

步骤06 选择“12.jpg”和“26.jpg”素材，打开“效果”面板，选择“视频过渡/溶解/交叉溶解”命令，在两个素材中间添加“交叉溶解”转场效果，打开“效果控件”面板，查看其设置的基本信息即效果预览，如图6-62所示。

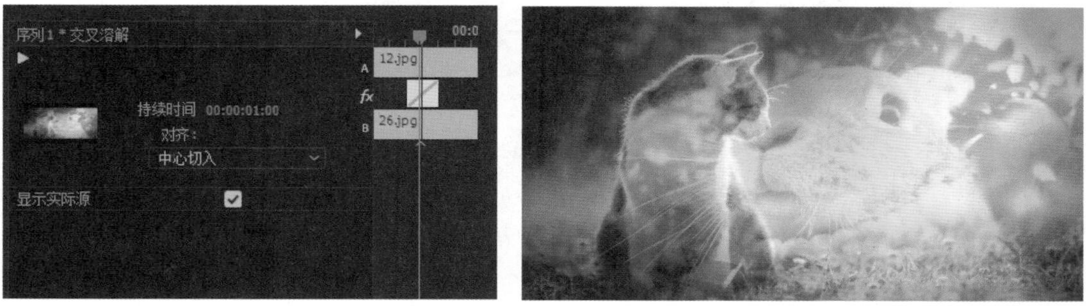

图6-62

步骤07 选择“26.jpg”和“可爱.jpg”素材，打开“效果”面板，选择“视频过渡/溶解/叠加溶解”命令，在两个素材中间添加“叠加溶解”转场效果，打开“效果控件”面板，查看其设置的基本信息即效果预览，如图6-63所示。

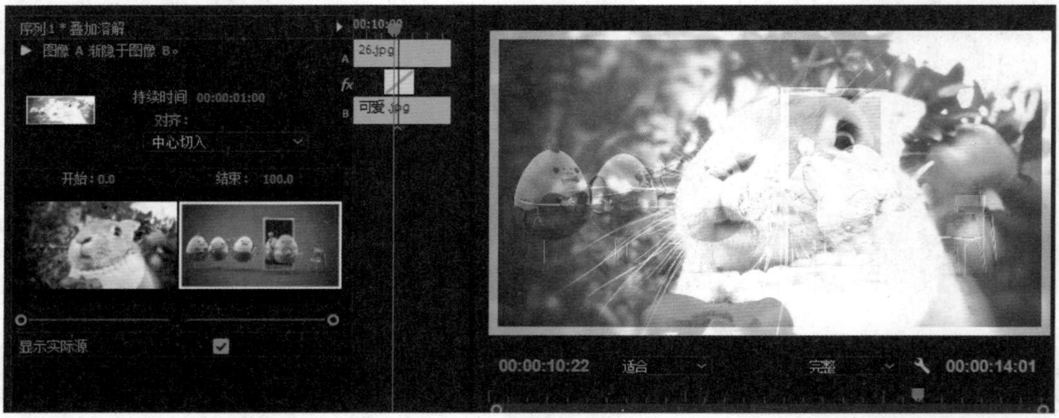

图6-63

步骤08 设置完成后播放便可观看其效果，在时间线上也可以看到添加的转场效果，如图6-64所示。

图6-64

LESSON 6.5

滑动类视频转场

知识级别

□初级入门 | ■中级提高 | □高级拓展

知识难度 ★★★

学习时长 90 分钟

学习目标

① 掌握滑动类视频转场用法。

② 了解滑动类视频转场效果。

③ 掌握运用不同滑动类转场效果制作动态视频片段的方法。

※主要内容※

内 容	难 度	内 容	难 度
中心拆分	★★	带状滑动	★★
拆分	★★	推	★★
滑动	★★		

“滑动”类视频转场是通过素材滑入和滑出的方式实现素材的转场，主要包括中心拆分、带状滑动、拆分、推和滑动5类，下面逐一进行介绍。

6.5.1 中心拆分

“中心拆分”视频转场是将素材A划分为4部分，从中心滑动到角落以显示素材B，其效果参数面板与效果预览如图6-65所示。

图6-65

6.5.2 带状滑动

“带状滑动”视频转场是将素材B在水平、垂直或对角线方向上以条状滑入，以显示素材B，其效果参数面板与效果预览如图6-66所示。

图6-66

单击“效果控件”面板中的“自定义”按钮，在打开的“带状滑块设置”对话框中可设置“带数量”参数的值。

6.5.3 拆分

“拆分”视频转场是将素材A从中间被拆分开滑动到两边，以显示素材B，其效果参数面板与效果预览如图6-67所示。

图6-67

6.5.4 推

“推”视频转场是素材B将素材A从左侧推到右侧，其效果参数面板与效果预览如图6-68所示。

图6-68

6.5.5 滑动

“滑动”视频转场是将素材B滑动到素材A的上方，其效果参数面板与效果预览如图6-69所示。

图6-69

实战应用 为四川旅游宣传片添加转场效果

本例将综合利用滑动类转场效果来为四川旅游宣传片添加转场效果，下面具体介绍其操作步骤。

源文件/第6章	初始文件/四川旅游.prproj
	最终文件/四川旅游.prproj

步骤01 打开“四川旅游.prproj”项目文件，已将提供的全部素材文件导入“素材箱1”中，打开素材箱1，如图6-70中左图所示。将其中的全部素材拖曳到时间轴窗口的V1时间线上，如图6-70中右图所示。

图6-70

步骤02 1.在时间线上选择所有素材，2.单击鼠标右键，选择“速度/持续时间”命令，3.在打开的“剪辑速度/持续时间”对话框中设置“持续时间”为04秒，4.完成后单击“确定”按钮，如图6-71所示。

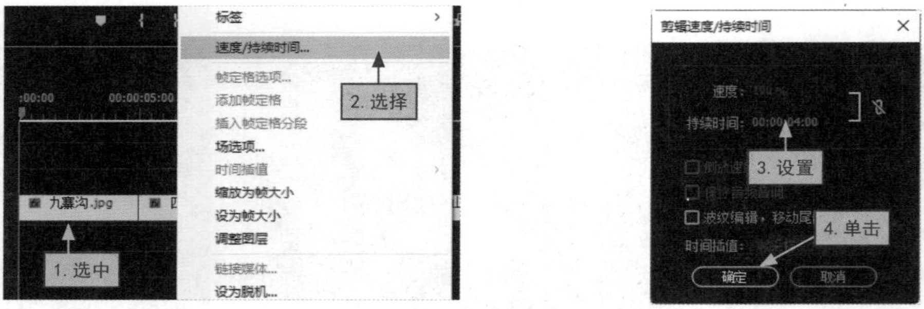

图6-71

步骤03 拖动时间线上的素材使之连贯，依次为九寨沟.jpg、四川绵阳.jpg、光雾山.jpg、四姑娘山.jpg、青城山.jpg添加转场效果。选中“九寨沟.jpg”和“四川绵阳.jpg”素材，打开“效果”面板，选择“视频过渡/滑动/中心拆分”命令，在两个素材中间添加“中心拆分”转场效果，如图6-72所示。

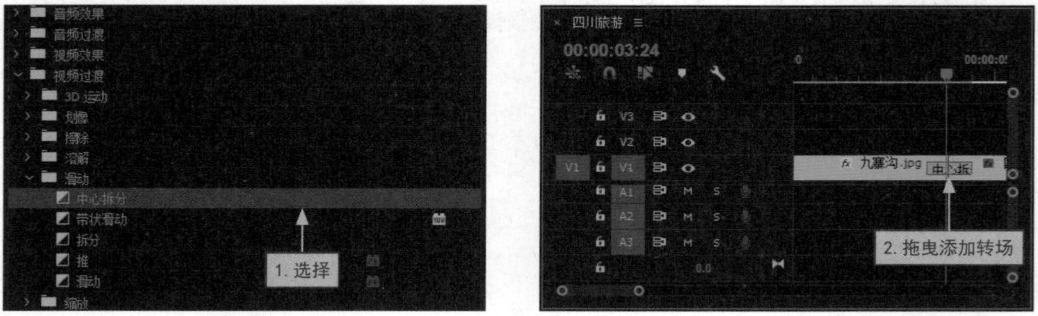

图6-72

步骤04 选择“中心拆分”效果，打开“效果控件”面板，设置其“消除锯齿品质”为高，如图6-73所示。

图6-73

步骤05 选择“四川绵阳.jpg”和“光雾山.jpg”素材，打开“效果”面板，选择“视频过渡/滑动/推”命令，在两个素材中间添加“推”转场效果，打开“效果控件”面板，将“消除锯齿品质”设为高，如图6-74所示。

图6-74

步骤06 选择“光雾山.jpg”和“四姑娘山.jpg”素材，打开“效果”面板，选择“视频过渡/滑动/带状滑动”命令，在两个素材中间添加“带状滑动”转场效果。打开“效果控件”面板，1.将“消除锯齿品质”设为高，2.单击“自定义”按钮，3.在打开的“带状滑动设置”对话框中设置“带数量”为9，4.单击“确定”按钮。还可以查看其他设置的基本信息和效果预览，如图6-75所示。

步骤07 选择“四姑娘山.jpg”和“青城山.jpg”素材，打开“效果”面板，选择“视频过渡/滑动/滑动”命令，在两个素材中间添加“滑动”转场效果。打开“效果控件”面板，将“消除锯齿品质”设为高，在参数面板中还可以查看其他设置的基本信息和效果预览，如图6-76所示。

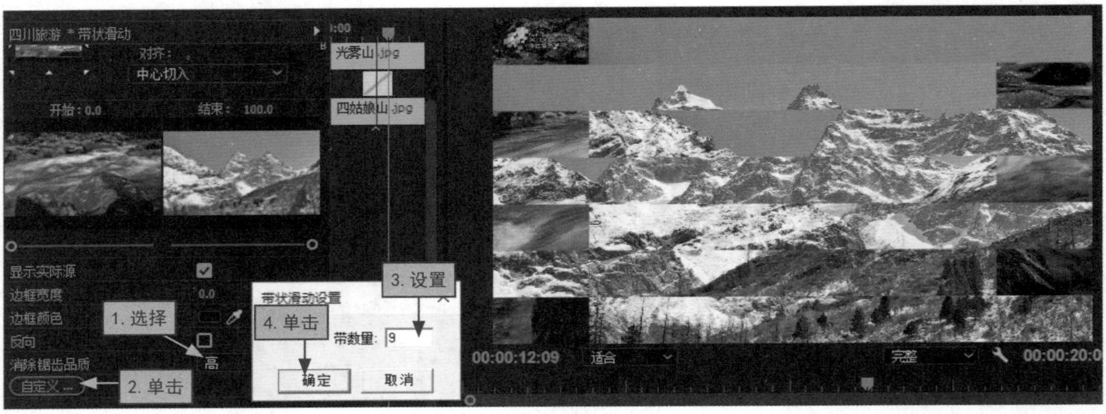

图6-75

图6-76

步骤08 设置完成后播放便可观看其效果，在时间线上也可以看到添加的转场效果，如图6-77所示。

图6-77

LESSON 6.6

缩放类和页面剥落类视频转场

知识级别

□初级入门 | ■中级提高 | □高级拓展

知识难度 ★★★

学习时长 90 分钟

学习目标

① 掌握缩放类视频转场的运用。

② 掌握运用不同缩放类和页面剥落类转场效果制作动态视频片段的方法。

③ 掌握页面剥落类视频转场的运用。

※主要内容※

内　容	难　度	内　容	难　度
交叉缩放	★★	翻页	★★
页面剥落	★★		

缩放类视频转场主要是通过放大或缩小素材的形式来实现转场的，一般用得比较多的为“交叉缩放”。页面剥落视频转场是模仿书页翻转显示下一页的效果，一个素材页面翻转到另一个素材页面，常用的为“翻页”和“页面剥落”两类。

6.6.1 交叉缩放

“交叉缩放”转场效果是通过先将素材A放大，再缩小素材B来实现的。下面通过具体的实例来讲解添加交叉缩放转场效果相关的设置操作，其具体操作如下。

[知识演练] 为水杯动画添加交叉缩放效果

源文件/第6章	初始文件/交叉缩放.prproj
	最终文件/交叉缩放.prproj

步骤01 打开“交叉缩放.prproj”项目文件，1.在项目窗口中选择素材文件“水流.jpeg”、“水杯.jpg”，2.按住鼠标左键不放将其拖曳到时间轴窗口的V1时间线上，释放鼠标左键，将选择的图片素材添加到时间线中，如图6-78所示。

步骤02 打开“效果”面板，1.选择“视频过渡/缩放/交叉缩放”命令，2.按住鼠标左键将其拖曳到时间线的“水流.jpeg”和“水杯.jpg”图片素材之间，然后释放鼠标左键，完成添加“交叉缩放”视频转场效果，如图6-79所示。

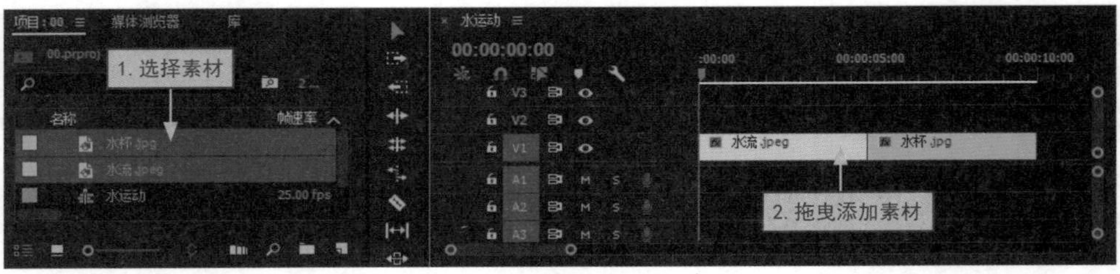

图6-78

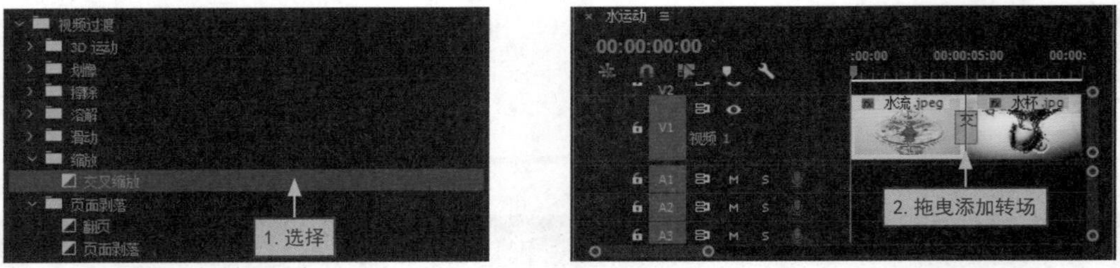

图6-79

步骤03 单击时间线中的“交叉缩放”效果，调出“效果控件”面板。在其中设置“持续时间”为02秒，如图6-80所示。

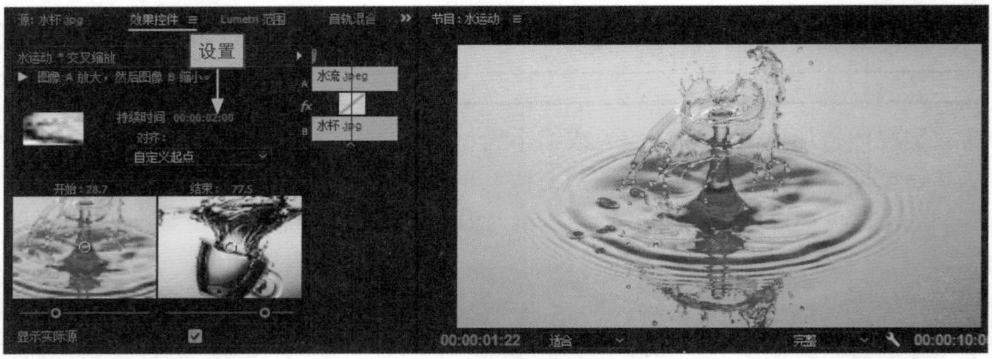

图6-80

步骤04 播放即可查看其效果，“水流.jpeg”素材逐渐变大，“水杯.jpg”逐渐变小，如图6-81所示为“水杯.jpg”的变化。

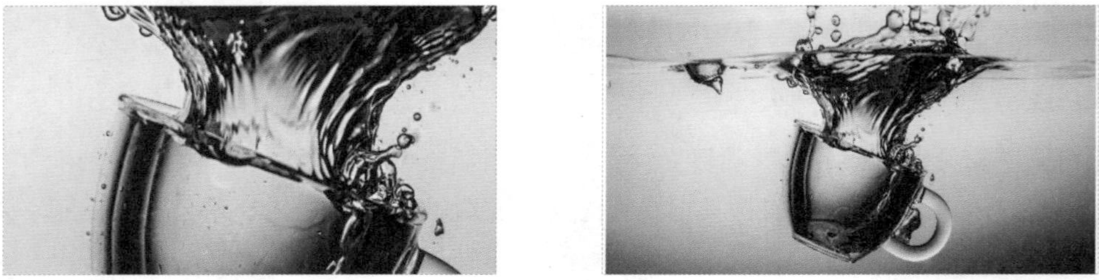

图6-81

6.6.2 翻页

“翻页”视频转场是素材A从左上角开始翻页直到完全显示素材B，下面通过具体实例来讲解添加翻页效果的相关操作。

[知识演练] 为水墨画展览片添加翻页效果

源文件/第6章	初始文件/翻页.prproj
	最终文件/翻页.prproj

步骤01 打开“翻页.prproj”项目文件，1.在项目窗口中选中素材文件“水墨竹子.jpg”、“水墨.jpg”；2.按住鼠标左键不放将其拖曳到时间轴窗口的V1时间线上，然后释放鼠标左键，将选择的图片素材添加到时间线中。如图6-82所示。

图6-82

步骤02 打开“效果”面板，1.选择“视频过渡/页面剥落/翻页”命令，2.按住鼠标左键将其拖动到时间线的“水墨竹子.jpg”和“水墨.jpg”图片素材之间，然后释放鼠标左键，完成添加“翻页”视频转场效果，如图6-83所示。

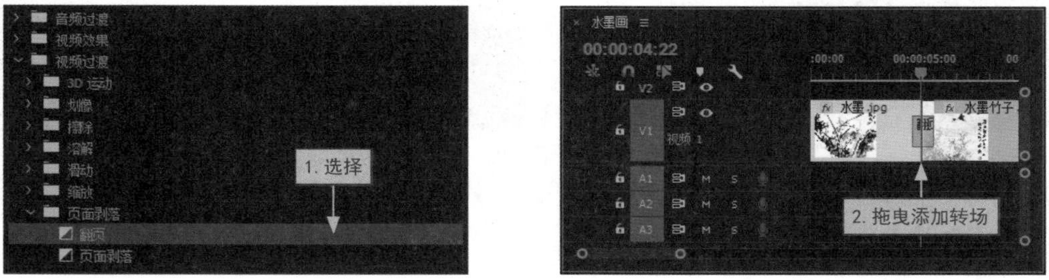

图6-83

步骤03 鼠标左键单击时间线中的“翻页”效果，调出“效果控件”面板。在其中设置“持续时间”为02秒，如图6-84所示。

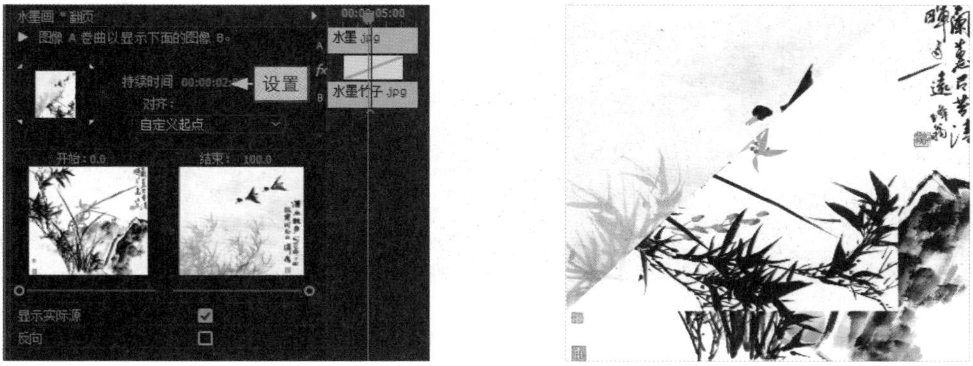

图6-84

6.6.3 页面剥落

“页面剥落”视频转场是素材A从左上角滚动到右下角来显示素材B，下面通过具体实例来讲解添加“页面剥落”效果的相关操作。

[知识演练] 为油画展览片添加页面剥落效果

源文件/第6章	初始文件/页面剥落.prproj
	最终文件/页面剥落.prproj

步骤01 打开“页面剥落.prproj”项目文件，在时间轴窗口的V1时间线上可以看到“风景油画.jpg”和“油画水果.jpg”素材。

步骤02 打开“效果”面板，1.选择“视频过渡/页面剥落/页面剥落”命令；2.按住鼠标左键将其拖曳到时间线的“风景油画.jpg”和“油画水果.jpg”图片素材之间，然后释放鼠标左键，完成添加“页面剥落”视频转场效果。如图6-85所示。

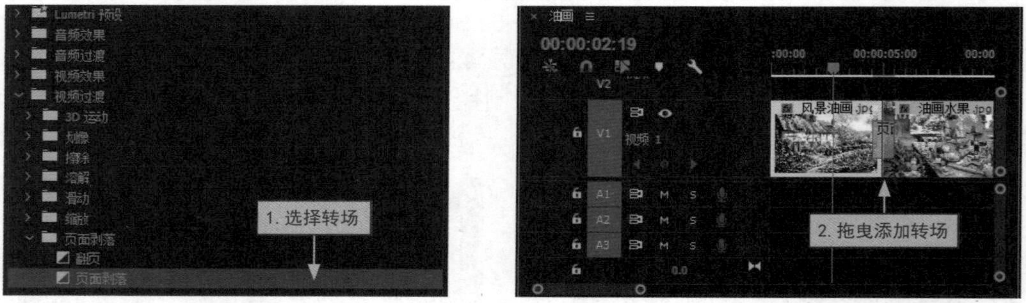

图6-85

步骤03 单击时间线中的“页面剥落”效果，调出“效果控件”面板。在其中设置“持续时间”为02秒，即可查看预览效果，如图6-86所示。

图6-86

第7章

视频特效的基础操作

学习目标

如果说视频转场效果只是在两个画面之间起转场过渡效果，那么视频特效的作用更多。视频特效可以在源素材中添加视频效果或者纠正画面的技术问题；也可以改变素材的曝光度和颜色、扭曲图像或者添加艺术效果；还可以对剪辑的素材进行旋转和动画处理，并且利用特效可为影视画面增添较强的艺术效果。本章将介绍视频特效的基础操作。

本章要点

- 视频特效的添加
- 视频特效的删除、复制与粘贴
- 设置特效关键帧
- 光照效果
- 卷积内核

……

LESSON 7.1

视频特效的创建与控制

知识级别

■初级入门 | □中级提高 | □高级拓展

知识难度 ★★

学习时长 45分钟

学习目标

① 掌握视频特效的创建。

② 了解视频特效的复制、粘贴与删除操作。

③ 掌握设置特效关键帧的方法。

※ 主要内容 ※

内　容	难　度	内　容	难　度
视频特效的添加	★	视频特效的删除、复制与粘贴	★
设置特效关键帧	★		

7.1.1 视频特效的添加

在Premiere CC中，可以为同一段素材添加一个或多个视频特效，也可以为视频中的某一部分添加视频特效。在Premiere CC中，主要包含变换、图像控制、扭曲、时间、生成和调整等10多类视频特效。

要为一段素材添加视频特效，只需打开“效果”面板，单击“视频效果”文件夹前的折叠按钮，选择其中一类视频特效，最后在该类特效下选择需要的特效，将其添加到时间轴窗口的素材上即可。此时素材对应的“效果控件”面板上会自动添加该视频特效的参数设置选项。

[知识演练] 为“海滩”文件添加视频特效

源文件/第7章	初始文件/添加视频特效.prproj
	最终文件/添加视频特效.prproj

步骤01 打开“添加视频特效.prproj”项目文件，1.在项目窗口中选择“海滩.jpg”素材文件；2.按住鼠标左键不放将其拖曳到时间轴窗口中V1时间线上，释放鼠标即将选择的图片素材添加到时间线中，如图7-1所示。

步骤02 打开“效果”面板，1.单击“视频效果”文件夹前的折叠按钮；2.选择“变换/水平翻转”命令，并按住鼠标左键将其拖动到时间轴窗口的“海滩.jpg”图片素材上；3.当鼠标显示为"+"形状时释放鼠标左键，完成添加视频特效的操作，如图7-2所示。

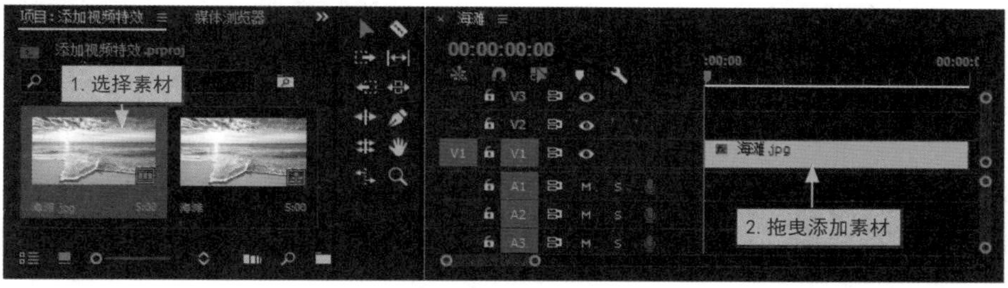

图7-1

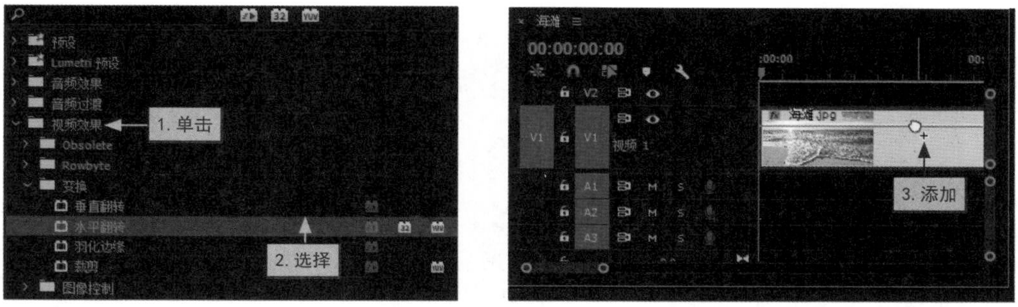

图7-2

步骤03 选择"海滩.jpg"素材，打开"效果控件"面板，即可查看添加的视频特效的参数设置选项及效果，如图7-3所示。

图7-3

7.1.2 视频特效的删除、复制与粘贴

如果添加的特效不太适合素材，此时就需要对视频特效进行删除，要删除视频特效，一般有快捷键删除和菜单命令删除两种方式，具体如下。

- **快捷键删除：** 选择需要删除的视频特效，直接按Delete键或Backspace键删除该特效。
- **菜单命令删除：** 1.选择需要删除的视频特效；2.单击鼠标右键，选择"清除"命令，即可删除该视频特效，如图7-4所示。

除了可以对视频特效进行删除外，当然也可以进行复制与粘贴操作，要对视频特效进行复制与粘贴，可以通过菜单命令和快捷键两种方式来完成，其具体操作如下。

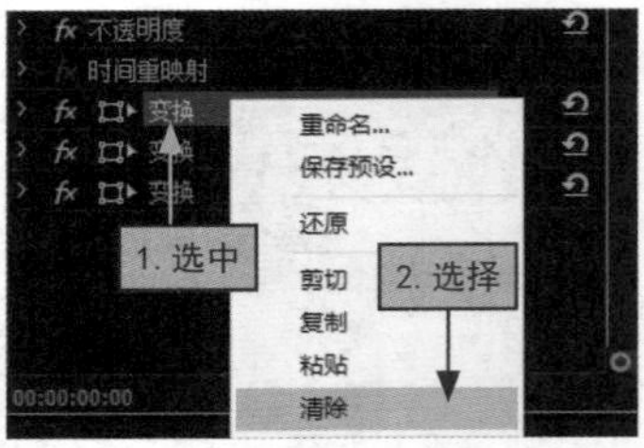

图7-4

- **利用菜单命令复制与粘贴视频特效：**1.选中需要复制的视频特效并右击；2.选择“复制”命令，即可复制该视频特效；3.再次单击鼠标右键；4.选择“粘贴”命令即可粘贴该特效。如图7-5所示。

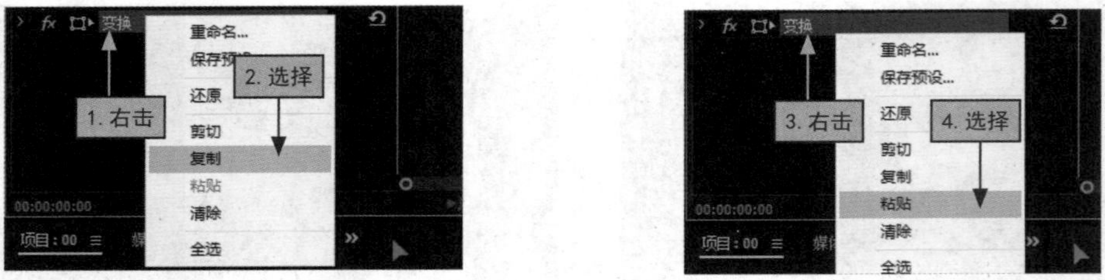

图7-5

- **利用快捷键复制与粘贴视频特效：**选择需要复制的视频特效，直接按Ctrl+C组合键执行复制操作，按Ctrl+V组合键即可粘贴该视频特效。

此外，在“效果控件”面板上右击，在弹出的快捷菜单中选择相应的命令，可以对视频特效进行相应的操作，如图7-6所示，各命令的作用如表7-1所示。

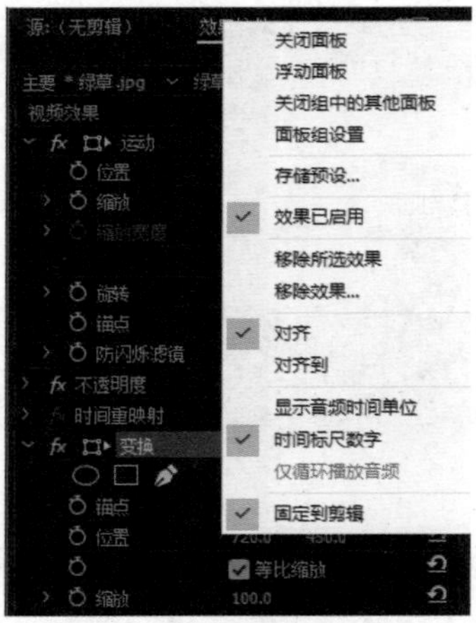

图7-6

表7-1

命　令	作　用
存储预设	选择一个效果后再选择该命令，打开“效果预设”对话框，可对效果进行存储。
效果已启用	可对效果进行禁用和激活操作。
移除所选效果	选择该命令，可将选择的效果进行删除。
移除效果	选择该命令，可对素材中添加的效果全部进行删除。
对齐	选择该命令，可进行对齐操作。
对齐到	在其子菜单中可选择一个命令，将其对齐到所选项，例如对齐视频关键帧、序列标记和播放指示器等。

7.1.3 设置特效关键帧

若要效果随时间而改变，可以使用关键帧技术。当创建了一个关键帧后，就可以指定一个效果属性在确切的时间点上的值。对于大多数标准效果，都可以在素材的整个时间长度中设置关键帧。对于固定效果，如位置和缩放，可以设置关键帧，使素材产生动画，也可以移动、复制或删除关键帧。

❶激活关键帧

为了设置动画效果属性，必须激活属性的关键帧，任何支持关键帧的效果属性都包括“切换动画”按钮，单击该按钮即可插入一个关键帧，插入关键帧（即激活关键帧）后，就可以添加和调整素材所需要的属性，如图7–7所示。

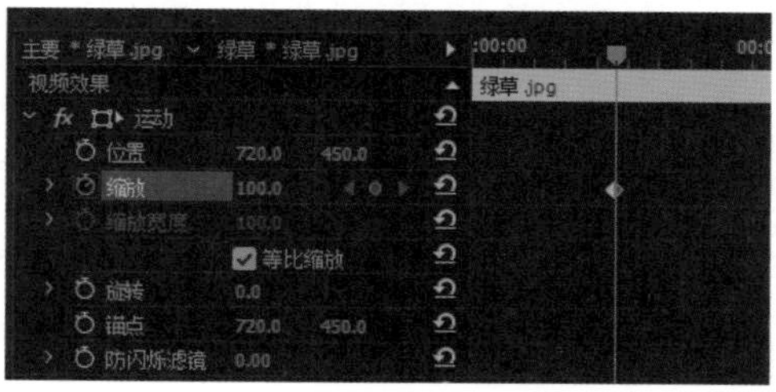

图7–7

❷跳转关键帧

当“效果控件”面板中的某个参数选项有多个关键帧时，“转到上一帧”按钮和“转到下一帧”按钮将被激活。通过这两个按钮就可在多个关键帧之间进行切换，从而快速跳转到需要设置的关键帧，如图7–8所示。

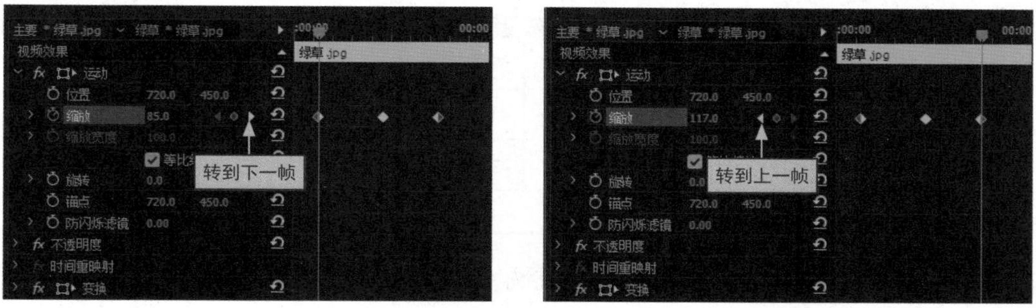

图7–8

❸删除关键帧

在进行视频编辑时，如果需要对已存在的关键帧进行删除，一般有菜单命令删除和快捷键删除两种方法，具体如下。

- **菜单命令删除：**在“效果控件”面板中选择需要删除的关键帧，单击鼠标右键，选择“清除”命令，即可删除该关键帧，如图7–9所示。
- **快捷键删除：**在“效果控件”面板中选择需要删除的关键帧，直接按Delete键或Backspace键即可删除该关键帧。

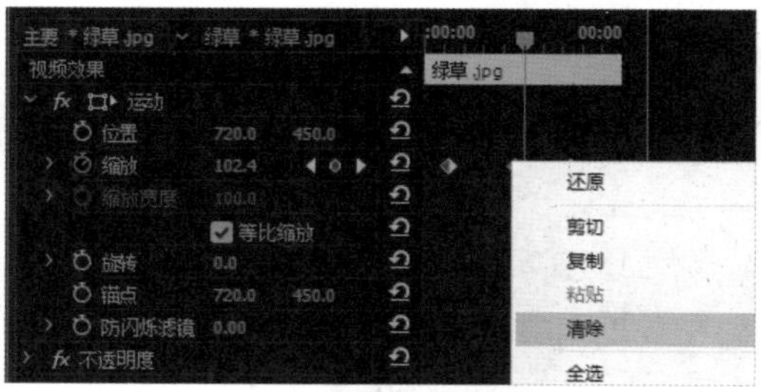

图7–9

知识延伸 | 在“效果控件”面板中对关键帧执行其他操作

在“效果控件”面板中激活关键帧后，直接在需要的位置处设置选项的值，可以自动创建关键帧。在“效果控件”面板中选择关键帧后，直接使用鼠标左键拖动关键帧，可调整关键帧所在的位置。关键帧不仅仅用于视频效果中，只要显示在“效果控件”面板中的选项，都可以通过关键帧进行控制。

LESSON 7.2

调整类视频特效

知识级别

□初级入门 | ■中级提高 | □高级拓展

知识难度 ★★

学习时长 90 分钟

学习目标

① 了解调整类视频特效的用法。

② 掌握调整类视频特效的参数设置。

③ 掌握调整类视频特效的应用。

※ 主要内容 ※

内 容	难 度	内 容	难 度
ProcAmp	★★	光照效果	★★
卷积内核	★★	自动颜色	★★
自动对比度	★★	阴影/高光	★★

7.2.1 ProcAmp

ProcAmp效果用于模仿标准电视设备上的处理放大器。通过此效果可以调整剪辑图像的亮度、对比度、色相、饱和度以及拆分百分比。其面板如图7–10所示，参数组中各个参数的作用如表7–2所示。

图7–10

表7–2

参数名称	作 用
亮度	设置素材的亮度。
对比度	设置素材的对比度。
色相	设置素材的色相。
饱和度	设置素材的饱和度。
拆分屏幕	选中该复选框，屏幕被拆分为两部分。
拆分百分比	设置拆分所占的百分比。

要想使用ProcAmp效果，只需打开“效果”面板，单击“视频效果”文件夹前的折叠按钮，选择“调整/ProcAmp”命令，将其添加到时间线的素材上即可。如图7-11所示为应用该特效的前后效果对比。

▲使用前　　▲使用后

图7-11

7.2.2 光照效果

对剪辑应用光照效果，最多可采用5个光照来产生有创意的光照效果。光照效果可用于控制光照属性，如光照类型、方向、强度、颜色、光照中心和光照传播。光照效果面板如图7-12所示，参数组中各个参数的作用如表7-3所示。

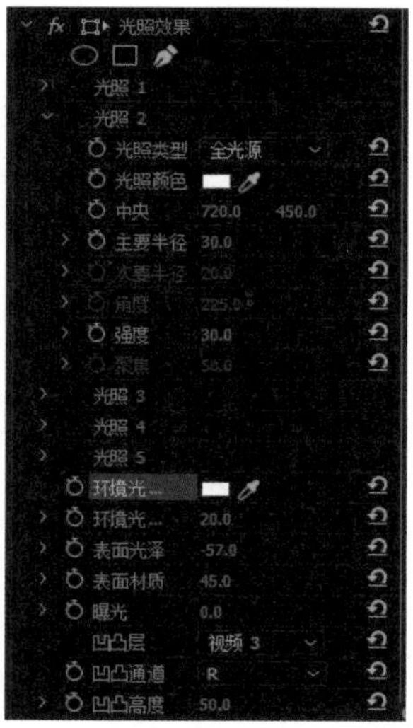

图7-12

表7-3

参数名称	作　用
光照	可设置光照类型、颜色、半径以及光照的强度、角度等。
环境光颜色	设置环境光的颜色。
环境光强度	设置环境光的强度。
表面光泽	控制表面的光泽度。
表面材质	设置表面材质。
曝光	控制曝光度。
凹凸层	选择某层作为凹凸层。
凹凸高度/通道	设置凹凸的高度/通道。

要想使用光照效果只需打开“效果”面板，单击“视频效果”文件夹前的折叠按钮，选择“调整/光照效果”命令，并将其添加到时间线上的素材即可。如图7-13所示为应用该特效的前后对比。

▲使用前　　▲使用后

图7-13

7.2.3 卷积内核

“卷积内核”效果是根据称为卷积的数学运算来更改剪辑中每个像素的亮度值。卷积将数值矩阵叠加到像素矩阵上，将每个底层像素的值乘以叠加它的数值，并将中心像素的值替换为所有这些乘积的总和。对于图像中的每个像素，都要执行此项操作，其参数面板如图7-14所示。

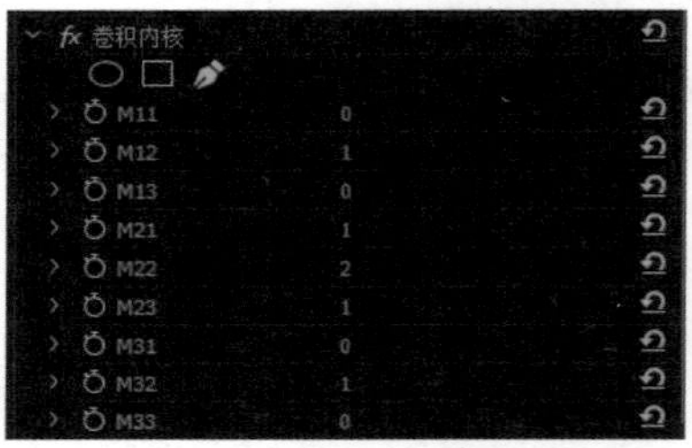

图7-14

要想使用“卷积内核”效果，只需打开“效果”面板，单击“视频效果”文件夹前的折叠按钮，选择“调整/卷积内核”命令，并将其添加到时间线上的素材即可。如图7-15所示为应用该特效的前后效果对比。

▲使用前　　▲使用后

图7-15

7.2.4 自动颜色

“自动颜色”效果可对素材的色彩进行设置，通过对中间调进行中和并剪切黑白像素，来调整素材的对比度和颜色。其面板如图7–16所示，参数组中各个参数的作用如表7–4所示。

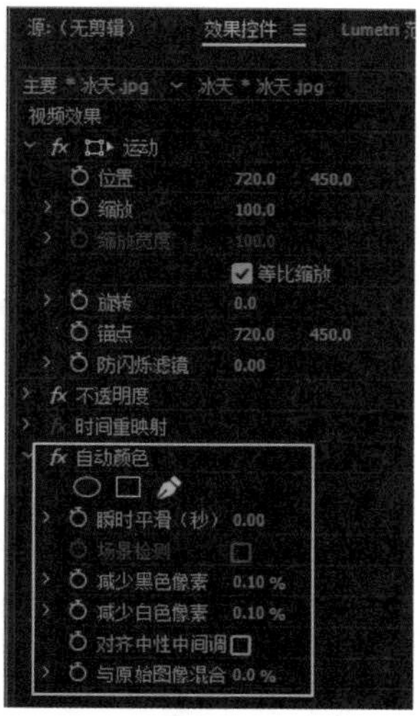

图7–16

表7–4

参数名称	作　用
瞬时平滑	相邻帧相对于其周围帧的范围（以秒为单位）。通过分析此范围可以确定每个帧所需的校正量。
场景检测	如果选择此选项，在效果分析周围帧的瞬时平滑时，超出场景变化的帧将被忽略。
对齐中性中间调	标识帧中近乎中性颜色的平均值，然后调整灰度系数值以使颜色成为中性。
减少黑/白色像素	有多少阴影和高光被剪切到图像中新的极端阴影和高光颜色。注意不要将剪切值设置得太大，因为这样做会降低阴影或高光中的细节。建议设置为0.0% ~1%之间的值。
与原始图像混合	确定效果的透明度。效果的结果与原始图像混合，合成的效果结果位于顶部。此值设置得越高，效果对剪辑的影响越小。

要想使用“自动颜色”效果，只需打开“效果”面板，单击“视频效果”文件夹前的折叠按钮，选择“Obsolete/自动颜色”命令，并将其添加到时间线上的素材即可。如图7–17所示为应用该特效的前后效果对比。

▲使用前　　▲使用后

图7–17

7.2.5 自动对比度

“自动对比度”效果可在无须增加或消除色偏的情况下调整总体对比度和颜色混合。其面板如图7–18所示，参数组中各个参数的作用如表7–5所示。

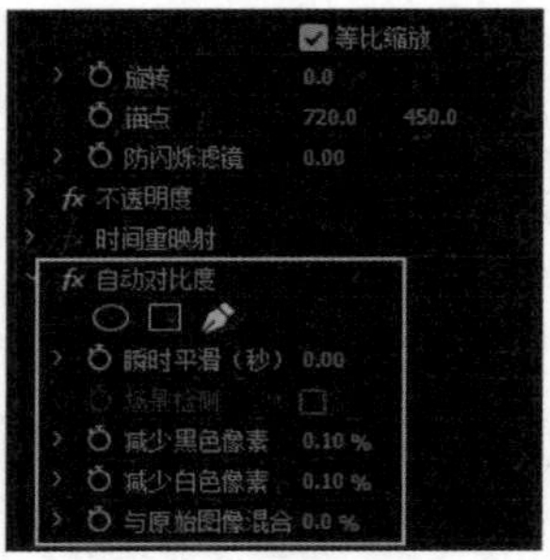

图7-18

表7-5

参数名称	作　用
瞬时平滑	相邻帧相对于其周围帧的范围（以秒为单位）。通过分析此范围可以确定每个帧所需的校正量。
场景检测	如果选择此选项，在效果分析周围帧的瞬时平滑时，超出场景变化的帧将被忽略。
减少黑/白色像素	有多少阴影和高光被剪切到图像中新的极端阴影和高光颜色。
与原始图像混合	确定效果的透明度。

要想使用“自动对比度”效果只需打开“效果”面板，单击“视频效果”文件夹前的折叠按钮，选择“Obsolete/自动对比度”命令，并将其添加到时间线上的素材即可。如图7-19所示为应用该特效的前后效果对比。

▲使用前　　▲使用后

图7-19

7.2.6 阴影/高光

“阴影/高光”效果主要用于增亮图像中的主体，而降低图像中的高光。此效果不会使整个图像变暗或变亮；它基于周围的像素独立调整阴影和高光，也可以调整图像的总体对比度。其面板如图7-20所示，参数组中各个参数的作用如表7-6所示。

要想使用“阴影/高光”效果，只需打开“效果”面板，单击“视频效果”文件夹前的折叠按钮，选择“Obsolete/阴影/高光”命令，并将其添加到时间线上的素材即可。如图7-21所示为应用该特效的前后效果对比。

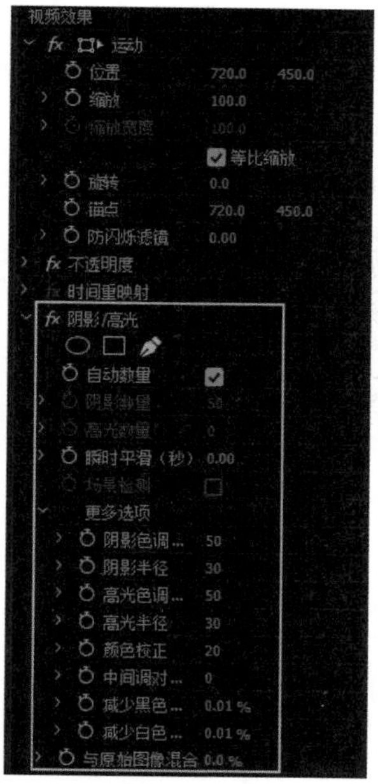

图7-20

表7-6

参数名称	作　用
自动数量	如果选择此选项，将忽略“阴影数量”和“高光数量”值，并使用适合变亮和恢复阴影细节的自动确定的数量。
阴影数量	使图像中的阴影变亮的程度。
高光数量	使图像中的高光变暗的程度。
阴影/高光色调宽度	阴影和高光中的可调色调的范围。
与原始图像混合	确定效果的透明度。
阴影/高光半径	某个像素周围区域的半径，效果使用此半径来确定这一像素是否位于阴影或高光中。
颜色校正	效果用于所调整的阴影和高光的颜色校正量。
中间调对比度	效果应用于中间调的对比度的数量。
减少黑/白色像素	有多少阴影和高光被剪切到图像中新的极端阴影和高光颜色。

▲使用前　　▲使用后

图7-21

实战应用 “夕阳下的自然风光”效果调整

本例将介绍综合利用调整类视频特效，调整素材的色彩、明暗和阴影等，具体操作如下所示。

源文件/第7章	初始文件/调整类视频特效应用.aep
	最终文件/调整类视频特效应用.aep

步骤01 打开“调整类视频特效应用.aep”项目文件，已经将项目窗口的“夕阳下的自然风

光.mov”素材文件添加到了时间轴窗口中V1的时间线上。打开“效果”面板，1.单击“视频效果”文件夹前面的折叠按钮，2.选择“调整/光照效果”命令，如图7-22所示。

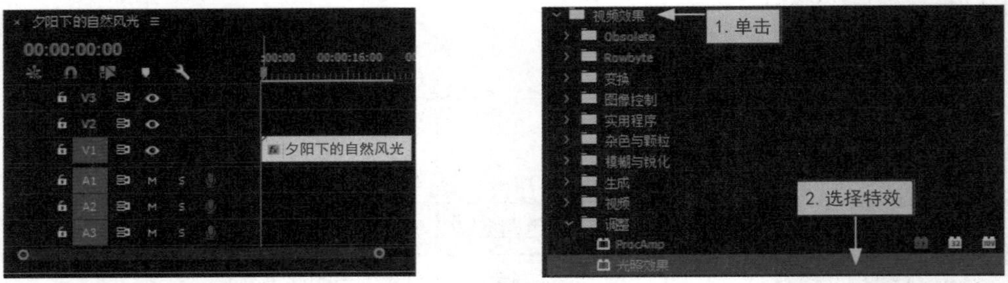

图7-22

步骤02 将“光照效果”添加到“夕阳下的自然风光.mov”素材上，打开“效果控件”面板，1.设置光照1的“光照类型”为“全光源”，2.设置“强度”数值为25.0，如图7-23所示。

图7-23

步骤03 打开“效果”面板，1.单击“视频效果”文件夹前面的折叠按钮，2.选择“Obsolete/自动对比度”命令，将“自动对比度”效果添加到“夕阳下的自然风光.mov”素材上，如图7-24所示。

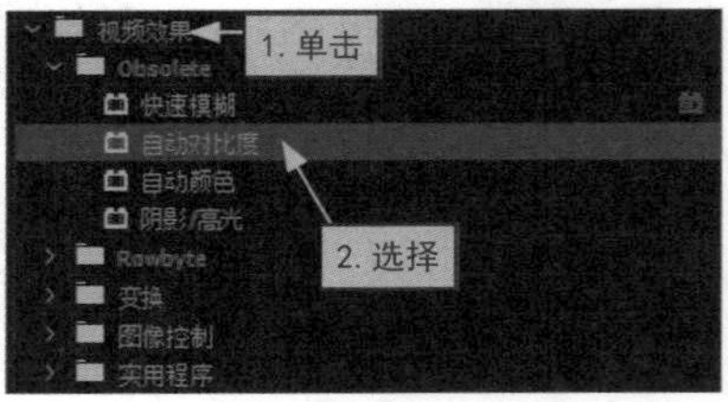

图7-24

步骤04 打开“效果控件”面板，1.设置“与原始图像混合”数值为22.0%，2.将“减少黑色像素”数值设为0.20%，如图7-25所示。

图7-25

步骤05 打开“效果”面板，单击“视频效果”文件夹前面的折叠按钮，1.选择“调整/ProcAmp”命令；2.将ProcAmp效果添加到“夕阳下的自然风光.mov”素材上，可在“效果控件”面板中查看，如图7–26所示。

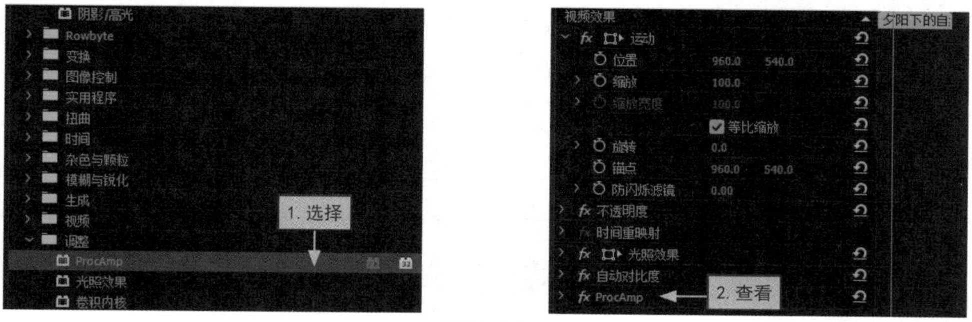

图7–26

步骤06 1.在“效果控件”面板中选择ProcAmp效果；2.设置“亮度”值为13，完成整个操作，如图7–27所示。

图7–27

LESSON 7.3 通道类视频特效

知识级别

□初级入门 | ■中级提高 | □高级拓展

知识难度 ★★

学习时长 90 分钟

学习目标

① 了解通道类视频特效的用法。

② 掌握通道类视频特效的参数设置。

③ 掌握通道类视频特效的应用。

※ 主要内容 ※

内　容	难　度	内　容	难　度
算术	★★	混合	★★
纯色合成	★★	计算	★★
复合运算	★★	反转	★★

7.3.1 算术

“算术”效果可对图像的红色、绿色和蓝色通道执行各种简单的数学运算。其面板如图7-28所示，参数组中各个参数的作用如表7-7所示。

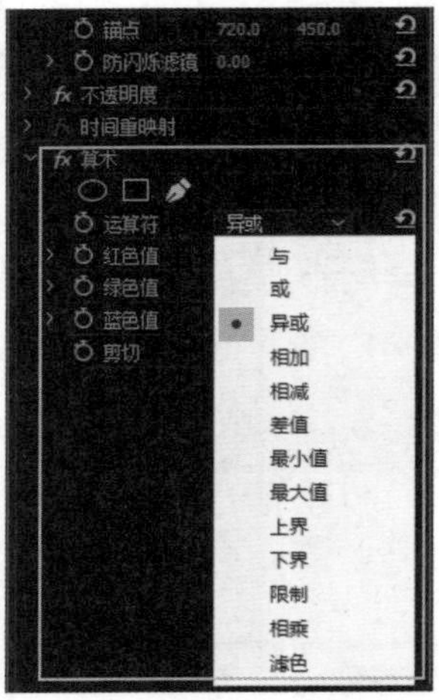

图7-28

表7-7

参数名称	作　用
运算符	每个通道指定的值与图像中每个像素该通道的现有值之间执行的运算。
与、或、异或	按位执行逻辑运算。
相加、相减、相乘、差值	执行基本的数学函数。
最大/小值	将像素的通道值设置为指定值和像素原始值之间的较大/小值。
上/下界	如果像素的原始值大/小于指定值，则将像素的通道值设置为0；否则，保留初始值。
剪切	防止所有函数创建超出有效范围的颜色值。如果不选择此选项，一些颜色值可能折回。

要想使用“算术”效果，只需打开“效果”面板，单击“视频效果”文件夹前的折叠按钮，选择“通道/算术”命令，并将其添加到时间线上的素材即可。如图7-29所示为应用该特效的前后效果对比。

▲使用前　　▲使用后

图7-29

7.3.2 混合

“混合”效果是使用5个模式之一混合两个剪辑。使用此效果混合剪辑之后，应禁用从“与图层混合”下拉列表框中选择的剪辑。其面板如图7-30所示，参数组中各个参数的作用如表7-8所示。

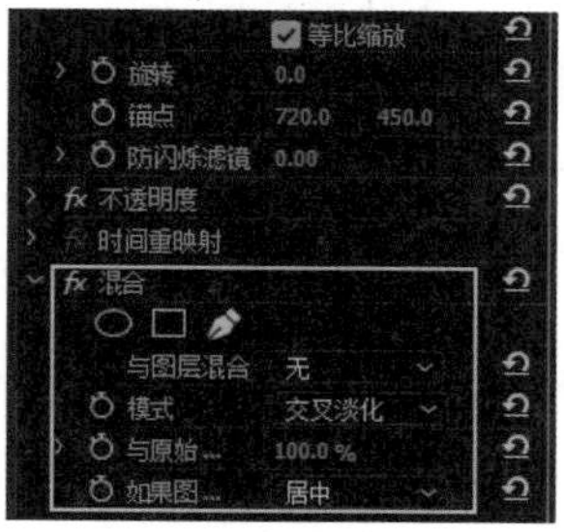

图7-30

表7-8

参数名称	作　用
与图层混合	要与之混合的剪辑（辅助图层或控制图层）。
与原始图像混合	效果的透明度。效果的结果与原始图像混合，合成的效果结果位于顶部。此值设置得越高，效果对剪辑的影响越小。
如果图层大小不同	指定如何定位控制图层。
模式	指定混合的模式。

要想使用“混合”效果，只需打开“效果”面板，单击“视频效果”文件夹前的折叠按钮，选择“通道/混合”命令，并将其添加到时间线上的素材即可。如图7-31所示为应用该特效的前后效果对比。

▲使用前

▲使用后

图7-31

7.3.3 纯色合成

通过“纯色合成”效果可以在源剪辑后面快速创建纯色合成。用户可以控制源剪辑的不透明度，控制纯色的不透明度，并全部在效果控件内应用混合模式。其面板如图7-32所示，参数组中各个参数的作用如表7-9所示。

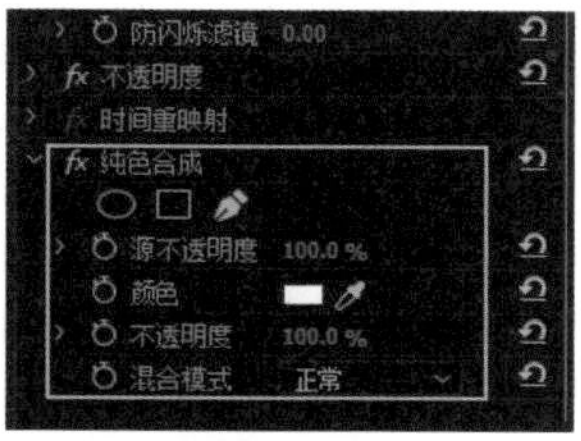

图7-32

表7-9

参数名称	作　用
源不透明度	设置源剪辑的不透明度。
颜色	设置纯色。
不透明度	设置纯色的不透明度。
混合模式	用于合并剪辑和纯色的混合模式。

要想使用“纯色合成”效果，只需打开“效果”面板，单击“视频效果”文件夹前的折叠按钮，选择“通道/纯色合成”命令，并将其添加到时间线上的素材即可。如图7-33所示为应用该特效的前后效果对比。

▲使用前　　▲使用后

图7-33

7.3.4 计算

“计算”效果是将一个剪辑的通道与另一个剪辑的通道相结合。其面板如图7-34所示，参数组中各个参数的作用如表7-10所示。

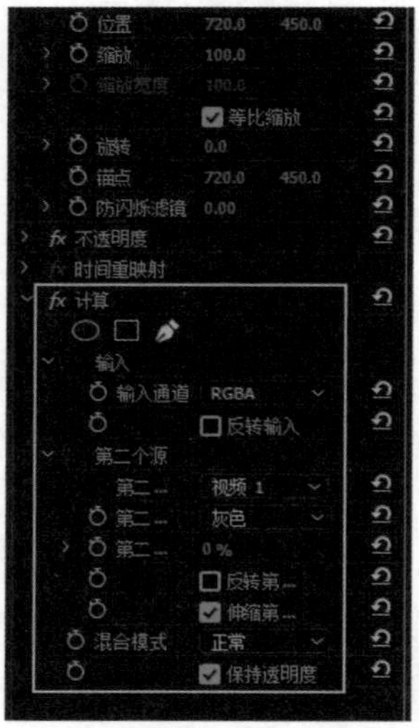

图7-34

表7-10

参数名称	作　用
输入通道	要提取并用作混合操作的输入的通道。
反转输入	在效果提取指定的通道信息之前反转剪辑。
第二个图层	通过“计算”与原始剪辑混合的视频轨道。
第二个图层通道	要与输入通道混合的通道。
第二个图层不透明度	第二个视频轨道的不透明度。
反转第二个图层	在效果提取指定的通道信息之前反转第二个视频轨道。
伸缩第二个图层以适合	在混合之前将第二个视频轨道拉伸为原始剪辑的尺寸。
保持透明度	确保原始图层的Alpha通道不被修改。

要想使用“计算”效果，只需打开“效果”面板，单击“视频效果”文件夹前的折叠按钮，选择“通道/计算”命令，并将其添加到时间线上的素材即可。如图7-35所示为应用该特效的前后效果对比。

▲使用前 ▲使用后

图7-35

7.3.5 复合运算

“复合运算”效果以数学方式合并应用此效果的剪辑和控制图层。其面板如图7-36所示，参数组中各个参数的作用如表7-11所示。

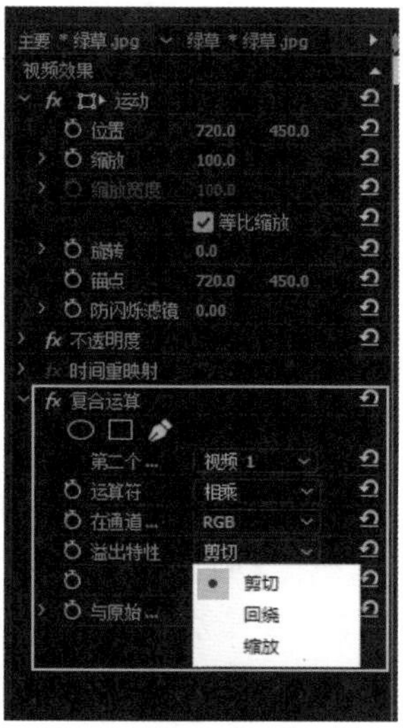

图7-36

表7-11

参数名称	作　用
第二个源图层	指定用于给定运算中的当前剪辑的视频轨道。
运算符	指定要在两个剪辑之间执行的运算。
在通道上运算	指定将效果应用于的通道。
溢出特性	指定超出允许范围的像素值的处理方式。
剪切	表示值局限于允许的范围。
回绕	表示超出允许范围的值从全开回绕到全关，或从全关到全开。
缩放	表示计算最小值和最大值，并将结果从该完整范围向下拉伸到允许值范围。
伸缩第二个源以适合	缩放第二个剪辑以匹配当前剪辑的大小（宽度和高度）。
与原始图像混合	效果的透明度。

要想使用“复合运算”效果，只需打开“效果”面板，单击“视频效果”文件夹前的折叠按钮，选择“通道/复合运算”命令，并将其添加到时间线上的素材即可。如图7-37所示为应用该特效的前后效果对比。

▲使用前　　▲使用后

图7-37

7.3.6 反转

“反转”效果可使图像的颜色进行反转，使原图像中的颜色都变为对应的互补色。其面板如图7-38所示，参数组中各个参数的作用如表7-12所示。

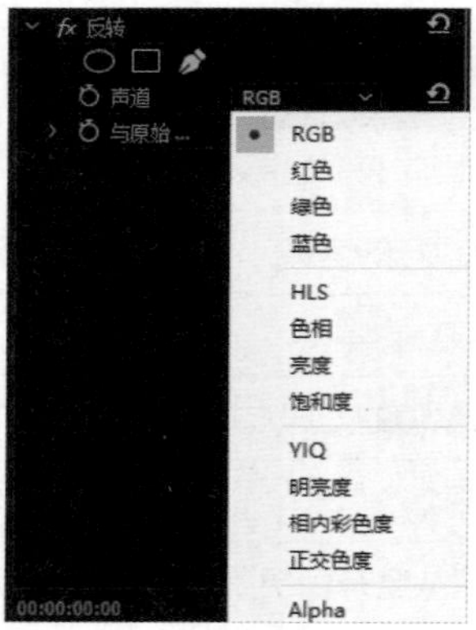

图7-38

表7-12

参数名称	作　用
通道	要反转的一个或多个通道。
RGB/红色/绿色/蓝色	RGB反转所有的3个叠加的颜色通道。
HLS/色相/亮度/饱和度	HLS反转所有的3个计算的颜色通道。
YIQ/明亮度/相内彩色度/正交色度	YIQ反转所有的3个NTSC明亮度和色度通道。
Alpha	反转图像的Alpha通道。
与原始图像混合	效果的透明度。

要想使用“反转”效果，只需打开“效果”面板，单击“视频效果”文件夹前的折叠按钮，选择“通道/反转”命令，并将其添加到时间线上的素材即可。如图7-39所示为应用该特效的前后效果对比。

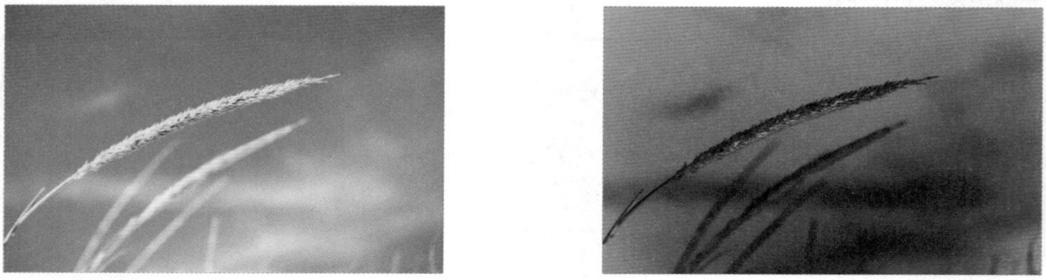

▲使用前　　▲使用后

图7-39

实战应用 为“时装”素材添加特效

本例将介绍综合利用通道类视频特效，给素材“时装”视频添加特效以达到不同的效果，具体操作如下所示。

源文件/第7章	初始文件/通道类视频特效应用.aep
	最终文件/通道类视频特效应用.aep

步骤01 打开“通道类视频特效应用.aep”项目文件，1.已经将项目窗口的“时装.mp4”素材文件添加到了时间轴窗口中V1的时间线上。打开“效果”面板，2.单击“视频效果”文件夹前面的折叠按钮，选择“通道/纯色合成”命令，如图7-40所示。

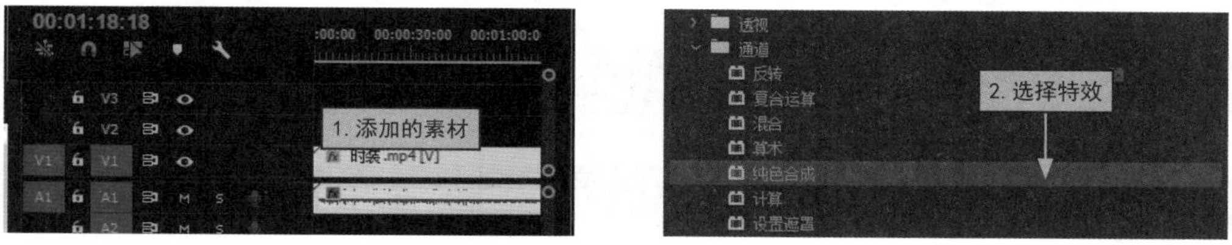

图7-40

步骤02 打开“效果控件”面板，1.将“颜色”设置为红色（C77474），2.将“混合模式”设置为强光，如图7-41所示。

图7-41

步骤03 打开“效果”面板，单击“视频效果”文件夹前面的折叠按钮，选择“通道/复合运算”命令。打开“效果控件”面板，将“第二个源图层”设置为“视频1”，“溢出特性”设置为“剪切”，“运算符”设置为“复制”，将“与原始图像混合”数值设为41%，如图7-42所示。

图7-42

LESSON 7.4

模糊与锐化类视频特效

知识级别

□初级入门 | ■中级提高 | □高级拓展

知识难度 ★★

学习时长 75 分钟

学习目标

① 了解模糊与锐化类视频特效的用法。

② 掌握模糊与锐化类视频特效的参数设置。

③ 掌握模糊与锐化类视频特效的应用。

※ 主要内容 ※

内 容	难 度	内 容	难 度
高斯模糊	★★	相机模糊	★★
锐化	★★	复合模糊	
方向模糊	★★		

7.4.1 高斯模糊

“高斯模糊”效果可模糊和柔化图像并消除杂色，并且可以指定模糊是水平、垂直或是两者。要想使用“高斯模糊”效果，只需打开“效果”面板，单击“视频效果”文件夹前的折叠按钮，选择“模糊与锐化/高斯模糊”命令，并将其添加到时间线上的素材即可。如图7-43所示为应用该特效的前后效果对比。

▲使用前

▲使用后

图7-43

7.4.2 相机模糊

“相机模糊”效果可以模拟离开摄像机焦点范围的图像，使剪辑变模糊。要想使用“相机模糊”效果，只需打开“效果”面板，单击“视频效果”文件夹前的折叠按钮，选择“模糊与锐化/相机模糊”命令，并将其添加到时间线上的素材即可，如图7-44所示为应用该特效的前后效果对比。

▲使用前

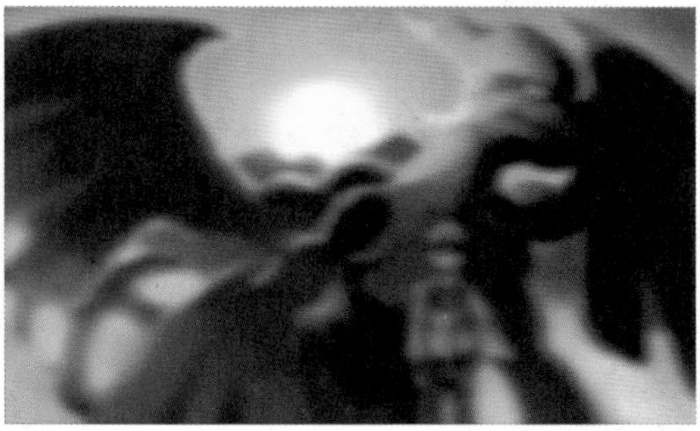
▲使用后

图7-44

7.4.3 锐化

“锐化”效果主要用于增加颜色变化位置的对比度。要想使用“锐化”效果，只需打开“效果”面板，单击“视频效果”文件夹前的折叠按钮，选择“模糊与锐化/锐化”命令，并将其添加到时间线上的素材即可。如图7-45所示为应用该特效的前后效果对比。

▲使用前

▲使用后

图7-45

7.4.4 复合模糊

“复合模糊”效果是根据控制剪辑（也称为模糊图层或模糊图）的明亮度值使像素变模糊。默认情况下，模糊图层中的亮值对应于效果剪辑的较多模糊，暗值对应于较少模糊。对亮值选择“反转模糊”可对应于较少模糊，其面板如图7-46所示，参数组中各个参数的作用如表7-13所示。

图7-46

表7-13

参数名称	作　用
模糊图层	模糊的图层。
最大模糊	受影响剪辑可变模糊的任何部分的最大像素值。
伸缩对应图以适合	将控制剪辑拉伸为应用到的剪辑的尺寸；否则，控制剪辑会在效果剪辑上居中。

要想使用“复合模糊”效果，只需打开“效果”面板，单击“视频效果”文件夹前的折叠按钮，选择“模糊与锐化/复合模糊”命令，并将其添加到时间线上的素材即可。如图7-47所示为应用该特效的前后效果对比。

▲使用前

▲使用后

图7-47

7.4.5 方向模糊

“方向模糊”效果为剪辑提供运动幻象，其图像模糊主要由方向和模糊长度控制。要想使用“方向模糊”效果，只需打开“效果”面板，单击“视频效果”文件夹前的折叠按钮，选择“模糊与锐化/方向模糊”命令，并将其添加到时间线上的素材即可。如图7-48所示为应用该特效的前后效果对比。

▲使用前

▲使用后

图7-48

实战应用 “烟花”的模糊与真实

本例将介绍综合利用模糊与锐化类视频特效和关键帧，做出烟花从模糊到真实的效果，具体操作如下所示。

源文件/第7章	初始文件/模糊与锐化视频特效应用.aep
	最终文件/模糊与锐化视频特效应用.aep

步骤01 打开“模糊与锐化视频特效应用.aep”项目文件，1.已经将项目窗口中的“烟花.mov”素材文件添加到了时间轴窗口中V1的时间线上。打开“效果”面板；2.单击“视频效果”文件夹前面的折叠按钮，选择“模糊与锐化/锐化”命令，如图7-49所示。

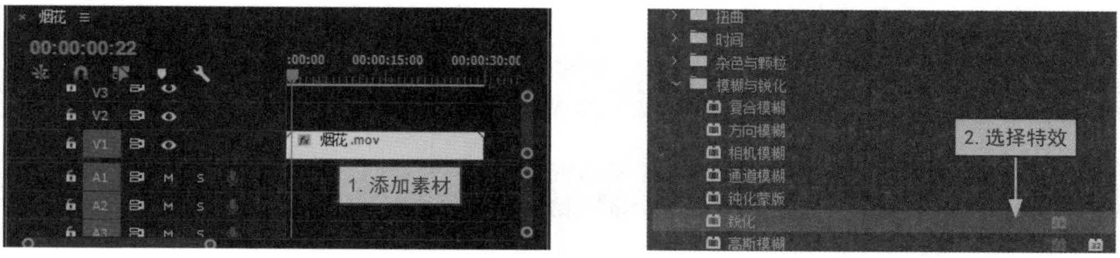

图7-49

步骤02 打开“效果控件”面板，将“锐化量”设置为10。1.打开“效果”面板，单击“视频效果”文件夹前面的折叠按钮，2.选择“模糊与锐化/复合模糊”命令，如图7-50所示。

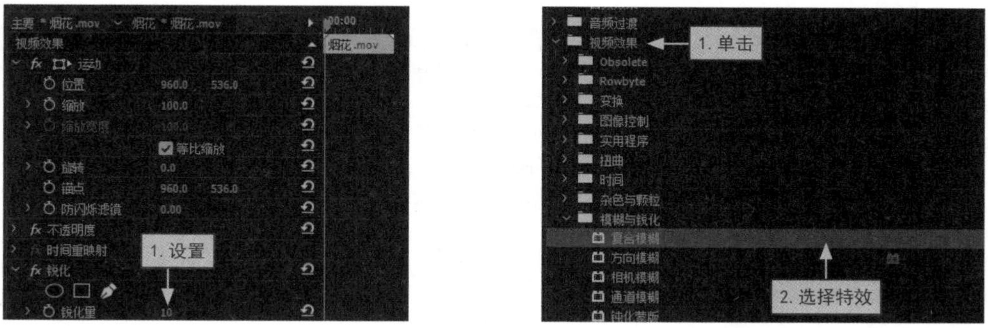

图7-50

步骤03 打开“效果控件”面板，1.将复合模糊选项下的“模糊图层”设置为“视频1”。2.在0秒处设置“最大模糊”数值为2，并记录关键帧；在03秒21帧处设置“最大模糊”数值为0，并记录关键帧，如图7-51所示。至此完成整个操作。

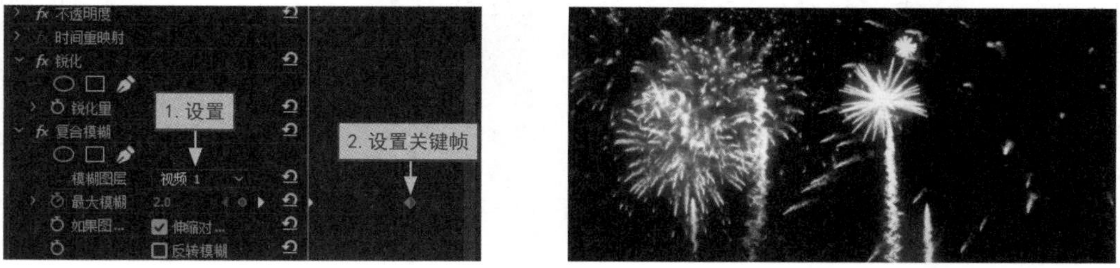

图7-51

LESSON 7.5 杂色与颗粒类视频特效

知识级别

□初级入门 | ■中级提高 | □高级拓展

知识难度 ★★

学习时长 45 分钟

学习目标

① 了解杂色与颗粒类视频特效的用法。

② 掌握杂色与颗粒类视频特效的参数设置。

③ 掌握杂色与颗粒类视频特效的应用。

※ 主要内容 ※

内 容	难 度	内 容	难 度
蒙尘与划痕	★★	中间值	★★
杂色	★★		

7.5.1 蒙尘与划痕

“蒙尘与划痕”效果是将位于指定半径之内的不同像素更改为类似更邻近的像素，从而减少杂色和瑕疵。为了实现图像锐度与隐藏瑕疵之间的平衡，可以尝试不同组合的半径和阈值设置。要想使用“蒙尘与划痕”效果，只需打开“效果”面板，单击“视频效果”文件夹前的折叠按钮，选择“杂色与颗粒/蒙尘与划痕”命令，并将其添加到时间线上的素材即可。如图7–52所示为应用该特效的前后效果对比。

▲使用前

▲使用后

图7–52

7.5.2 中间值

“中间值”效果是将每个像素替换为另一像素，此像素具有指定半径的邻近像素的中间颜色值。当半径值较低时，此效果可用于减少某些类型的杂色。要想使用“中间值”效果，只需打开“效果”面板，单击“视频效果”文件夹前的折叠按钮，选择“杂色与颗粒/中间值”命令，并将其添加到时间线上的素材即可。如图7-53所示为应用该特效的前后效果对比。

▲使用前

▲使用后

图7-53

7.5.3 杂色

“杂色”效果用于随机更改整个图像中的像素值。其面板如图7-54所示，参数组中各个参数的作用如表7-14所示。

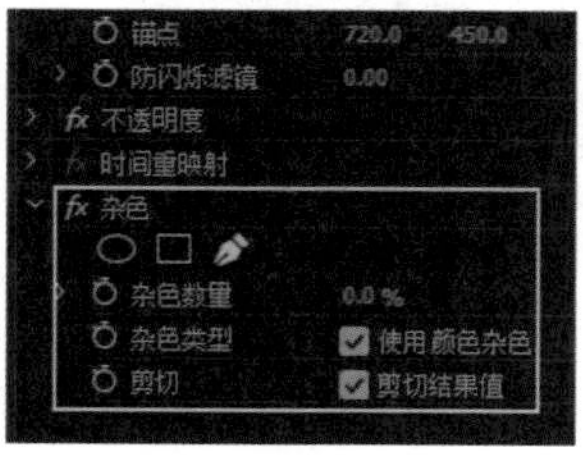

图7-54

表7-14

参数名称	作　用
杂色数量	要添加的杂色的数量。
杂色类型	使用颜色杂色可单独将随机值添加到红色、绿色和蓝色通道。否则，将同一随机值添加到每个像素的所有通道。
剪切	剪切颜色通道值。

要想使用“杂色”效果，只需打开“效果”面板，单击“视频效果”文件夹前的折叠按钮，选择“杂色与颗粒/杂色”命令，并将其添加到时间线上的素材即可。如图7-55所示为应用该特效的前后效果对比。

▲使用前

▲使用后

图7-55

实战应用 制作“牧场”尘土飞扬效果

本例将介绍综合利用杂色与颗粒类视频特效，做出牧场尘土飞扬的效果，具体操作如下所示。

源文件/第7章	初始文件/杂色与颗粒类视频特效应用.aep
	最终文件/杂色与颗粒类视频特效应用.aep

步骤01 打开“杂色与颗粒类视频特效应用.aep”项目文件，1.可看到已经将项目窗口中的“牧场.mp4”素材文件添加到了时间轴窗口中V1的时间线上。2.打开“效果”面板，单击“视频效果”文件夹前面的折叠按钮，选择“杂色与颗粒/杂色”命令，如图7-56所示。

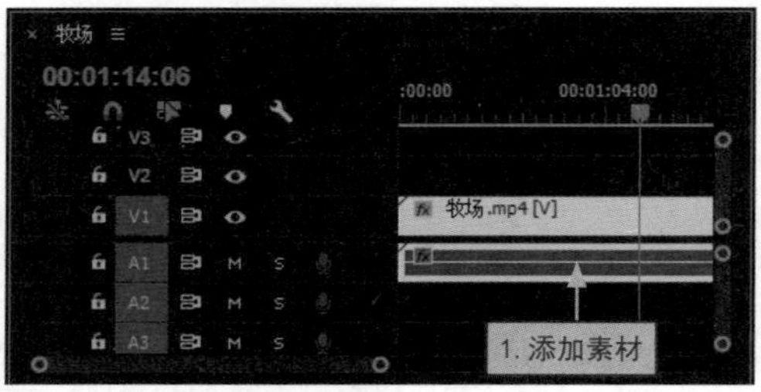

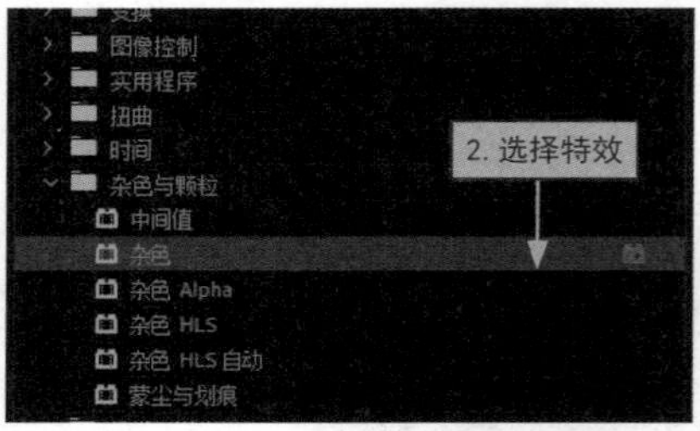

图7-56

步骤02 打开“效果控件”面板，1.将“杂色数量”设置为10%，2.播放可查看其效果，如图7-57所示。

步骤03 打开“效果”面板，单击“视频效果”文件夹前面的折叠按钮，选择“杂色与颗粒/蒙尘与划痕”命令。1.将“半径”设为2，2.将“阈值”设为1.0；3.完成后可查看其效果，如图7-58所示。

图7-57

图7-58

LESSON 7.6

变换类视频特效

知识级别

□初级入门 | ■中级提高 | □高级拓展

知识难度 ★★

学习时长 60 分钟

学习目标

① 了解变换类视频特效的用法。

② 掌握变换类视频特效的参数设置。

③ 掌握变换类视频特效的应用。

※ 主要内容 ※

内容	难度	内容	难度
垂直翻转	★★	水平翻转	★★
羽化边缘	★★	裁剪	★★

7.6.1 垂直翻转

“垂直翻转”效果可以使剪辑素材从上到下翻转。要想使用“垂直翻转”效果，只需打开“效果”面板，单击“视频效果”文件夹前的折叠按钮，选择“变换/垂直翻转”命令，并将其添加到时间线上的素材即可。如图7-59所示为应用该特效的前后效果对比。

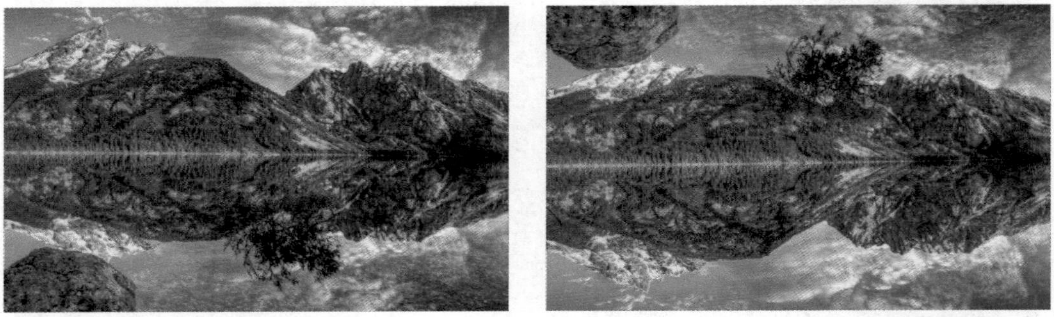

▲使用前　▲使用后

图7-59

7.6.2 水平翻转

“水平翻转”效果可以将剪辑中的每帧从左到右反转。要想使用“水平翻转”效果，只需打开“效果”面板，单击“视频效果”文件夹前的折叠按钮，选择“变换/水平翻转”命令，并将其添加到时间线上的素材即可。如图7-60所示为应用该特效的前后效果对比。

▲使用前　▲使用后

图7-60

7.6.3 羽化边缘

“羽化边缘”效果可用于在素材的4个边上创建柔和的黑边框，从而在剪辑中让视频出现晕影。通过输入“数量”值可以控制边框宽度。要想使用“羽化边缘”效果，只需打开“效果”面板，单击“视频效果”文件夹前的折叠按钮，选择“变换/羽化边缘”命令，并将其添加到时间线上的素材即可。如图7-61所示为应用该特效的前后效果对比。

▲使用前

▲使用后

图7-61

7.6.4 裁剪

“裁剪”效果可以从剪辑素材的4个边缘修剪像素。要想使用“裁剪”效果，只需打开“效果”面板，单击“视频效果”文件夹前的折叠按钮，选择“变换/裁剪”命令，并将其添加到时间线上的素材即可。如图7-62所示为应用该特效的前后效果对比。

▲使用前

▲使用后

图7-62

实战应用 山与月亮在水中投影的效果制作

本例将综合利用垂直翻转和裁剪变换类视频效果制作山与月亮在水中的投影效果，具体操作如下所示。

源文件/第7章	初始文件/变换类视频特效应用.aep
	最终文件/变换类视频特效应用.aep

步骤01 打开“变换类视频特效应用.aep”项目文件，1.已经将项目窗口中的“月亮.jpg”素材文件添加到了时间轴窗口中V1的时间线上。将“月亮.jpg”素材在时间线上复制粘贴一个放于V2时间线上，将V1的素材重命名为“投影”。2.打开“效果”面板，单击“视频效果”文件夹

前面的折叠按钮，选择“变换/垂直翻转”命令，如图7-63所示。

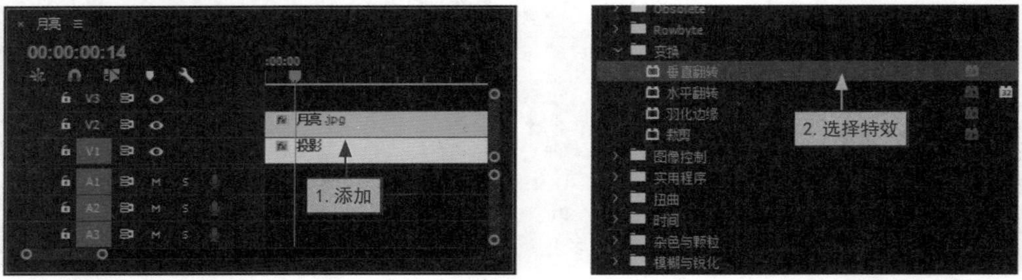

图7-63

步骤02 将“垂直翻转”特效添加到“投影”素材上，锁定V1时间线可查看效果。打开“效果”面板，单击“视频效果”文件夹前面的折叠按钮，选择“变换/裁剪”命令，将“裁剪”特效添加到“月亮.jpg”上，如图7-64所示。

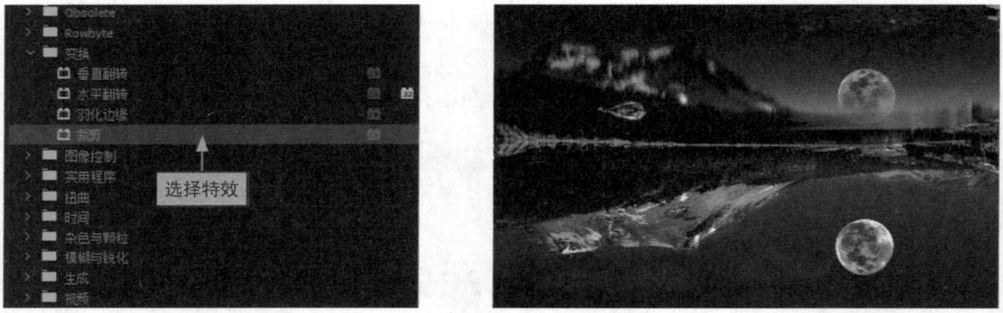

图7-64

步骤03 打开“效果控件”面板，1.将“底部”设置为50%，2.选择“投影”素材，打开“效果控件”面板，3.将其“不透明度”设为50.0%，如图7-65所示。

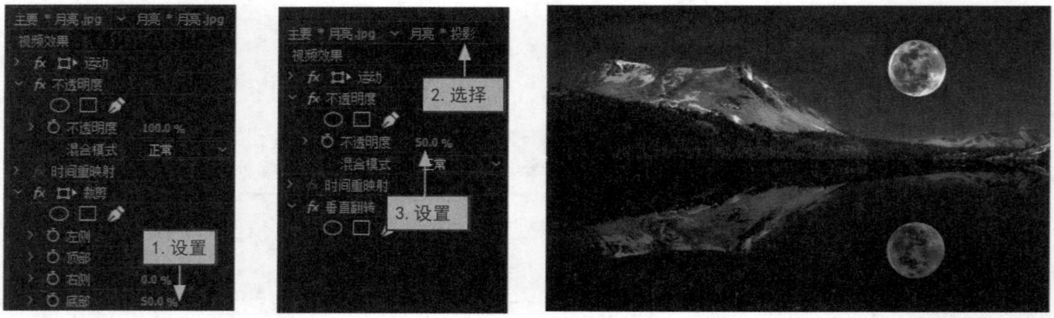

图7-65

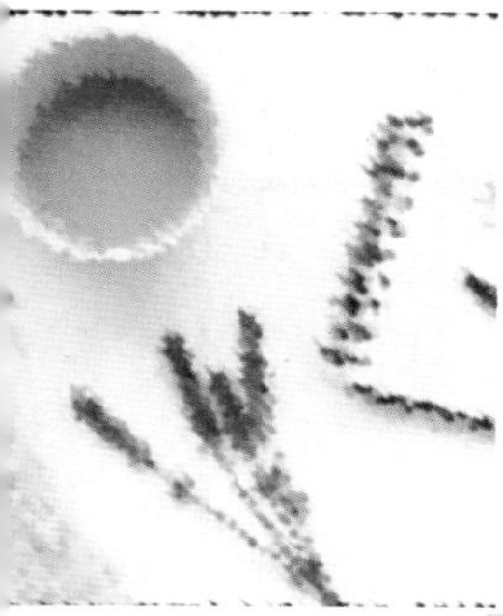

第8章

视频特效 精彩应用

学习目标

除了上一章介绍的几种基础的视频特效外，在Premiere CC中还内置了其他的视频特效，如风格化类特效、过渡类特效和生成类特效等，可以运用这些特效做出不一样的精彩效果。本章将详细介绍几类常用的视频特效应用。

本章要点

- Alpha发光
- 画笔描边
- 查找边缘
- 马赛克
- 浮雕

……

LESSON

8.1 风格化类视频特效

知识级别

□初级入门 | ■中级提高 | □高级拓展

知识难度 ★★

学习时长 60 分钟

学习目标

① 了解风格化类频特效的用法。

② 掌握风格化类视频特效的参数设置。

③ 掌握风格化类视频特效的应用。

※ 主要内容 ※

内　容	难　度	内　容	难　度
Alpha发光	★★	画笔描边	★★
查找边缘	★★	马赛克	★★
浮雕	★★		

8.1.1 Alpha发光

“Alpha发光”效果是在蒙版Alpha通道的边缘添加颜色，可以使单一颜色在远离边缘时淡出或变成另一种颜色。其面板如图8-1所示，参数组中各个参数的作用如表8-1所示。

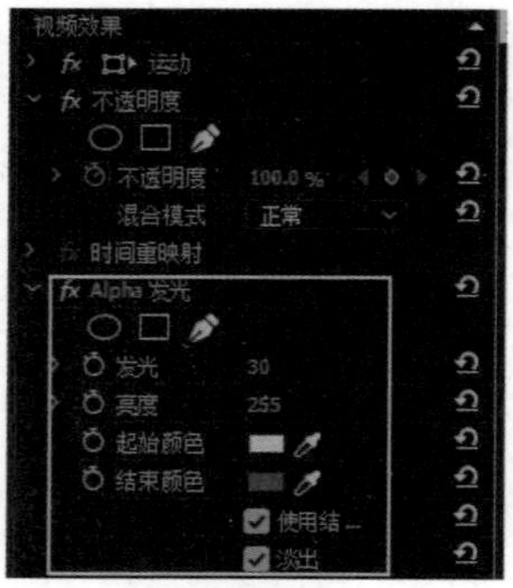

图8-1

表8-1

参数名称	作　用
发光	控制颜色从Alpha通道边缘扩展的距离。其值越高，则亮度越高。
亮度	控制发光的初始不透明度。
起始颜色	显示当前的发光颜色。单击色板可选择其他颜色。
结束颜色	允许在发光的外边缘添加可选的颜色。
淡出	指定颜色是淡出还是保持纯色。

要想使用“Alpha发光”效果，只需打开“效果”面板，单击“视频效果”文件夹前的折叠按钮，选择“风格化/Alpha发光”命令，然后将其添加到时间线上的素材即可。如图8-2所示为应用该特效的前后效果对比。

▲使用前

▲使用后

图8-2

8.1.2 画笔描边

“画笔描边”效果就是为图像应用粗糙的绘画外观。也可以使用此效果实现点彩画样式，将画笔描边的长度设置为0，并且增加描边浓度即可。即使指定描边的方向，描边也会通过少量随机散布的方式产生更自然的结果，该效果可改变 Alpha通道以及颜色通道。如果已经蒙住图像的一部分，画笔描边将在蒙版边缘上方绘制。其面板如图8-3所示，参数组中各个参数的作用如表8-2所示。

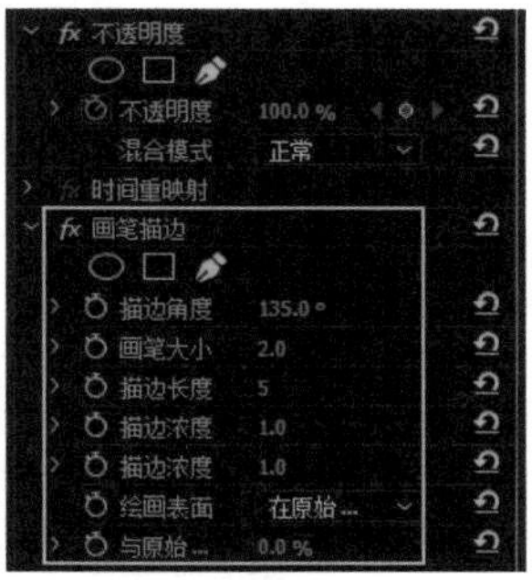

图8-3

表8-2

参数名称	作　用
描边角度	设置描边的方向。
画笔大小	画笔的大小，以像素为单位。
描边长度	每个描边的最大长度，以像素为单位。
描边浓度	设置描边的浓度，较高的浓度将导致重叠的画笔描边。
绘画表面	指定应用画笔描边的位置。
与原始图像混合	效果的透明度。

要想使用“画笔描边”效果，只需打开“效果”面板，单击“视频效果”文件夹前的折叠按钮，选择“风格化/画笔描边”命令，将其添加到时间线上的素材即可。如图8-4所示为应用该特效的前后效果对比。

▲使用前

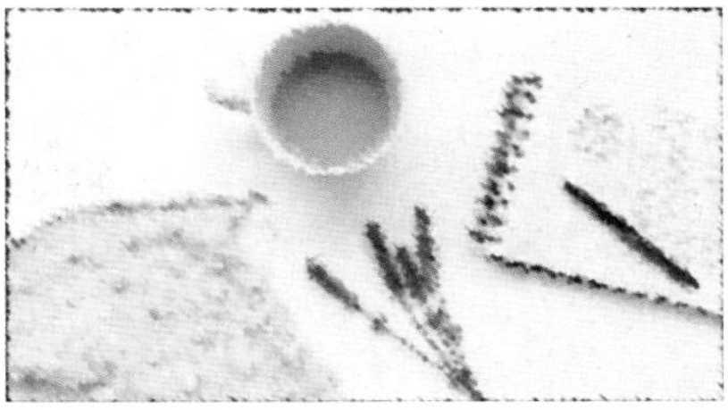

▲使用后

图8-4

8.1.3 查找边缘

“查找边缘”效果一般用来识别有明显过渡的图像区域并突出边缘。要想使用“查找边缘”效果，只需打开“效果”面板，单击“视频效果”文件夹前的折叠按钮，选择“风格化/查找边缘”命令，将其添加到时间线上的素材即可。如图8–5所示为应用该特效的前后效果对比。

▲使用前

▲使用后

图8–5

8.1.4 马赛克

“马赛克”效果就是使用纯色矩形填充剪辑，使原始图像像素化。该效果可用于模拟低分辨率显示以及用于遮蔽面部，也可以针对过渡来动画化此效果。其面板如图8–6所示，参数组中各个参数的作用如表8–3所示。

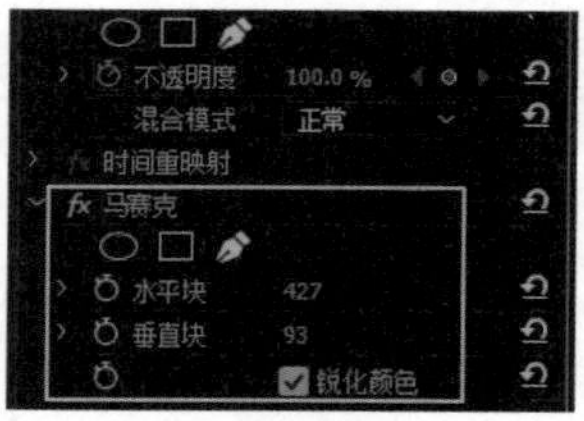

图8–6

表8–3

参数名称	作　用
水平块	设置每行的块数。
垂直块	设置每列的块数。
锐化颜色	在原始图像中相应区域的中心，为每个平铺指定像素的颜色。否则，为每个平铺指定原始图像中相应区域的平均颜色。

想要使用“马赛克”效果，只需打开“效果”面板，单击“视频效果”文件夹前的折叠按钮，选择“风格化/马赛克”命令，将其添加到时间线上的素材即可。如图8–7所示为应用特效的前后效果对比。

▲使用前

▲使用后

图8–7

8.1.5 浮雕

“浮雕”效果可用于锐化图像中对象的边缘并改变其颜色，此效果从指定的角度使边缘产生高光。其面板如图8-8所示，参数组中各个参数的作用如表8-4所示。

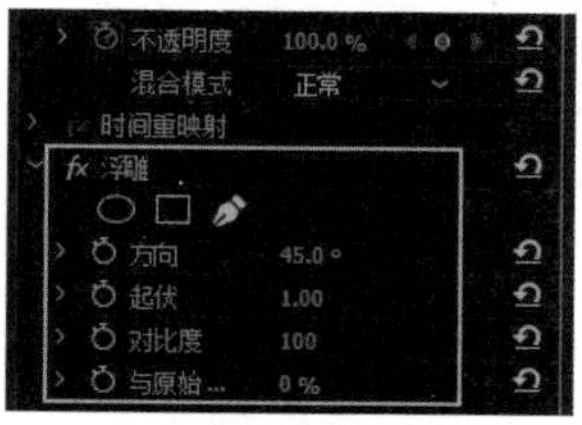

图8-8

表8-4

参数名称	作　用
方向	设置高光源发光的方向。
起伏	设置实际控制高光边缘的最大宽度，以像素为单位。
对比度	确定图像的锐度。
与原始图像混合	效果的透明度。

要想使用“浮雕”效果，只需打开“效果”面板，单击“视频效果”文件夹前的折叠按钮，选择“风格化/浮雕”命令，将其添加到时间线上的素材即可。如图8-9所示为应用该特效的前后效果对比。

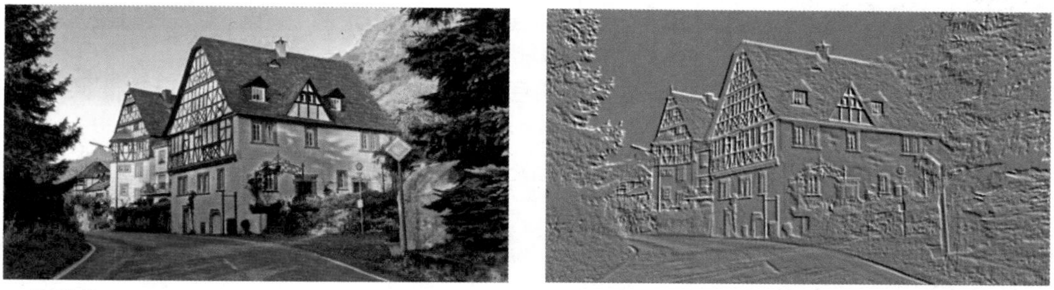

▲使用前　▲使用后

图8-9

实战应用 英文字母短片片头效果制作

本例利用前面介绍的几种视频特效，给短片制作片头效果，显示其名字。具体操作如下所示。

源文件/第8章	初始文件/风格化类视频特效应用.aep
	最终文件/风格化类视频特效应用.aep

步骤01 1.打开“风格化类视频特效应用.aep”项目文件，可看到已经将项目窗口中的素材“石头.jpg”和素材“英文字母”添加到了时间轴窗口的V1时间线上。2.将时间指示器移到0.0秒处，设置“英文字母”的不透明度为0.0%，并记录关键帧；将时间指示器移到03秒处，设置“英文字母”的不透明度为100%，并记录关键帧，如图8-10所示。

步骤02 1.打开“效果”面板，单击“视频效果”文件夹前面的折叠按钮，选择“风格化/Alpha发光”命令，2.在监视器窗口中可查看其变化效果，如图8-11所示。

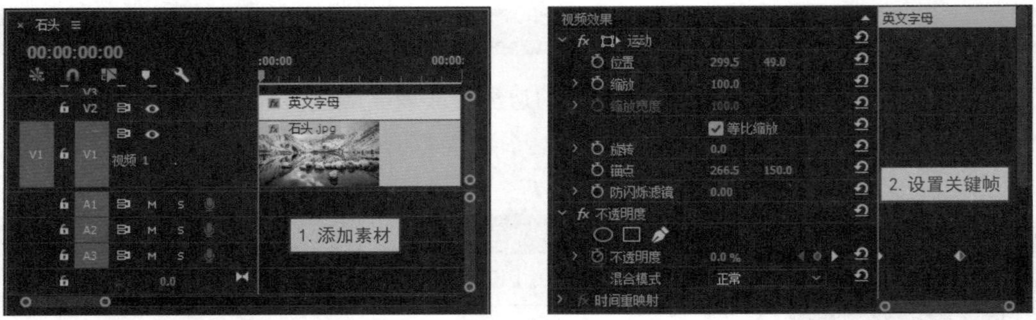

图8-10

图8-11

步骤03 将“Alpha发光”效果添加到“英文字母”素材上。打开“效果控件”面板，在“Alpha发光”选项下将“发光”设置为10，“亮度”设置为220，“起始颜色”设置为灰色（6B6161），“结束颜色”设置为白色（C0C0C0），如图8-12所示。

图8-12

步骤04 设置完成后，播放便可查看其效果。如图8-13所示为制作前后的效果对比。

图8-13

LESSON 8.2 生成类视频特效

知识级别

□初级入门 | ■中级提高 | □高级拓展

知识难度 ★★

学习时长 60分钟

学习目标

① 了解生成类类视频特效的用法。

② 掌握生成类视频特效的参数设置。

③ 掌握生成类视频特效的应用。

※ 主要内容 ※

内 容	难 度	内 容	难 度
四色渐变	★★	棋盘	★★
网格	★★	镜头光晕	★★

8.2.1 四色渐变

“四色渐变”效果是通过4个效果点、位置和颜色的设置（可使用“位置和颜色”控件予以动画化）来定义渐变。渐变包括混合在一起的4个纯色环，每个环都有一个效果点作为其中心。其面板如图8-14所示，参数组中各个参数的作用如表8-5所示。

图8-14

表8-5

参数名称	作 用
位置和颜色	设置渐变的位置与颜色。
混合	较高的值可形成颜色之间更平缓的过渡。
抖动	渐变中的抖动（杂色）量。抖动可减少色带，但仅影响可能出现色带的区域。
不透明度	设置渐变的不透明度。
混合模式	当渐变与剪辑相结合时使用的混合模式。

要想使用“四色渐变”效果，只需打开“效果”面板，单击“视频效果”文件夹前的折叠按钮，选择“生成/四色渐变”命令，将其添加到时间线上的素材即可。如图8-15所示为应用该特效的前后效果对比。

▲使用前

▲使用后

图8-15

8.2.2 棋盘

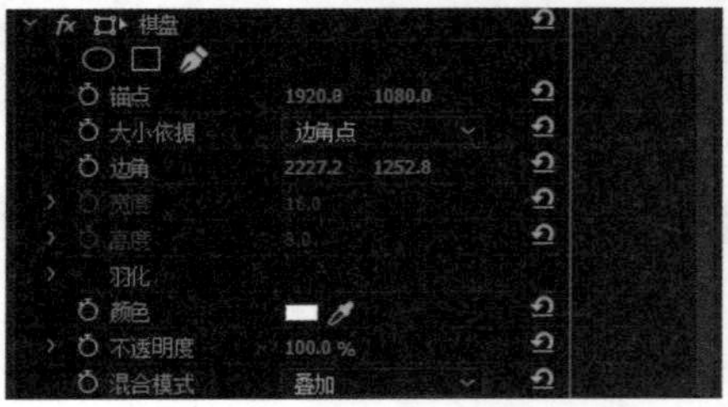

图8-16

“棋盘”效果就是由矩形组成的棋盘图案，其中一半是透明的。其面板如图8-16所示，参数组中各个参数的作用如表8-6所示。

要想使用“棋盘”效果，只需打开“效果”面板，单击“视频效果”文件夹前的折叠按钮，选择“生成/棋盘”命令，将其添加到时间线上的素材即可。如图8-17所示为应用该特效的前后效果对比。

表8-6

参数名称	作　用	参数名称	作　用
锚点	棋盘图案的原点。	大小依据	确定矩形尺寸的方式。
边角点	每个矩形的尺寸是对角由锚点和边角点所定义的矩形的尺寸。	宽度	矩形滑块的宽度。
羽化	棋盘图案中的边缘羽化的厚度。	高度	矩形滑块的高度。
颜色	非透明矩形的颜色。	不透明度	有色矩形的不透明度。
混合模式	用于将棋盘图案合成到原始剪辑上的混合模式。		

▲使用前

▲使用后

图8-17

8.2.3 网格

“网格”效果用来创建可进行自定义设置的网格。可在颜色遮罩中渲染此网格，或在源剪辑的Alpha通道中将此网格渲染为蒙版。此效果有助于生成其他效果的设计元素和遮罩，其面板如图8-18所示，参数组中各个参数的作用如表8-7所示。

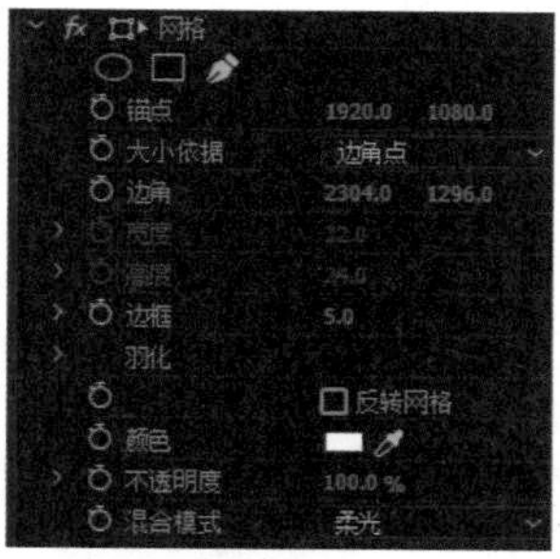

图8-18

表8-7

参数名称	作　用
边框	网格线的厚度，值为0时将使网格消失。
羽化	设置网格的柔和度。
反转网格	反转网格的透明和不透明区域。
颜色	设置网格的颜色。
混合模式	用于将网格合成到原始剪辑上的混合模式。

要想使用“网格”效果，只需打开“效果”面板，单击“视频效果”文件夹前的折叠按钮，选择“生成/网格”命令，将其添加到时间线上的素材即可。如图8-19所示为应用该特效的前后效果对比。

▲使用前　　▲使用后

图8-19

8.2.4 镜头光晕

“镜头光晕”效果是模拟将强光投射到摄像机镜头时产生的折射，其面板如图8-20所示，参数组中各个参数的作用如表8-8所示。

要想使用“镜头光晕”效果，只需打开“效果”面板，单击“视频效果”文件夹前的折叠按钮，选择“生成/镜头光晕”命令，将其添加到时间线上的素材即可。如图8-21所示为应用该特效的前后效果对比。

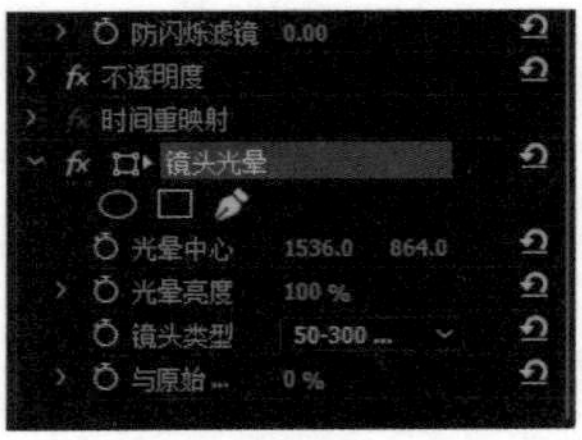

图8-20

表8-8

参数名称	作　用
光晕中心	指定光晕中心的位置。
光晕亮度	指定光晕亮度的百分比。
镜头类型	选择要模拟的镜头类型。
与原始图像混合	指定效果与源剪辑混合的程度。

▲使用前　　▲使用后

图8-21

实战应用　“午后的杨树林”效果制作

本例将介绍利用前面几种生成类视频特效，制作炎热的午后杨树林效果。具体操作如下所示。

源文件/第8章	初始文件/生成类视频特效应用.aep
	最终文件/生成类视频特效应用.aep

步骤01 打开“生成类视频特效应用.aep”项目文件，1.可看到已经将项目窗口中的“杨树.jpg”素材添加到了时间轴窗口的V1时间线上；2.打开“效果”面板，单击“视频效果”文件夹前面的折叠按钮，选择“生成/四色渐变”命令，如图8-22所示。

图8-22

步骤02 打开“效果控件”面板，在“四色渐变”选项下设置“混合模式”为“饱和度”，如图8-23所示。

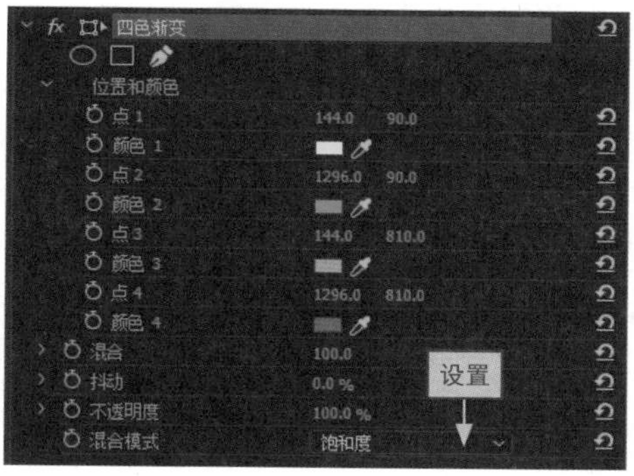

图8-23

步骤03 再次打开“效果”面板，单击“视频效果”文件夹前面的折叠按钮，1.选择“生成/镜头光晕”命令，将其添加到素材上；2.打开“效果控件”面板。如图8-24所示。

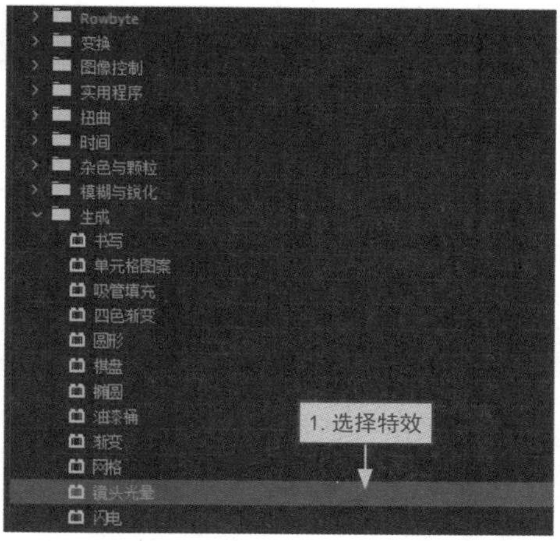

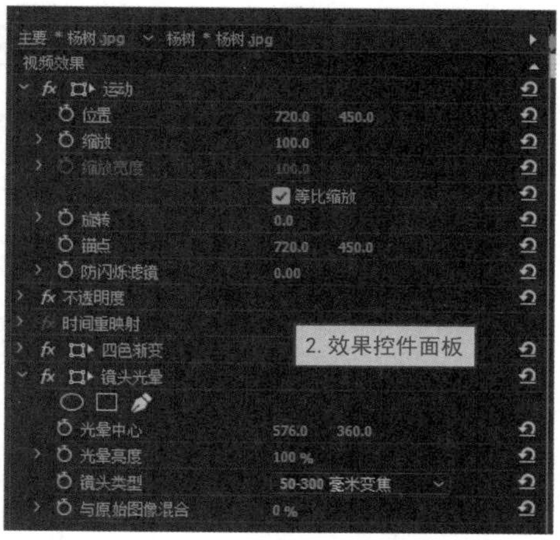

图8-24

步骤04 在“效果控件”面板中，1.将“镜头光晕”选项下的“镜头类型”设置为“105毫米定焦”；2.将“光晕亮度”设置为90%即可完成操作，如图8-25所示。

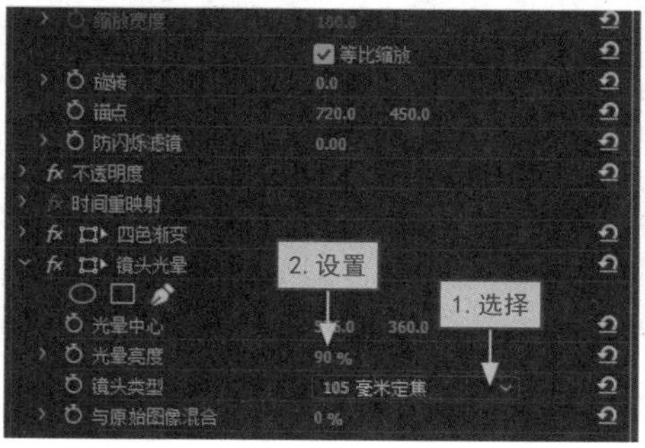

图8-25

LESSON 8.3

过渡类视频特效

知识级别

□初级入门 | ■中级提高 | □高级拓展

知识难度 ★★

学习时长 60分钟

学习目标

① 了解过渡类视频特效的用法。

② 掌握过渡类视频特效的参数设置。

③ 掌握过渡类视频特效的应用。

※ 主要内容 ※

内　容	难　度	内　容	难　度
块溶解	★★	渐变擦除	★★
线性擦除	★★		

8.3.1 块溶解

“块溶解”效果一般用于使剪辑素材在随机块中消失，且随机块的宽度和高度是可以自定义设置的。要想使用“块溶解”效果，只需打开“效果”面板，单击“视频效果”文件夹前的折叠按钮，选择“过渡/块溶解”命令，将其添加到时间线上的素材即可。如图8-26所示为应用该特效的前后效果对比。

▲使用前

▲使用后

图8-26

8.3.2 渐变擦除

“渐变擦除”效果通过指定层（渐变效果层）与原图层（渐变层下方的图层）之间的亮度值来进行过渡。其面板如图8-27所示，参数组中各个参数的作用如表8-9所示。

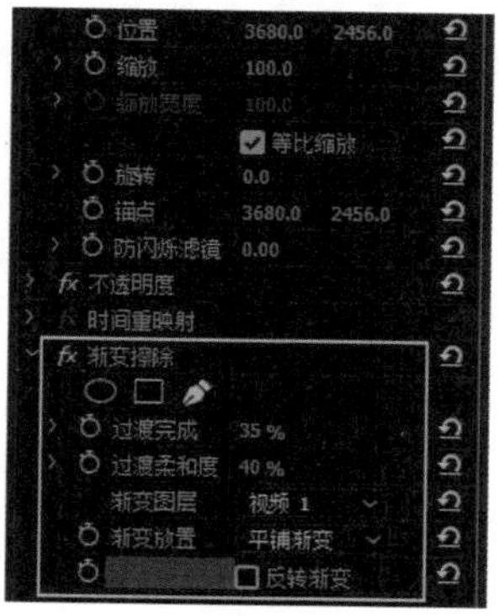

图8-27

表8-9

参数名称	作　用
过渡柔和度	过渡对每个像素而言的渐变程度。
渐变放置	选择渐变图层像素映射到剪辑素材像素位置的方式。
平铺渐变	使用多个平铺式渐变图层副本。
中心渐变	在剪辑的中心使用单个渐变图层实例。
伸缩渐变以适合	在水平和垂直方向调整渐变图层的大小以适合剪辑的整个区域。

要想使用“渐变擦除”效果，只需打开“效果”面板，单击“视频效果”文件夹前的折叠按钮，选择“过渡/渐变擦除”命令，将其添加到时间线上的素材即可，如图8-28所示为应用该特效的前后效果对比。

▲使用前

▲使用后

图8-28

8.3.3 线性擦除

“线性擦除”效果是在指定的方向对剪辑素材执行简单的线性擦除。要想使用“线性擦除”效果，只需打开“效果”面板，单击“视频效果”文件夹前的折叠按钮，选择“过渡/线性擦除”命令，将其添加到时间线上的素材，在“效果控件”面板中设置“过渡完成”选项的值后即可进行擦除如图8-29所示为应用该特效的前后效果对比图。

▲使用前　　▲使用后

图8-29

“春夏秋冬变化”效果制作

本例将综合利用前面介绍的几种过渡类视频特效，制作春夏秋冬季节变化效果。具体操作如下所示。

源文件/第8章	初始文件/过渡类视频特效应用.aep
	最终文件/过渡类视频特效应用.aep

步骤01 1.打开“过渡类视频特效应用.aep”项目文件，可看到已经将项目窗口中的“春天.jpg”、“夏季.jpg”、“秋天.jpg”和“冬天.jpg”素材添加到了时间轴窗口中V1～V4时间线上；2.打开“效果”面板，单击“视频效果”文件夹前面的折叠按钮，选择“过渡/块溶解”命令，如图8-30所示。

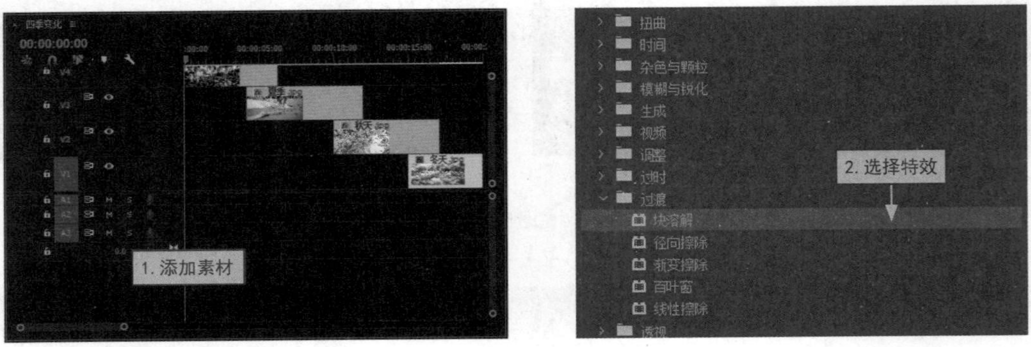

图8-30

步骤02 将“块溶解”效果添加到“春天.jpg”素材上，打开其“效果控件”面板，将时间指示器移到04秒06帧处，将“过渡完成”设置为0%，并记录关键帧；然后将时间指示器移到04秒23帧处，将“过渡完成”设置为100%，并记录关键帧，如图8-31所示。

图8-31

步骤03 1.在“效果”面板中单击“视频效果”文件夹前面的折叠按钮，选择“过渡/渐变擦除”命令，将“渐变擦除”效果添加到“夏季.jpg”素材上；2.在“效果控件”面板中可查看，如图8-32所示。

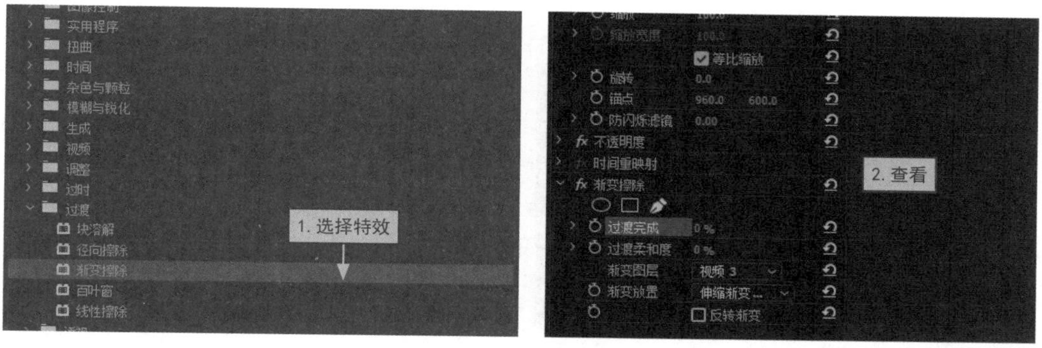

图8-32

步骤04 将时间指示器移到10秒处在打开的“效果控件”面板中，将“过渡完成”设置为0%，并记录关键帧；再将时间指示器移到11秒23帧处，将“过渡完成”设置为100%，并记录关键帧，如图8-33所示。

图8-33

步骤05 1.在“效果”面板中，选择“过渡/线性擦除”命令，将“线性擦除”效果添加到素材“秋天.jpg”上；2.打开“效果控件”面板即可查看。如图8-34所示。

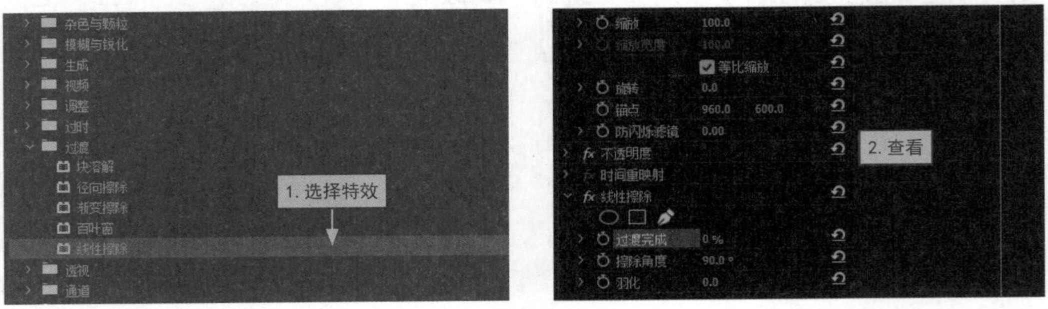

图8-34

步骤06 将时间指示器移到15秒01帧处，在打开的“效果控件”面板中将“过渡完成”设置为0%，并记录关键帧；将时间指示器移到17秒02帧处，1.将“过渡完成”设置为100%，并记录关键帧；2.将“擦除角度”设置为45° 。如图8-35所示。

图8-35

LESSON 8.4

其他类视频特效

知识级别

□初级入门 | ■中级提高 | □高级拓展

知识难度 ★★

学习时长 60分钟

学习目标

① 了解几种常用视频特效的用法。

② 掌握几种常用视频特效的参数设置。

③ 掌握几种常用视频特效的应用。

※ 主要内容 ※

内 容	难 度	内 容	难 度
残影	★★	镜像	★★
球面化	★★		

8.4.1 残影

“残影”效果可以合并来自剪辑素材不同时间的帧。其用途比较广泛，包括从简单的视觉残影到条纹和污迹效果。其面板如图8-36所示，参数组中各个参数的作用如表8-10所示。

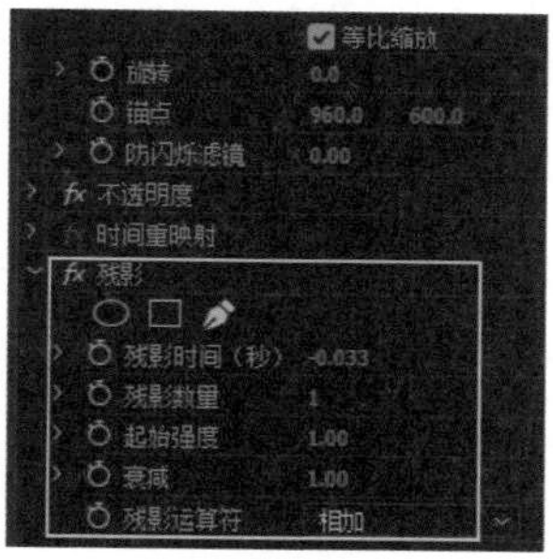

图8-36

表8-10

参数名称	作 用
残影时间	设置残影之间的时间，以秒为单位。
残影数量	设置残影的数量。
起始强度	设置残影序列中第一个图像的不透明度。
衰减	残影的不透明度与残影序列中位于它前面的残影的不透明度的比率。
残影运算符	用于合并残影的混合运算。

要想使用“残影”效果，只需打开“效果”面板，单击“视频效果”文件夹前的折叠按钮，选择“时间/残影”命令，将其添加到时间线上的素材即可。如图8-37所示为应用该特效的前后效果对比。

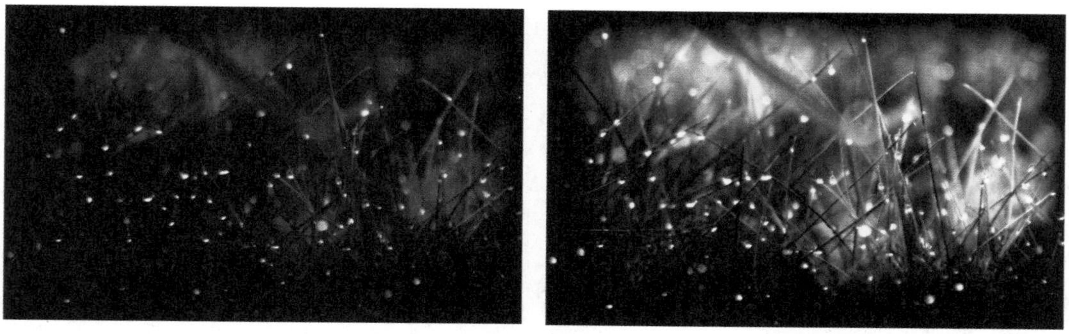

▲使用前 ▲使用后

图8-37

8.4.2 镜像

“镜像”效果是沿一条线拆分图像，然后将一侧反射到另一侧，其主要受反射中心（即反射中心的位置）和角度（即反射的角度）的控制。

要想使用“镜像”效果，只需打开“效果”面板，单击“视频效果”文件夹前的折叠按钮，选择“扭曲/镜像”命令，将其添加到时间线上的素材即可。如图8-38所示为应用该特效的前后效果对比。

▲使用前

▲使用后

图8-38

8.4.3 球面化

“球面化”效果可以通过将图像区域包裹到球面上来扭曲图层即将平面的画面变为球面图像效果，其主要受半径（即球面的半径）和球面中心的控制。

要想使用“球面化”效果，只需打开“效果”面板，单击“视频效果”文件夹前的折叠按钮，选择“扭曲/球面化”命令，将其添加到时间线上的素材即可。如图8-39所示为应用该特效的前后效果对比。

▲使用前

▲使用后

图8-39

“水滴运动”效果制作

本例将综合利用球面化和残影等视频特效，制作水滴运动的效果。具体操作如下所示。

源文件/第8章	初始文件/常用视频特效应用.aep
	最终文件/常用视频特效应用.aep

步骤01 1.打开“常用视频特效应用.aep”项目文件，可看到已经将项目窗口中的素材“水滴.jpg”添加到了时间轴窗口的V1时间线上；2.打开“效果”面板，单击“视频效果”文件夹前面的折叠按钮，选择“扭曲/球面化”命令。如图8-40所示。

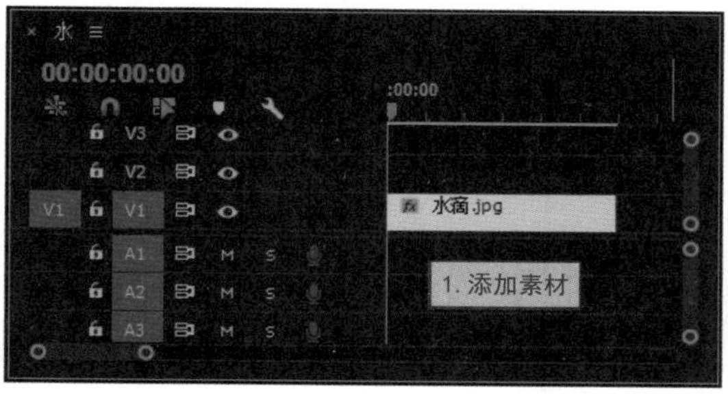

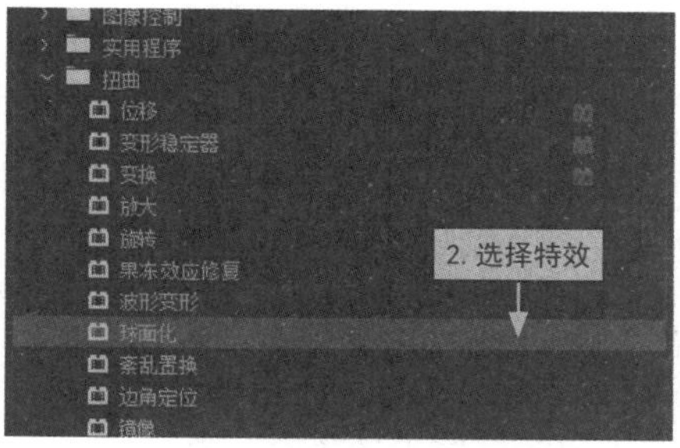

图8-40

步骤02 将“球面化”效果添加到素材上，将时间指示器移到0秒01帧处，打开“效果控件”面板，将“半径”设置为0.0，并记录关键帧；将时间指示器移到02秒24帧处，将“半径”设置为2000，并记录关键帧，如图8-41所示。

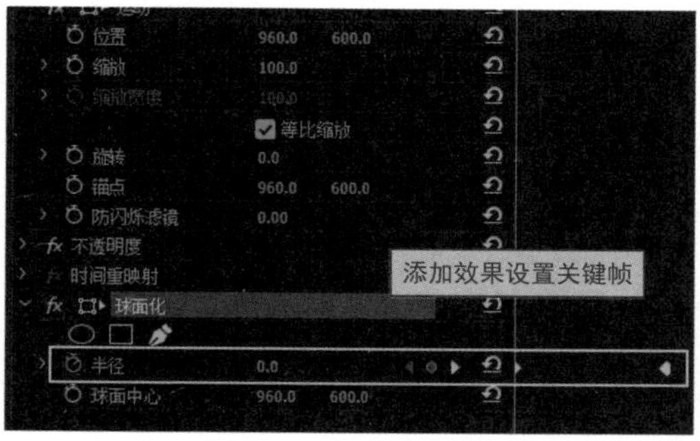

图8-41

步骤03 在“效果”面板中单击“视频效果”文件夹前面的折叠按钮，选择“生成/残影”命令，将“残影”效果添加到素材上。将“起始强度”设置为0.00，“衰减”设置为0.60，如图8-42所示。

不透明度
不透明度
100.0 %
混合模式
正常
时间重映射
球面化
残影
残影时间（秒）
-0.033
残影数量
1
起始强度
0.80
衰减
0.60
设置
残影运算符
相加

图8-42

第9章

音频特效的设置与编辑

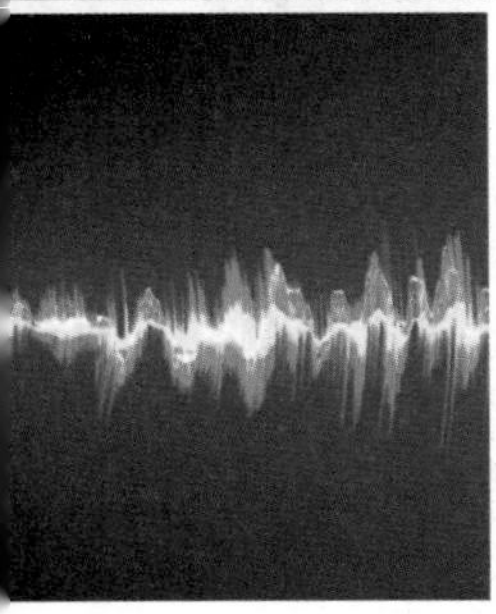

学习目标

一个好的视频离不开一段好的背景音乐，音效给影像节目带来的冲击力是令人震撼的。音频效果是用Premiere CC编辑节目不可或缺的组成部分。在Premiere CC中可以很方便地处理音频，同时还提供了一些较好的声音处理方法。本章主要介绍Premiere CC处理音频的方法以及音频过渡和音频特效的应用。

本章要点

- 添加音频过渡
- 添加音频特效
- 设置音频增益
- 多功能延迟
- 和声/镶边

……

LESSON 9.1 音频效果的添加与设置

知识级别

■初级入门 | □中级提高 | □高级拓展

知识难度 ★★

学习时长 60 分钟

学习目标

① 添加音频过渡。

② 添加音频特效。

③ 设置音频增益。

※ 主要内容 ※

内 容	难 度	内 容	难 度
添加音频过渡	★	添加音频特效	★
设置音频增益	★		

9.1.1 添加音频过渡

在使用Premiere CC编辑音频素材时，想要使两个音频素材过渡自然，就会使用到音频过渡效果。添加该效果，只需在“效果”面板展开“音频过渡”文件夹，选择“交叉淡化”选项，在该选项下有恒定功率、恒定增益和指数淡化3个命令，如图9-1所示。选择需要的过渡效果添加到素材上即可。

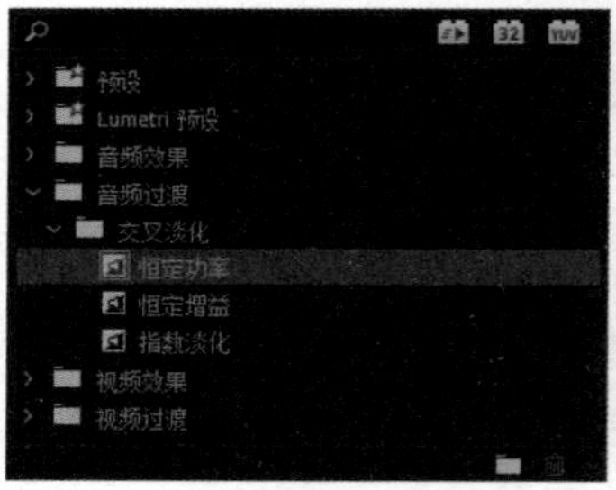

图9-1

[知识演练] 为古典音乐添加音频过渡

源文件/第9章	初始文件/添加音频过渡效果.prproj
	最终文件/添加音频过渡效果.prproj

步骤01 打开“添加音频过渡效果.prproj”项目文件，可查看两个古典音乐素材“春涧流

泉.mp3”和“寒鸦戏水.mp3”已添加到时间轴窗口的A1时间线上，如图9-2所示。

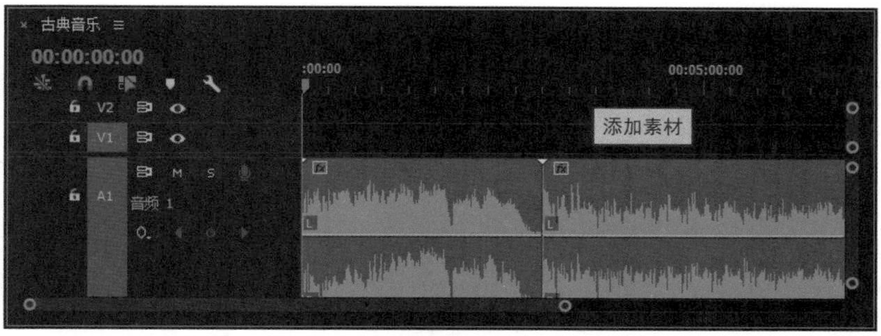

图9-2

步骤02 1.打开“效果”面板，展开“音频过渡”文件夹，选择“交叉淡化/指数淡化”命令，将其拖曳添加到“春涧流泉.mp3”素材末端；2.选择“指数淡化”效果，打开其“效果控件”面板，设置“持续时间”为03秒。如图9-3所示。

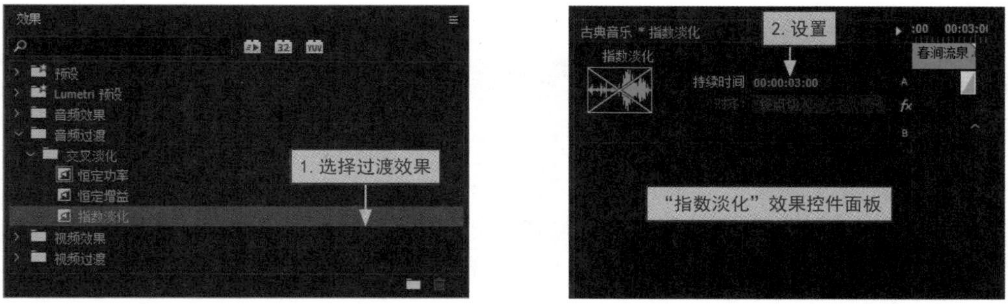

图9-3

步骤03 在“效果”面板中选择“交叉淡化/恒定功率”命令，将其拖曳添加到“寒鸦戏水.mp3”素材上。选择“恒定功率”效果，打开其“效果控件”面板，设置“持续时间”为04秒，如图9-4所示。

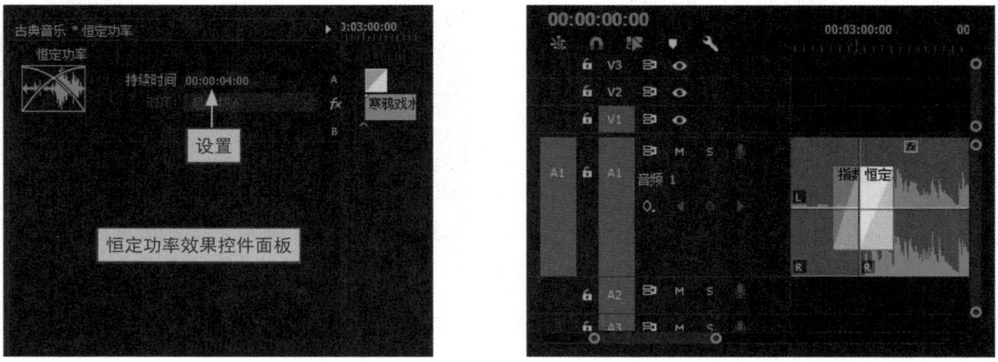

图9-4

知识延伸 | 持续时间

音频文件和视频文件一样，也可以设置其持续时间，只需选择音频文件，1.单击鼠标右键，选择“速度/持续时间”命令，2.在打开的“剪辑速度/持续时间”对话框内设置其持续时间，3.单击“确定”按钮即可，如图9-5所示；而添加的音频效果也可以设置其持续时间，只需打开“效果控件”面板，设置其“持续时间”参数即可修改效果持续时间，如图9-6所示。

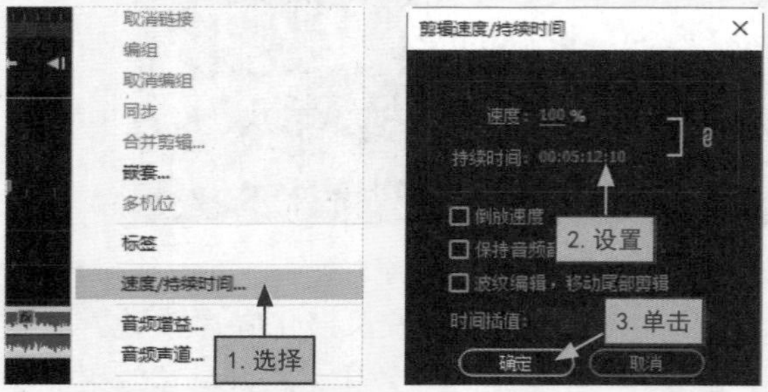

图9-5

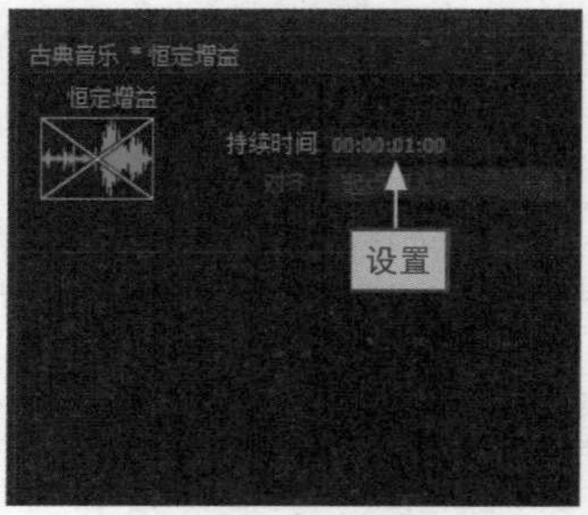

图9-6

9.1.2 添加音频特效

有些自己录制的音频文件可能会出现效果不好，需要进行调整才能使用的情况，例如消除杂音、消除嗡嗡声等。一般会给素材添加音频特效，使声音清晰自然。想要添加音频特效，只需在“效果”面板展开“音频效果”文件夹，在该文件夹下有多种多样的音频效果，如图9-7所示。选择需要音频效果添加到素材上即可。

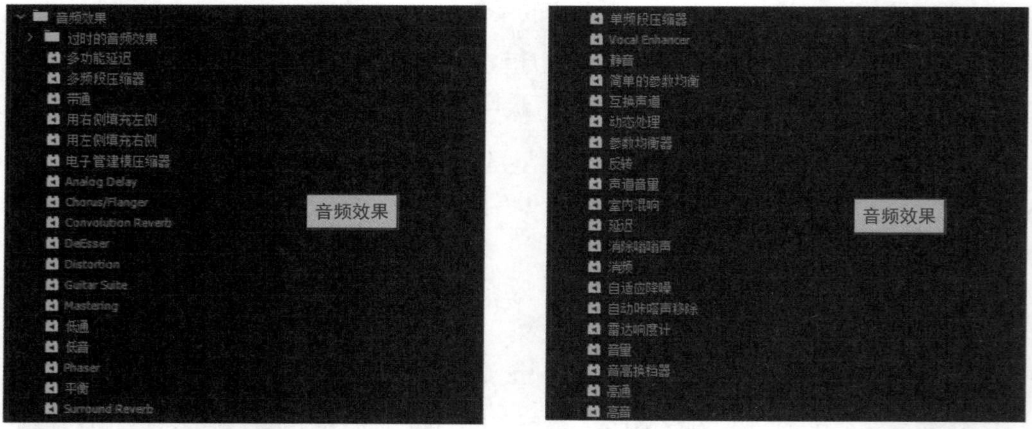

图9-7

[知识演练] 为“清凉夏天”素材添加音频特效

源文件/第9章	初始文件/添加音频特效.prproj
	最终文件/添加音频特效.prproj

步骤01 打开“添加音频特效.prproj”项目文件，可查看“清凉夏天.mp3”素材已添加到时间轴

窗口的A1时间线上，如图9-8所示。

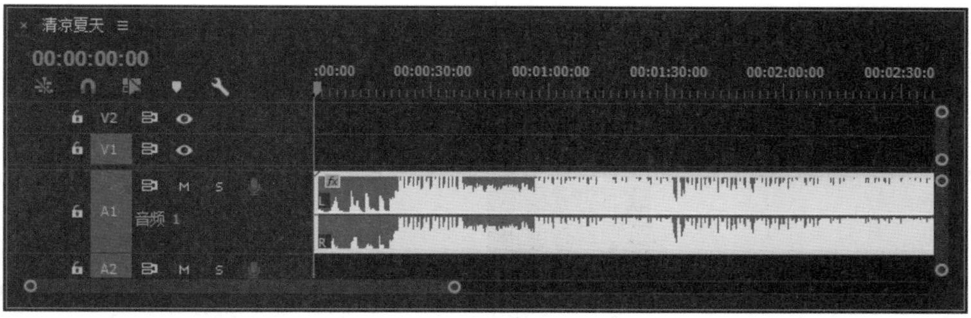

图9-8

步骤02 1.打开“效果”面板，展开“音频效果”文件夹，2.选择“多功能延迟”命令，将其添加到“清凉夏天.mp3”素材；3.在“效果控件”面板中可查看其效果参数。如图9-9所示。

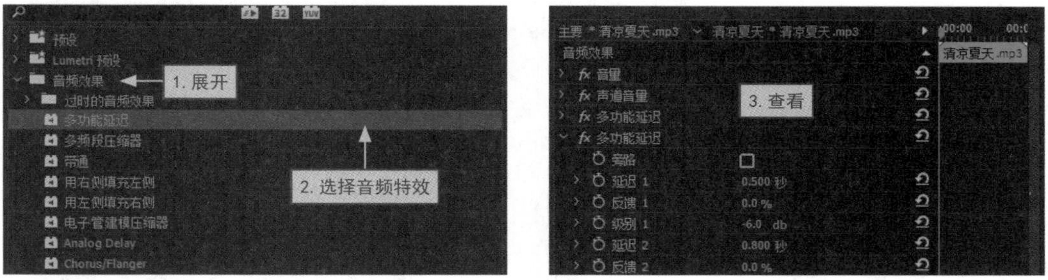

图9-9

9.1.3 设置音频增益

在使用Premiere CC编辑音频文件时，可能音频的声音不太适合素材要求，需要利用增大或减小来调节，如图9-10所示。在Premiere CC中一般用分贝（dB）来表示音频的音量。当dB大于0时，则可以听到声音；当dB小于0时，无法听到声音。

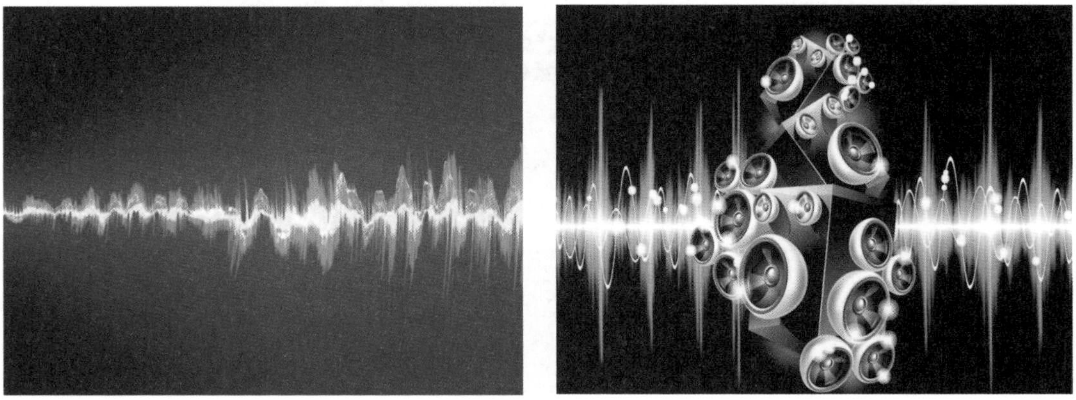

图9-10

调节音频的音量一般通过“音频增益”命令来实现，使用“音频增益”有以下两种方式。

- **利用剪辑菜单打开：**选择需要设置的音频素材，1.单击“剪辑”菜单项；2.选择“音频选项/音频增益”命令；3.在打开的“音频增益”对话框中，设置其数值；4.单击确定按钮即可。如图9-11所示。

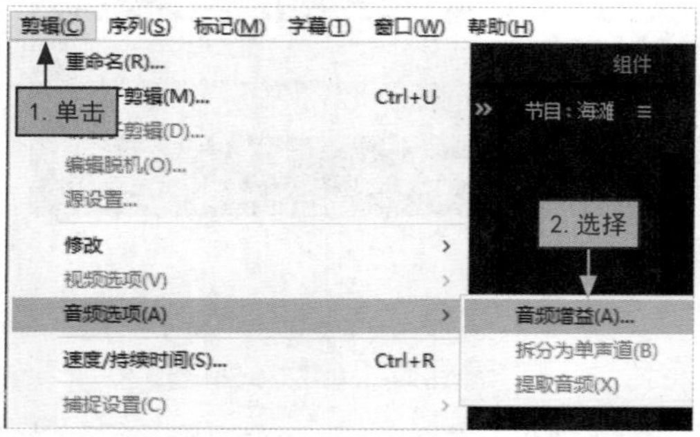

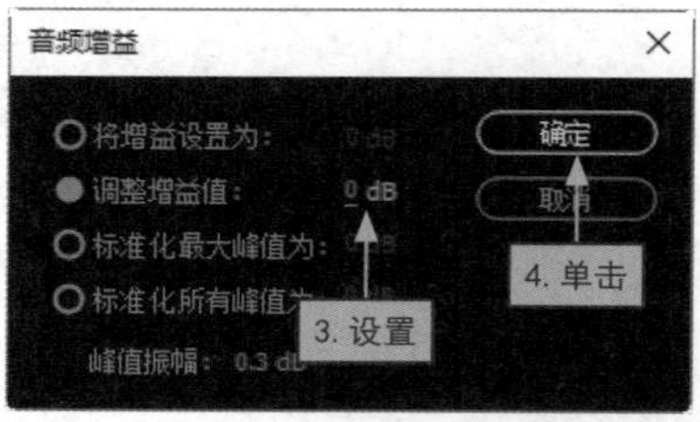

图9-11

- **单击鼠标右键打开：**选择需要设置的音频素材，1.单击鼠标右键；2.选择“音频增益”命令；3.在打开的“音频增益”对话框中，设置其数值；4.单击“确定”按钮即可。如图9-12所示。

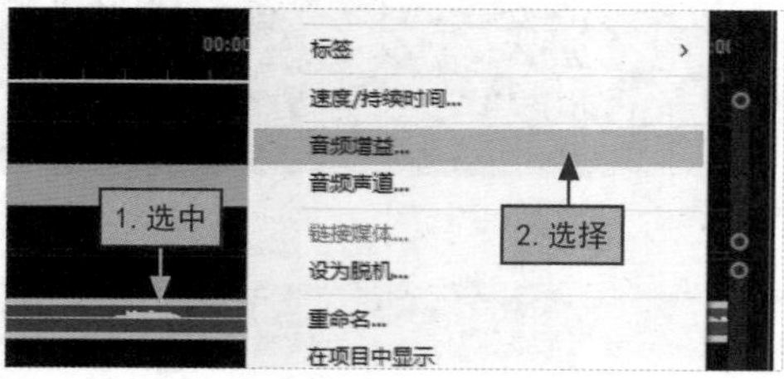

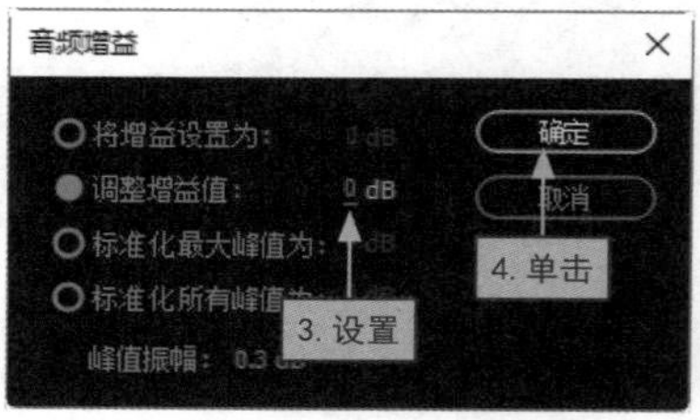

图9-12

LESSON

9.2 常用音频特效

知识级别

□初级入门 | ■中级提高 | □高级拓展

知识难度 ★★

学习时长 120 分钟

学习目标

① 掌握常用音频特效的用法。

② 掌握音频特效参数设置。

③ 学习制作音频效果。

※ 主要内容 ※

内 容	难 度	内 容	难 度
多功能延迟	★★	和声/镶边	★★
平衡	★★	消频	★★
环绕声混响	★★	高音/低音	★★
高通/低通	★★	消除嗡嗡声	★★
反转	★★		

9.2.1 多功能延迟

“多功能延迟”效果可以为剪辑素材中的原始音频添加最多4个回声，其面板如图9-13所示，各属性的作用如表9-1所示。

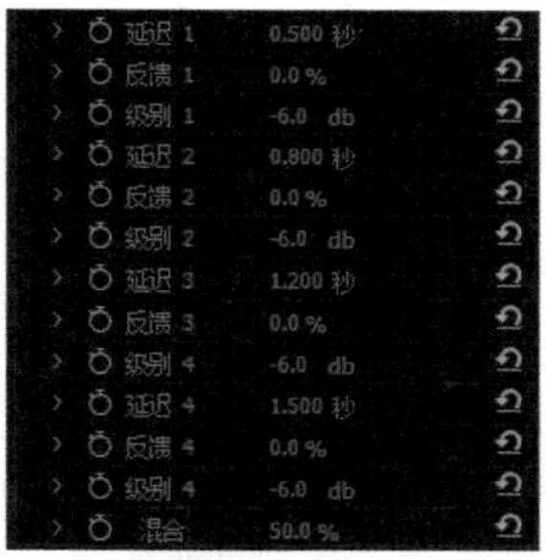

图9-13

表9-1

参数名称	作 用
延迟1~4	指定原始音频与其回声之间的时间量，最大值为2秒。
反馈1~4	指定往回添加到延迟（以创建多个衰减回声）的延迟信号百分比。
级别1~4	控制每个回声的音量。
混合	控制延迟回声和非延迟回声的量。

下面通过具体的案例来演示操作多功能延迟特效的用法。

[知识演练] 为“渔舟唱晚”音频文件设置延迟

源文件/第9章	初始文件/多功能延迟.prproj
	最终文件/多功能延迟.prproj

步骤01 1.打开“多功能延迟.prproj”项目文件，可查看“渔舟唱晚.mp3”素材已添加到时间轴窗口的A1时间线上；2.打开“效果”面板，展开“音频效果”文件夹；3.选择“多功能延迟”命令。如图9-14所示。

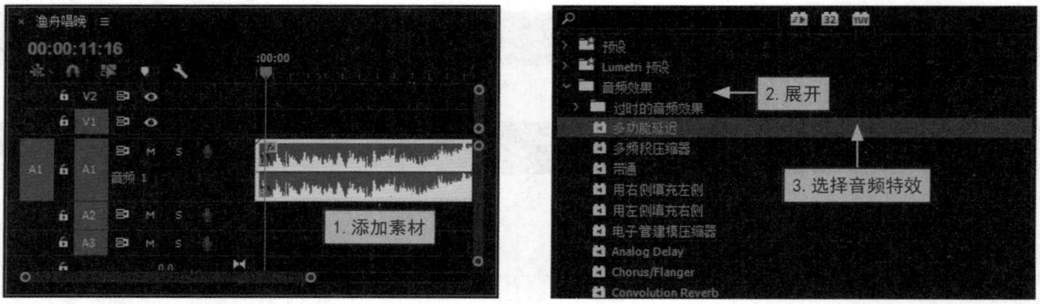

图9-14

步骤02 将“多功能延迟”效果添加到“渔舟唱晚.mp3”素材上。打开“效果控件”面板可查看其参数选项，设置“延迟1”为0.600秒，如图9-15所示，播放即可查看其效果。

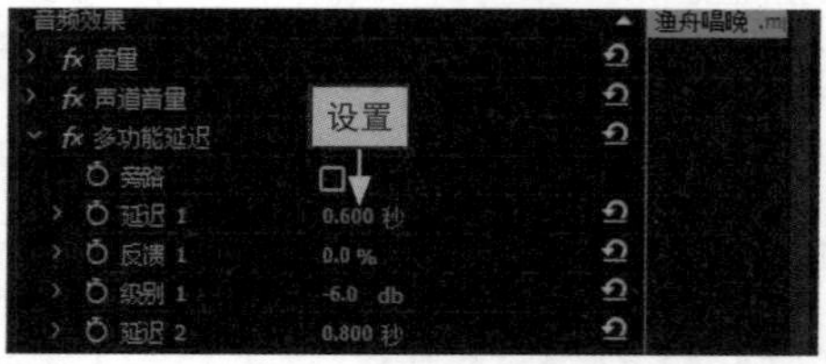

图9-15

9.2.2 和声/镶边

“和声/镶边（Chorus/Flanger）”效果可以产生一个与原音频相同的音频，并带一定的延迟与原始声音混合，使其产生一种推动的动用。在“效果控件”面板中可以单击“和声/镶边”选项中的“编辑”按钮，在打开的“剪辑效果编辑器”对话框中对其属性进行设置，如图9-16所示。

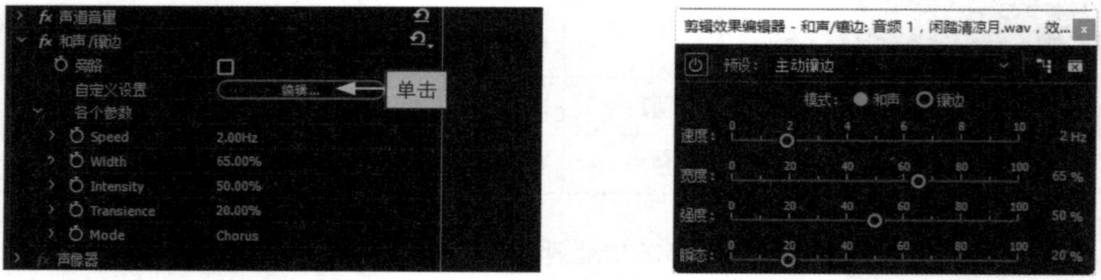

图9-16

下面通过具体的案例来演示操作和声/镶边特效的用法。

[知识演练] 为“闲踏清凉月”音频添加和声/镶边特效

源文件/第9章	初始文件/和声镶边.prproj
	最终文件/和声镶边.prproj

步骤01 打开“和声镶边.prproj”项目文件，可查看“闲踏清凉月.wav”素材已添加到时间轴窗口的A1时间线上。打开“效果”面板，1.展开“音频效果”文件夹，2.选择Chorus/Flanger命令，如图9-17所示。

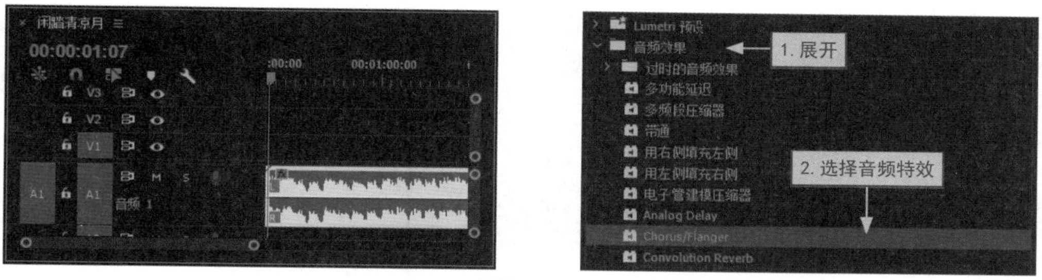

图9-17

步骤02 将Chorus/Flanger效果添加到“闲踏清凉月.wav”素材上。打开“效果控件”面板，单击“自定义设置”选项的“编辑”按钮，在打开的“剪辑效果编辑器”对话框中将“预设”设置为“水镶边”，如图9-18所示。

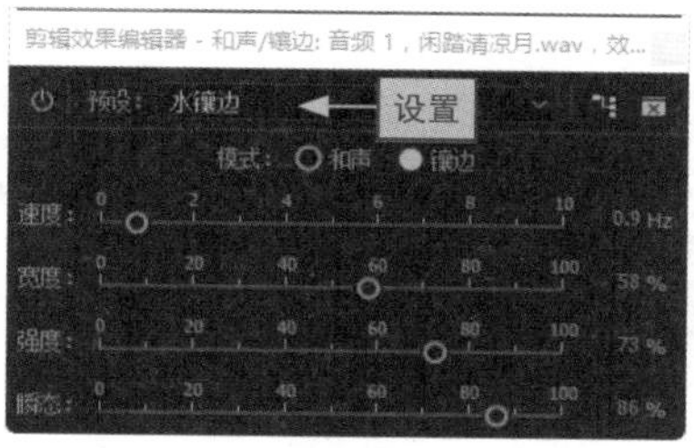

图9-18

9.2.3 平衡

“平衡”效果可用于控制左右声道的相对音量。通过设置“效果控制”面板中的“平衡”数值来调节，正值增加右声道的比例；负值增加左声道的比例，此效果仅适用于立体声剪辑。

下面通过具体的案例来演示操作平衡特效的用法。

[知识演练] 为“汉宫秋月”音频文件添加平衡特效

源文件/第9章	初始文件/平衡.prproj
	最终文件/平衡.prproj

步骤01 1.打开“平衡.prproj”项目文件，可查看“汉宫秋月.mp3”素材已添加到时间轴窗口的A1时间线上；2.打开“效果”面板，展开“音频效果”文件夹，3.选择“平衡”命令。如图9-19所示。

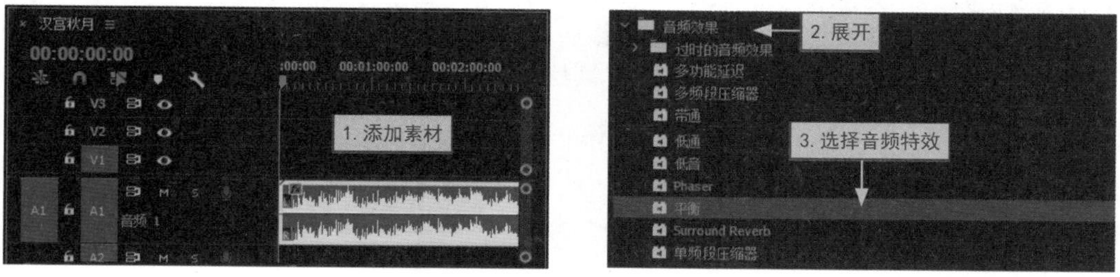

图9-19

步骤02 将“平衡”效果添加到“汉宫秋月.mp3”素材上。打开“效果控件”面板，设置其“平衡”为5.0，如图9-20所示。

图9-20

9.2.4 消频

“消频”效果可消除位于指定中心附近的频率，其面板如图9-21所示，各属性的作用如表9-2所示。

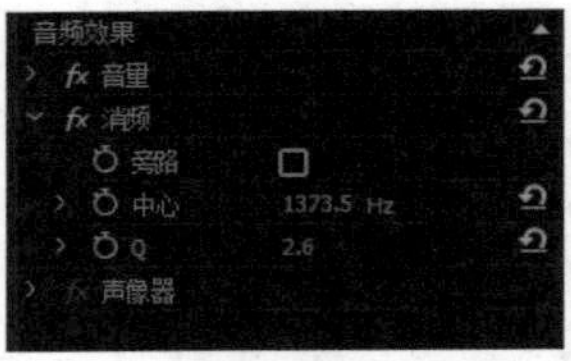

图9-21

表9-2

参数名称	作　用
中心	指定要消除的频率。
Q	指定受影响的频率范围。低设置将创建窄频段；而高设置则创建宽频段。

下面通过具体的案例来演示操作消频特效的用法。

[知识演练] 为“平湖秋月”音频文件添加消频特效

源文件/第9章	初始文件/消频.prproj
	最终文件/消频.prproj

步骤01 打开“消频.prproj”项目文件，可查看“平湖秋月.mp3”素材已添加到时间轴窗口的A1时间线上。1.打开“效果”面板，展开“音频效果”文件夹，2.选择“消频”命令，如图9-22所示。

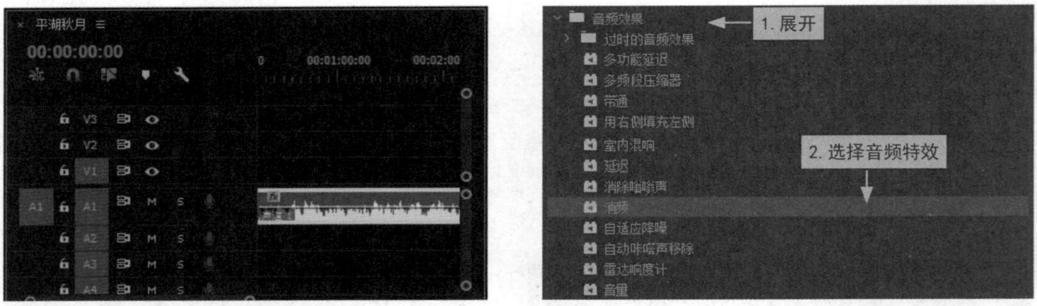

图9-22

步骤02 将“消频”效果添加到“平湖秋月.mp3”素材上。打开“效果控件”面板，设置其“Q”值为5.0，如图9-23示。

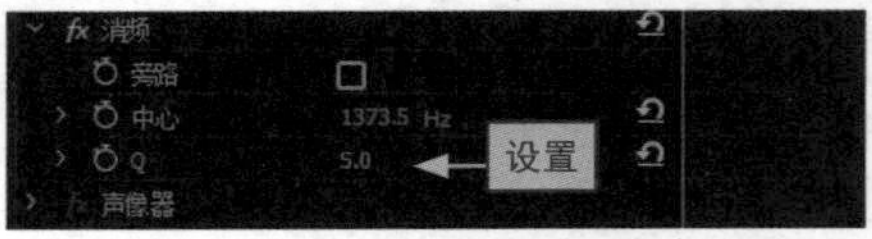

图9-23

9.2.5 环绕声混响

“环绕声混响”（Surround Reverb）效果用于模仿室内的声音或音响效果，增强音响素材的气氛。打开“效果控件”面板，单击“编辑”按钮，在打开的“剪辑效果编辑器”对话框中即可自定义设置其属性。

下面通过具体的案例来演示操作环绕声混响特效的用法。

[知识演练] 为“滚滚红尘”素材添加环绕声混响特效

源文件/第9章	初始文件/环绕声混响.prproj
	最终文件/环绕声混响.prproj

步骤01 打开“环绕声混响.prproj”项目文件，可查看“滚滚红尘.mp3”素材已添加到时间轴窗口的A1时间线上。1.打开“效果”面板，展开“音频效果”文件夹，2.选择Surround Reverb命令，如图9-24所示。

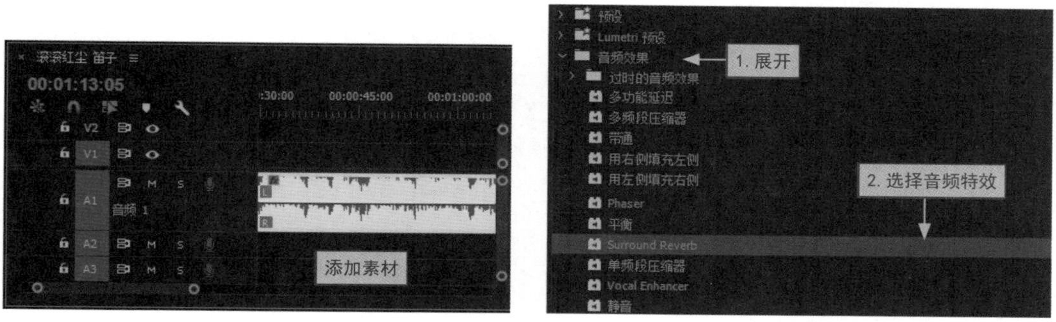

图9-24

步骤02 将Surround Reverb效果添加到“滚滚红尘.mp3”素材上。打开“效果控件”面板，单击“自定义设置”选项的“编辑”按钮，在打开的“剪辑效果编辑器”对话框中将“预设”设置为“全部混合”，还可以自定义设置其参数，如图9-25所示。

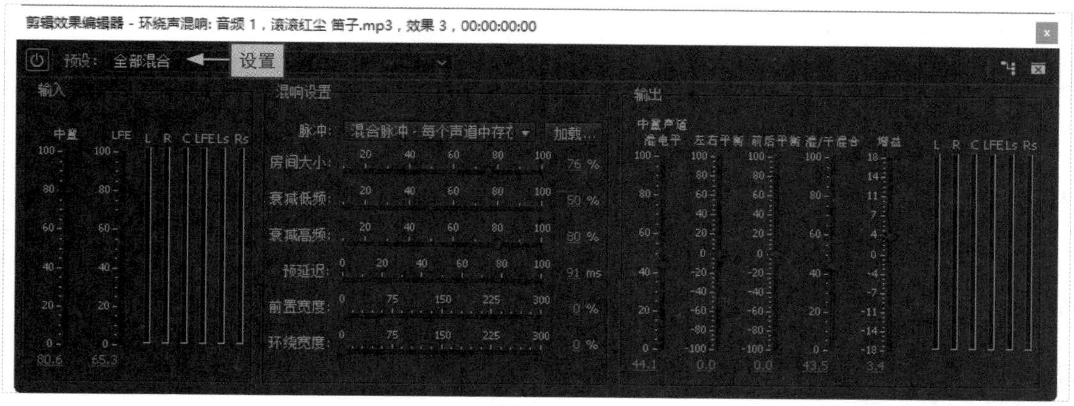

图9-25

9.2.6 高音/低音

“高音”效果可用于调整4000Hz及以上的频率，“低音”效果可用于调整音频文件中的重音频部分，可在“效果控件”面板中相对应的“提升”栏中设置增加或降低的分贝，从而调整音频。

下面通过具体的案例来演示操作高音/低音特效的用法。

[知识演练] 控制“西江月”素材的高频与低频

源文件/第9章	初始文件/高音.prproj
	最终文件/高音.prproj

步骤01 1.打开“高音.prproj”项目文件，可查看素材“西江月.mp3”已添加到时间轴窗口的A1时间线上，如图9-26所示；2.打开“效果”面板，展开“音频效果”文件夹；3.选择“高音”命令。如图9-27所示。

图9-26

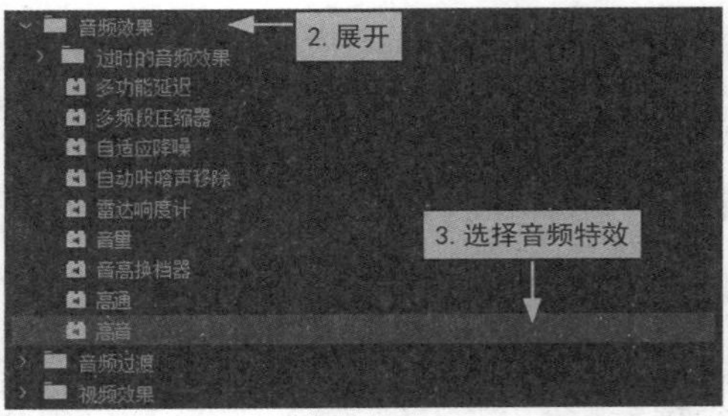

图9-27

步骤02 将“高音”效果添加到素材“西江月.mp3”上。打开“效果控件”面板，在“提升”栏设置其值为15.0dB，如图9-28所示。

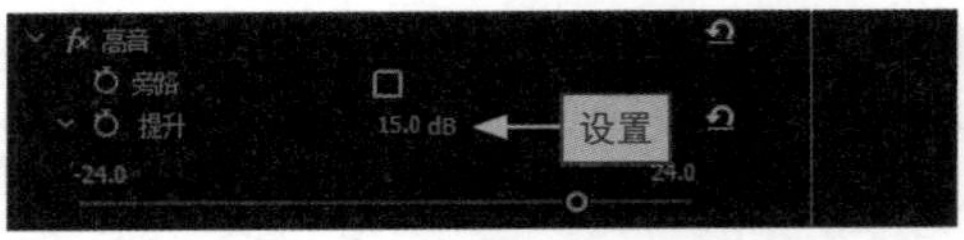

图9-28

9.2.7 高通/低通

“高通”效果用于清除截止频率以上的频率，“低通”效果则用于移除高于指定频率以下的频率，两者都可以通过在“效果控件”面板中设置“屏蔽度”来控制。

下面通过具体的案例来演示操作高通/低通特效的用法。

[知识演练] 调节“水乡船歌”素材的频率

源文件/第9章	初始文件/低通.prproj
	最终文件/低通.prproj

步骤01 1.打开“低通.prproj”项目文件，可查看“水乡船歌.mp3”素材已添加到时间轴窗口

的A1时间线上；2.打开“效果”面板，展开“音频效果”文件夹；3.选择“低通”命令。如图9–29所示。

图9–29

步骤02 将“低通”效果添加到“水乡船歌.mp3”素材上。打开“效果控件”面板，设置其“屏蔽度”为1373.5Hz，如图9–30所示。

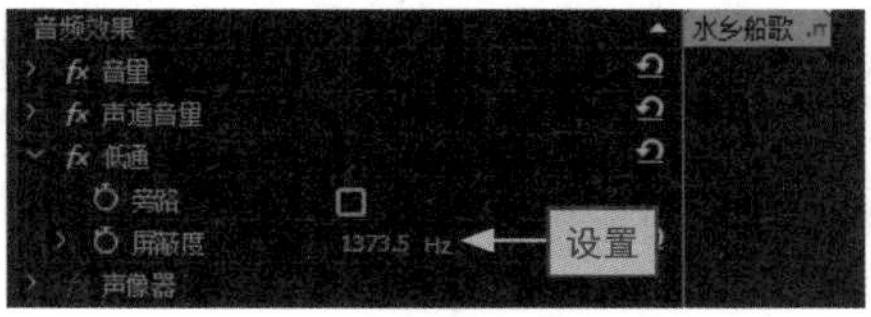

图9–30

9.2.8 消除嗡嗡声

“消除嗡嗡声”效果可消除音频某一范围内的嗡嗡声，常用于素材文件的整理。

下面通过具体的案例来演示操作消除嗡嗡声特效的用法。

[知识演练] 为“海底”素材添加消除嗡嗡声特效

源文件/第9章	初始文件/消除嗡嗡声.prproj
	最终文件/消除嗡嗡声.prproj

步骤01 1.打开“消除嗡嗡声.prproj”项目文件，可查看“海底.mp4”素材已添加到时间轴窗口的时间线上；2.打开“效果”面板，展开“音频效果”文件夹；3.选择“消除嗡嗡声”命令。如图9–31所示。

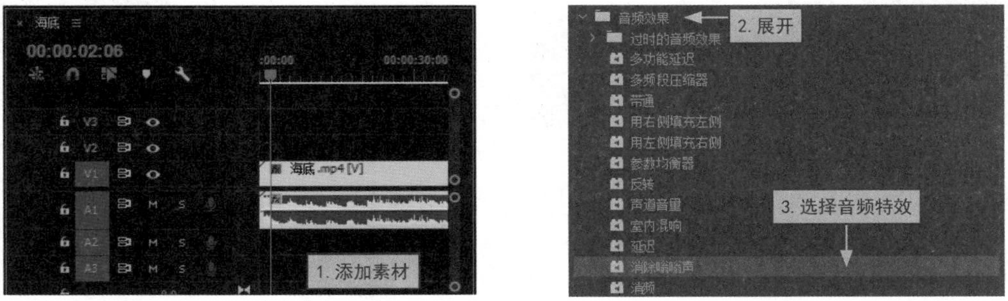

图9–31

步骤02 将“消除嗡嗡声”效果添加到“海底.mp4”素材的音频轨道上。打开“效果控件”面板，单击“自定义设置”选项中的“编辑”按钮，如图9-32所示。

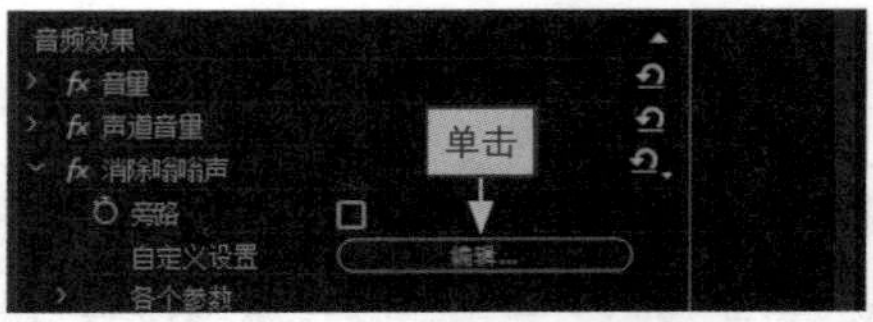

图9-32

步骤03 在打开的“剪辑效果编辑器-消除嗡嗡声”对话框中设置“预设”为200Hz消频，如图9-33所示。

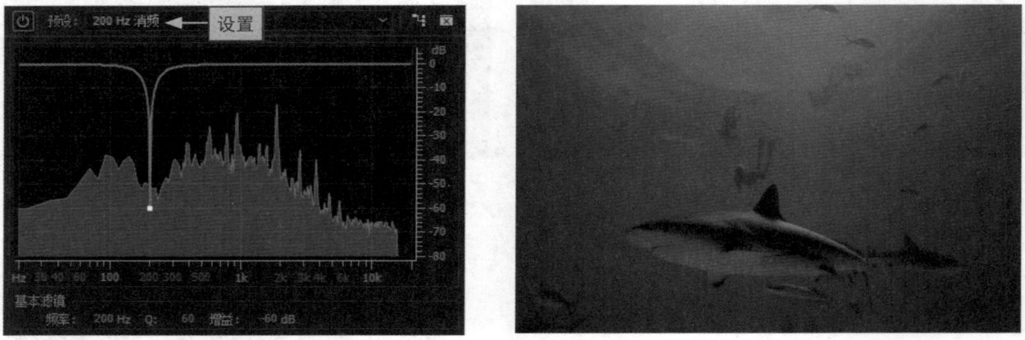

图9-33

9.2.9 反转

“反转”效果是对素材的每个声道的音频相位进行反转设置，而且该效果没有参数控制，一般用于音频倒放。

下面通过具体的案例来演示反转特效的用法。

[知识演练] 将“赏析”素材音频倒放

源文件/第9章	初始文件/反转.prproj
	最终文件/反转.prproj

步骤01 1.打开“反转.prproj”项目文件，可以看到“赏析.mp4”素材已添加到时间轴窗口的时间线上；2.打开“效果”面板，展开“音频效果”文件夹；3.选择“反转”命令。如图9-34所示。

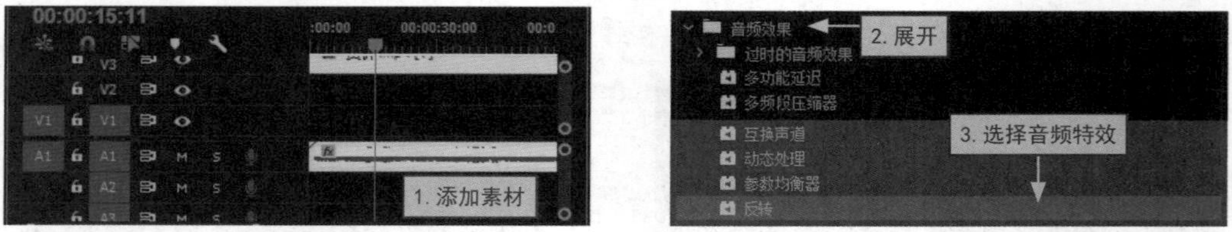

图9-34

步骤02 将“反转”效果添加到“赏析.mp4”素材上。播放即可试听，其视频的音频是原始素材音频的倒放效果，如图9-35所示。

图9-35

LESSON 9.3

音频转场的控制

知识级别

□初级入门 | ■中级提高 | □高级拓展

知识难度 ★★

学习时长 90 分钟

学习目标

① 掌握常用音频转场的用法。

② 掌握音频转场参数设置。

③ 学习音频转场的应用。

※ 主要内容 ※

内 容	难 度	内 容	难 度
恒定增益	★★	恒定功率	★★
指数淡化	★★		

9.3.1 恒定增益

“恒定增益”效果是交叉淡化在剪辑素材之间过渡时以恒定速率更改音频进出，此交叉淡化有时可能听起来会生硬。

下面通过具体的案例来演示操作恒定增益效果的用法。

[知识演练] 为“激情”素材添加恒定增益效果

源文件/第9章	初始文件/恒定增益.prproj
	最终文件/恒定增益.prproj

步骤01 打开“恒定增益.prproj”项目文件，可查看到“激情.mp4”素材已添加到时间轴窗口的时间线上。1.打开“效果”面板，展开“音频过渡”文件夹，2.选择“交叉淡化/恒定增益”命令，如图9-36所示。

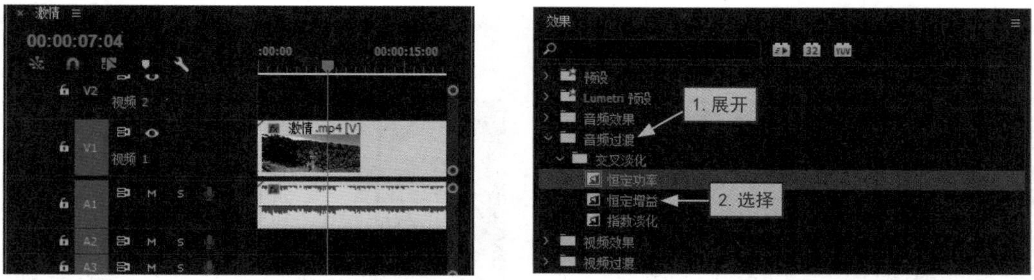

图9-36

步骤02 将“恒定增益”效果添加到“激情.mp4”素材的开始处。打开“效果控件”，设置其“持续时间”为03秒，如图9-37所示。

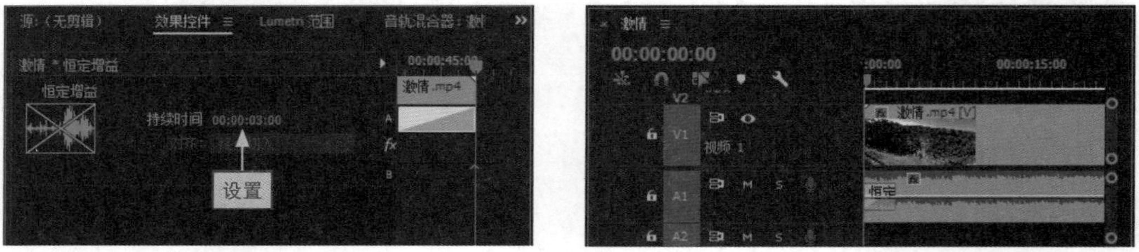

图9-37

步骤03 在展开的“音频过渡”文件夹，选择“交叉淡化/恒定增益”命令，并将其添加到“激情.mp4”素材的结束处。在“效果控件”面板中，设置其“持续时间”为03秒，如图9-38所示。

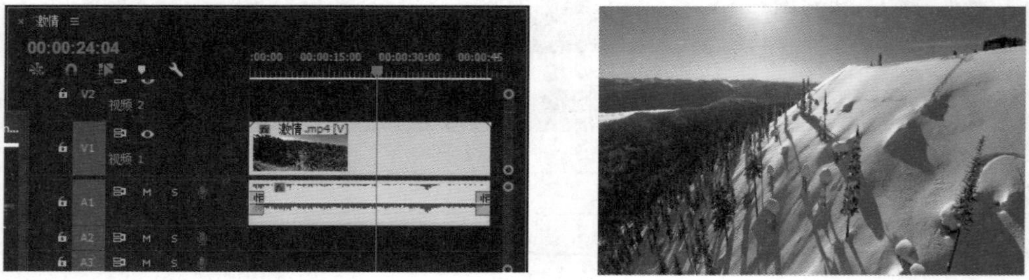

图9-38

9.3.2 恒定功率

“恒定功率”效果是交叉淡化创建平滑渐变的过渡，与视频剪辑之间的溶解过渡类似。此交叉淡化首先缓慢降低第一个剪辑素材的音频，然后快速接近过渡的末端。对于第二个剪辑素材，此交叉淡化首先快速增加音频，然后更缓慢地接近过渡的末端。

下面通过具体的案例来演示操作恒定功率效果的用法。

[知识演练] 为“洞箫曲”素材添加恒定功率效果

源文件/第9章	初始文件/恒定功率.prproj
	最终文件/恒定功率.prproj

步骤01 打开“恒定功率.prproj”项目文件，可查看“洞箫曲.mp3”和“洞箫曲02.mp3”素材已添加到时间轴窗口的A1时间线上。1.打开“效果”面板，展开“音频过渡”文件夹，2.选择“交叉淡化/恒定功率”命令，如图9-39所示。

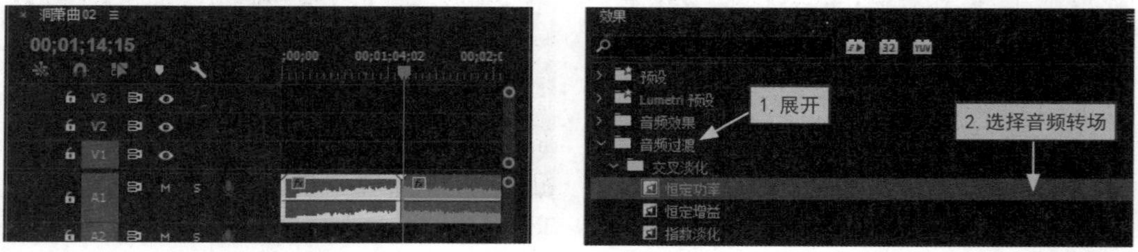

图9-39

步骤02 将“恒定功率”效果添加到“洞箫曲.mp3”素材的结束处。打开“效果控件”，设置其“持续时间”为03秒。再将“恒定功率”效果添加到“洞箫曲02.mp3”素材的开始处，如图9-40所示。

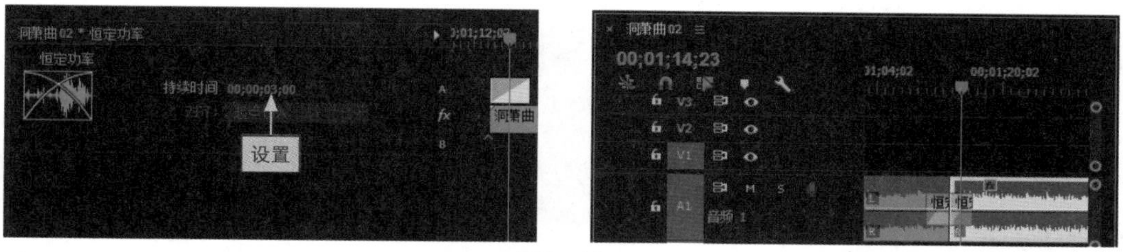

图9-40

9.3.3 指数淡化

“指数淡化”效果可以创建不对称的交叉指数型曲线，通过该曲线可以对声音的淡入淡出进行设置，该效果直接使用，没有任何参数。

下面通过具体的案例来演示操作指数淡化效果的用法。

[知识演练] 为“洞箫曲”素材添加指数淡化效果

源文件/第9章	初始文件/指数淡化.prproj
	最终文件/指数淡化.prproj

步骤01 打开“指数淡化.prproj”项目文件，可查看“四季变换.mp4”素材已添加到时间轴窗口的时间线上。1.打开“效果”面板，展开“音频过渡”文件夹，2.选择“交叉淡化/指数淡化”命令，如图9-41所示。

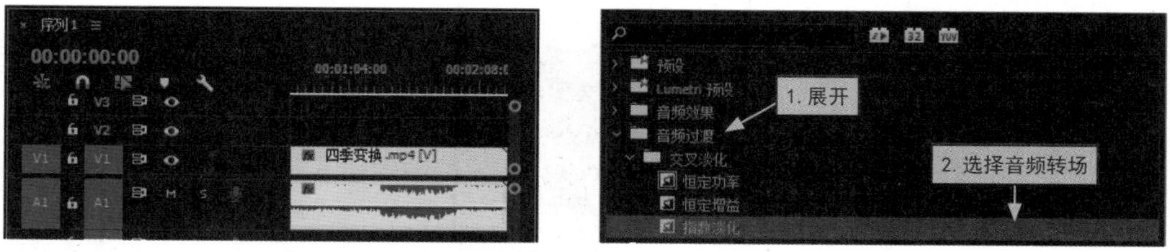

图9-41

步骤02 将“指数淡化”效果添加到“四季变换.mp4”素材的音频轨道的结束处。打开“效果控件”面板，设置其“持续时间”为03秒，如图9-42所示。

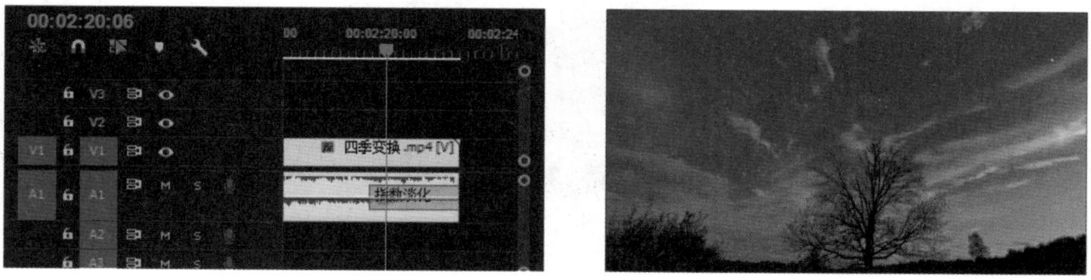

图9-42

LESSON
9.4 音轨混合器

知识级别

□初级入门 | ■中级提高 | □高级拓展

知识难度 ★★

学习时长 60 分钟

学习目标

① 认识音轨混合编辑器。

② 学习音轨混合编辑器的应用。

※ 主要内容 ※

内 容	难 度	内 容	难 度
认识音轨混合器	★★	音轨混合器的应用	★★

9.4.1 认识音轨混合器

在Premiere CC中使用音轨混合器可以用于对多个轨道的音频素材文件进行混合，还可用于录制声音以及分离音频等，用途十分广泛。只需单击“窗口”菜单项，选择“音轨混合器”命令，即可打开“音轨混合器”面板，如图9-43所示。

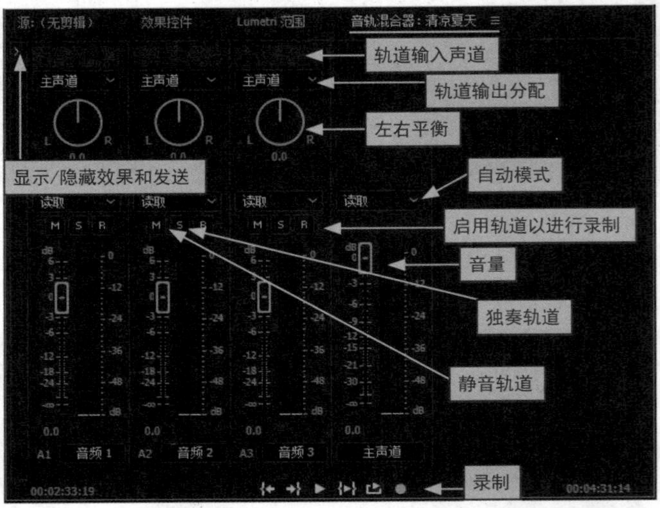

图9-43

其面板参数名称及其用法如表9-3所示。

表9-3

参数名称	作用
轨道输入声道	用于控制轨道输入声道。
轨道输出分配	用于控制轨道的输出声道。
左右平衡	可控制单声道轨道的级别，也可在其下方的读数上单击并拖动进行平衡参数的调整。
自动模式	选择控制的方法，有“读取”、“锁闭”、“触动”、“写入”和“关”5个选项。
启用轨道以进行录制	单击该按钮，将激活该轨道的录制工作。
音量	调节当前轨道中音频对象的音量，在滑块下方将实时显示当前轨道的音量。
独奏轨道	单击该按钮，将只会使用该轨道上的素材。
静音轨道	单击该按钮，使该轨道声音被设置为静音。
录制	单击该按钮，将对音频设备输入的信号进行录制。
显示/隐藏效果和发送	单击该按钮，将显示“效果设置”面板。

9.4.2 音轨混合器的应用

在前面几节讲过音频效果的添加，都需要到时间轴窗口来实现。其实在“音轨混合器”面板中同样可以实现，在该面板用户可以根据需要为素材添加音频特效，但最多只能添加5个效果。只需单击“显示/隐藏效果和发送”按钮，在展开的面板中单击“效果选择”下拉按钮，然后选择需要的音频特效即可。

下面通过具体的案例来演示操作音轨混合器的用法。

[知识演练] 使用音轨混合编辑器给“圣诞节01”素材添加音频特效

源文件/第9章	初始文件/音轨混合器的应用.prproj
	最终文件/音轨混合器的应用.prproj

步骤01 打开“音轨混合器的应用.prproj”项目文件，可查看素材已添加到时间轴窗口的时间线上。1.打开“音轨混合器”面板，单击“显示/隐藏效果和发送”按钮，2.在展开的面板中单击“效果选择”下拉按钮，如图9-44所示。

步骤02 在弹出的下拉菜单中选择“混响/室内混响”命令，完成后即可在对话框中查看，播放即可试听其效果，如图9-45所示。

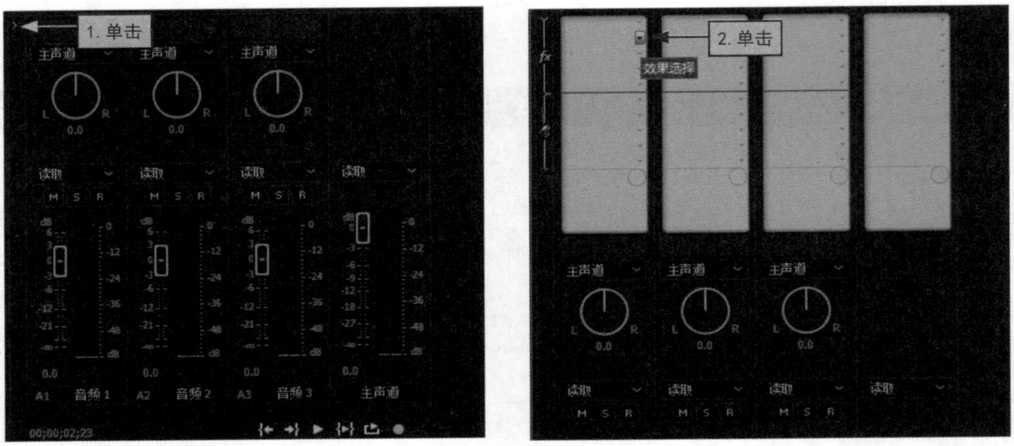
1. 单击
主声道
读取
M S R
A1 音频 1
A2 音频 2
A3 音频 3
主声道
00;00;02;23
2. 单击
效果选择

图9-44

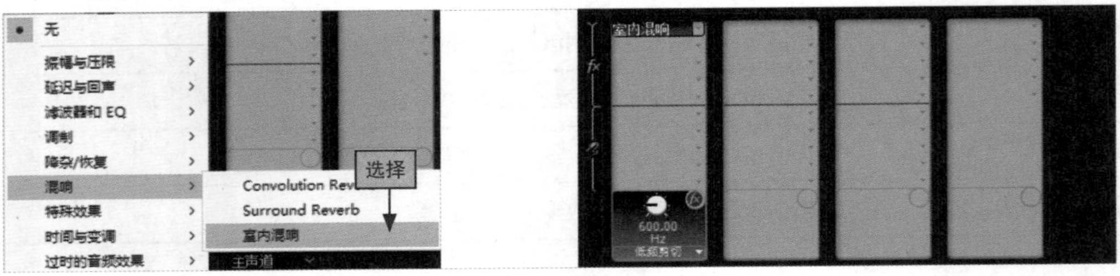
无
振幅与压限
延迟与回声
滤波器和 EQ
调制
降杂/恢复
混响
特殊效果
时间与变调
过时的音频效果
Convolution Rev
Surround Reverb
室内混响
选择
主声道
室内混响
600.00
Hz

图9-45

第10章

遥望 那浩瀚

岭外音书断，
经冬复历春。
近乡情更怯，
不敢问来人。

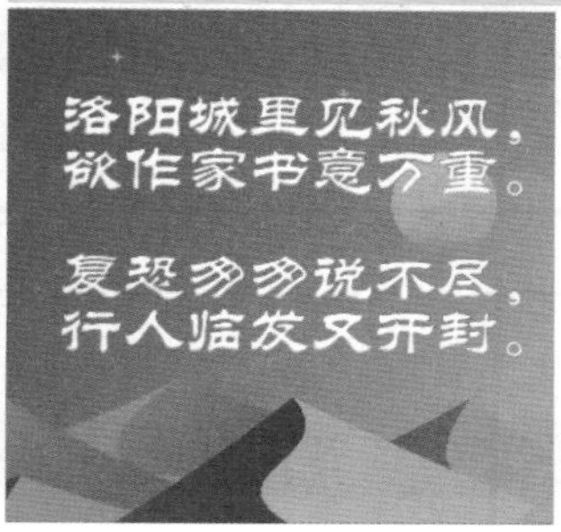
洛阳城里见秋风，
欲作家书意万重。
复恐匆匆说不尽，
行人临发又开封。

影视字幕的创建与编辑

学习目标

字幕是影视作品不可或缺的一部分，如标题、场景或者是人物介绍等都需要字幕来加以补充，使观众更能清楚明了。又或者不同片段之间的转场有时也需要字幕来衔接，字幕的作用多种多样。本章将综合介绍字幕的创建、属性设置以及字幕特效的应用。

本章要点

- 创建字幕文件
- “字幕设计器”面板介绍
- 导出字幕
- 字幕的变换效果
- 属性

……

LESSON 10.1 创建字幕文件

知识级别

■初级入门 | □中级提高 | □高级拓展

知识难度 ★★

学习时长 60 分钟

学习目标

① 创建字幕文件。

② 认识“字幕设计器”面板。

③ 导出字幕。

※ 主要内容 ※

内　容	难　度	内　容	难　度
创建字幕文件	★	“字幕设计器”面板介绍	★
导出字幕	★		

10.1.1 创建字幕文件

在Premiere中用户不仅可以为素材文件添加字幕，并且可以为字幕应用格式、指定颜色等。字幕是视频中的重要组成元素，用户可在Premiere CC中自主创建该元素。Premiere CC中还为其提供了独立于音视频之外的独立面板，以方便用户进行操作。字幕类型又分为静态字幕和动态字幕两种。

在Premiere CC中创建字幕文件的方式一般有3种，如下所示。

- **菜单命令创建：** 1.单击“字幕”菜单项；2.选择“新建字幕/默认静态字幕”命令；3.在打开的“新建字幕”对话框中设置其参数，单击“确定”按钮即可完成创建。如图10-1所示。

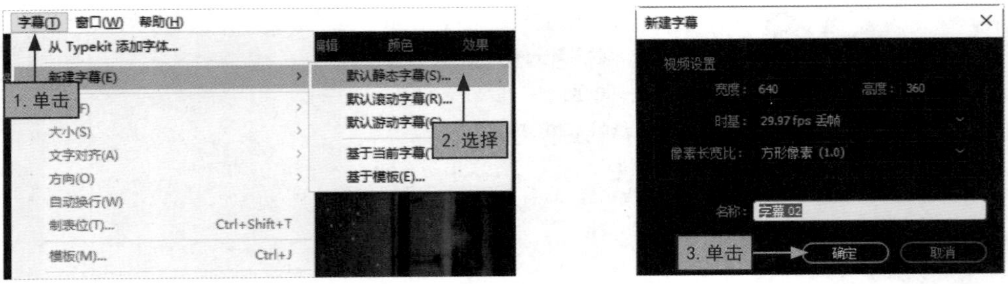

图10-1

- **快捷键创建：** 直接按Ctrl+T组合键，在打开的“新建字幕”对话框中设置其参数，然后单击“确定”按钮即可完成创建。
- **在项目窗口创建：** 1.在项目窗口空白处单击鼠标右键，选择“新建项目/字幕”命令；2.打开“新建字幕”对话框并在其中设置参数，单击“确定”按钮即可完成创建。如图10-2所示。

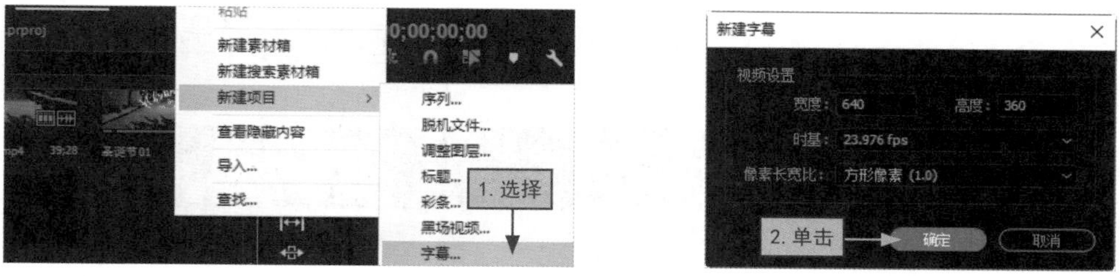

图10-2

10.1.2 “字幕设计器”面板介绍

在创建字幕文件后，即可打开“字幕设计器”面板，该面板主要包括“字幕”、“字幕工具”、“字幕样式”、“字幕动作”和“字幕属性”5个子面板，如图10-3所示。

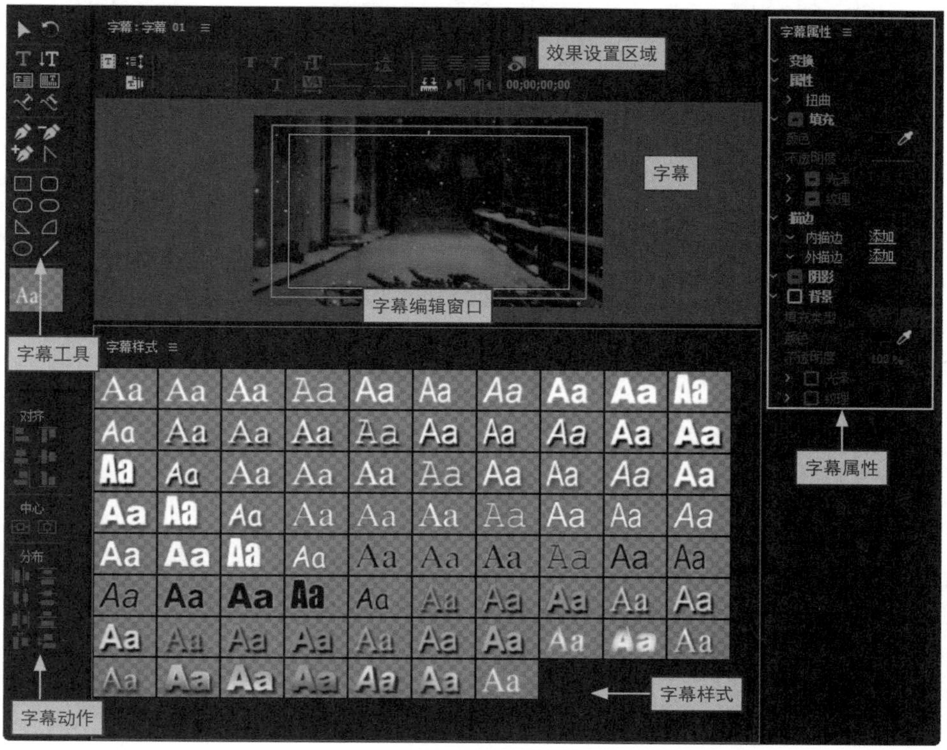

图10-3

1. “字幕”面板

“字幕”面板是文本和图形对象的编辑操作区域，不仅可以创建文本或图形对象，还可以直观地看到实时的字幕效果。“字幕”面板分为效果设置区域和字幕编辑窗口两个部分。

效果设置区域可以设置字幕的运动类型、字体属性和是否显示视频背景，如图10-4所示。

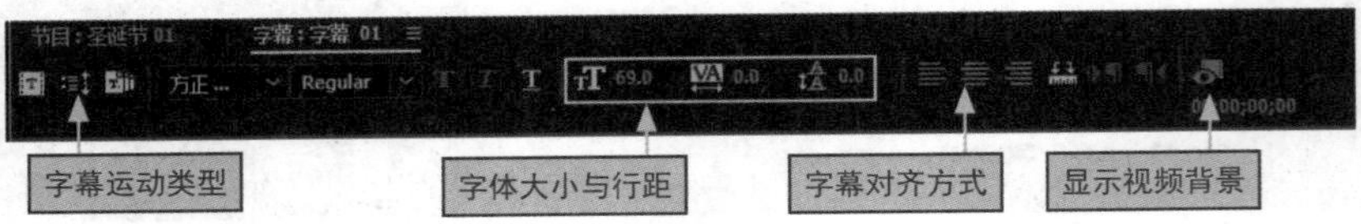

图10-4

字幕编辑窗口是对字幕编辑操作的主要区域，且可以实时查看编辑效果，字幕编辑窗口显示有字幕活动安全框和字幕安全框，如图10-5所示。

图10-5

2. “字幕工具”面板

“字幕工具”面板放置了制作和编辑字幕时所需要的工具。并将这些工具根据功能作用不同，划分为4个区域，分别是选择文本（序号1~2）、制作文本（序号3~8）、编辑文本（序号9~12）和绘制文本（序号13~20），如图10-6所示，其具体工具名称及其作用如表10-1所示。

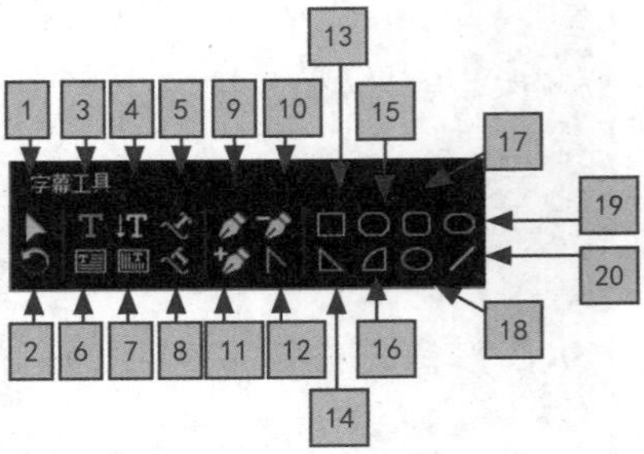

图10-6

表10-1

序　号	工具名称	作　用
1	选择工具	用于选择某个文字或对象。
2	旋转工具	用于对选中的对象进行旋转操作。
3	文字工具	使用该工具可在字幕编辑区输入或修改文本。
4	垂直文字工具	使用该工具可在字幕编辑区输入垂直文字。
5	区域文字工具	使用该工具可在字幕编辑区中创建文本框。
6	垂直区域文字工具	使用该工具可在字幕编辑区中创建垂直文本框。
7	路径文字工具	先绘制一条路径，再输入文字，可使文字沿路径进行输入和显示。
8	垂直路径文字工具	可先绘制一条路径，再输入垂直的文字。
9	钢笔工具	用于创建或调整路径。
10	删除锚点工具	用于在已创建的路径上删除定位点。
11	添加锚点工具	用于在已创建的路径上添加定位点。
12	转换锚点工具	用于调整路径的形状，将平滑定位点与角定位点相互转换。
13	矩形工具	用来绘制矩形。
14	楔形工具	用来绘制三角形。
15	圆角矩形工具	用来绘制圆角矩形。
16	弧形工具	用来绘制扇形。
17	切角矩形工具	用来绘制切角矩形。
18	椭圆工具	用来绘制椭圆形。
19	圆矩形工具	用来绘制圆矩形。
20	直线工具	用来绘制直线。

❸ “字幕样式”面板

“字幕样式”面板是Premiere CC提供的一些常用的文本预设样式，在对文本进行操作时可以方便快捷地添加样式，也可以自定义新的样式或者导入外部样式。

❹ “字幕动作”面板

“字幕动作”面板主要用于对所选择对象的对齐和分布方式进行调整，主要分为对齐、中心和分布3个区域，如图10-7所示，其各区域的作用如表10-2所示。

图10-7

表10-2

区　域	作　用
对齐	主要是以选择的文字或图形为基准进行对齐，要想使用该类别按钮，至少选择两个对象才可使用。
中心	主要用于设置选择的文字或图形的对齐方式为屏幕水平居中或屏幕垂直居中。
分布	单击该类别的按钮，可在选择的文字或图形的基础上，以对应的方式来分布文字和图形。

5. “字幕属性”面板

“字幕属性”面板是通过设置字幕文本的属性从而改变其效果，主要分为6个部分，分别为“变换”、“属性”、“填充”、“描边”、“阴影”和“背景”，在下一节会进行详细的介绍。

10.1.3 导出字幕

在Premiere CC中添加字幕后，还可以将其导出保存，方便下次继续使用。想要导出字幕文件只需使用“文件”菜单中的“导出”命令将设置好的字幕导出即可，下面通过具体的案例来详细介绍相关操作。

[知识演练] 导出“圣诞快乐”字幕文件

源文件/第9章	初始文件/导出字幕.prproj
	最终文件/导出字幕.prproj.圣诞快乐.Prtl

步骤01 打开“导出字幕.prproj”项目文件，可查看素材已添加到时间轴窗口中时间线上的“圣诞快乐”字幕素材，如图10-8所示。

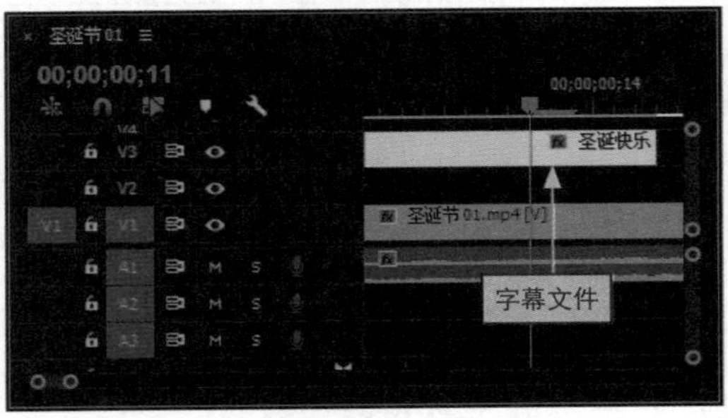

图10-8

步骤02 在项目窗口中选择“圣诞快乐”字幕文件，1.单击“文件”菜单项，2.选择“导出/标题”命令，3.设置保存的位置单击“保存”按钮即可，如图10-9所示。

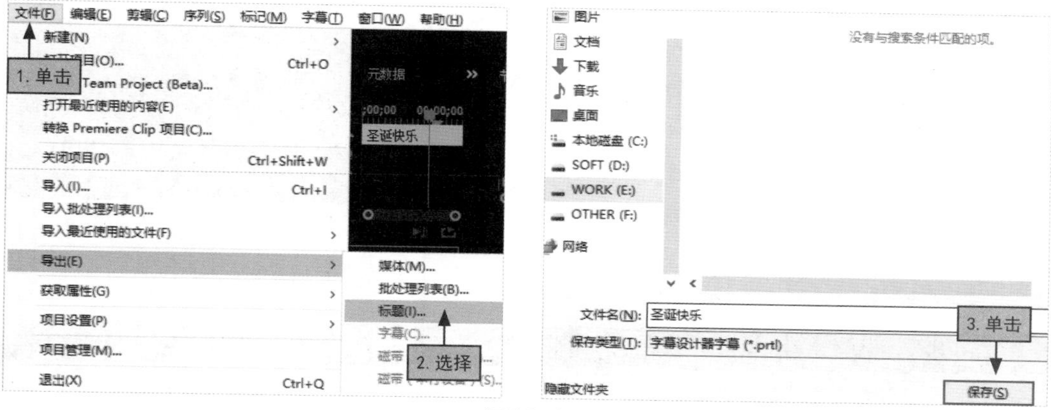

图10-9

LESSON 10.2 设置字幕的属性

知识级别

■初级入门 | □中级提高 | □高级拓展

知识难度 ★★

学习时长 60 分钟

学习目标

① 设置字幕样式和变换效果。

② 设置字幕的字体样式。

③ 学习字幕的排列、填充、描边以及阴影。

※ 主要内容 ※

内　容	难　度	内　容	难　度
字幕的变换效果	★	属性	★
设置字幕的填充方式	★	设置字幕的描边和阴影	★

10.2.1 字幕的变换效果

在添加字幕文件后，可能会出现效果不佳的情况，例如文字位置偏上或偏下、透明度太高等，就需要通过设置其变换属性进行调整。字幕的变换效果主要包括不透明度、X位置、Y位置、高度、宽度和旋转6个选项，其面板如图10-10所示，各参数作用如表10-3所示。

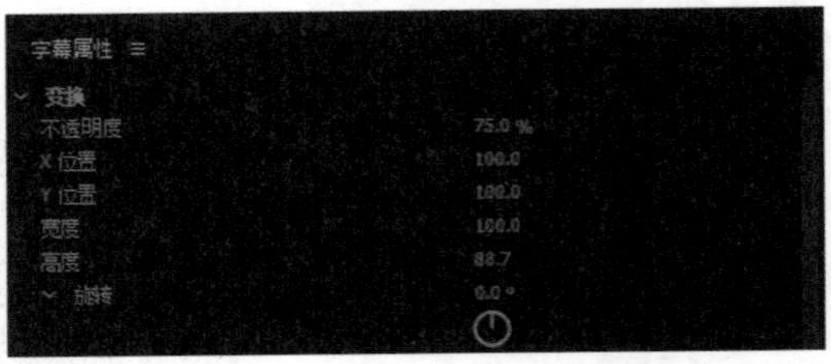

图10-10

表10-3

参数名称	作　用	参数名称	作　用
不透明度	对字幕的透明度进行设置。	X位置	设置字幕在X轴上的位置。
Y位置	设置字幕在Y轴上的位置。	高度	设置选择对象的垂直高度。
宽度	设置选择对象的水平宽度。	旋转	用于设置选择对象的旋转角度。

10.2.2 属性

“属性”栏主要包括字体系列、字体样式、字体大小、宽高比、行距、字偶间距、字符间距、基线位移、倾斜、大型大写字母、小型大写字母大小、下画线和扭曲13个参数选项。主要用来设置字幕的字体格式，确定字体的样式，以及给文字添加倾斜、扭曲等效果，其具体的参数面板如图10-11所示，其用法如表10-4所示。

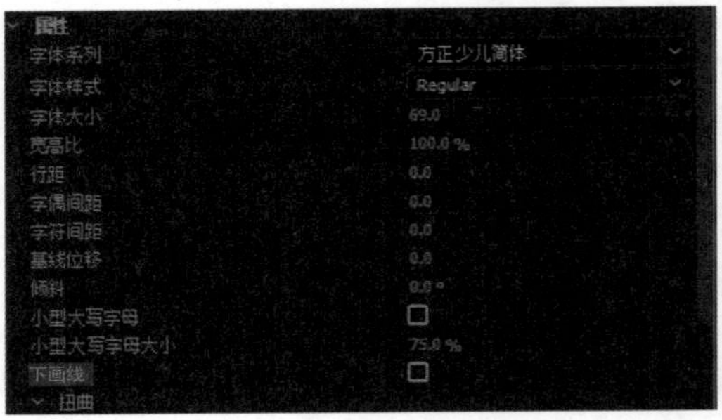

图10-11

表10-4

参数名称	作　用	参数名称	作　用
字体系列	对当前所选文字的字体进行设置。	字体样式	设置当前选择文字的样式。
字体大小	调整字体的大小。	宽高比	设置字体的宽高比例。
行距	设置文字的行间距和列间距。	字偶间距	设置文字的字间距。
字符间距	用来调整文字的间距，与字偶间距配合使用。	基线位移	设置文字的基线位置。
倾斜	设置文字的倾斜度。	下画线	给文字添加下画线。

续表

参数名称	作　用	参数名称	作　用
小型大写字幕	对英文字母进行调整。	小型大写字幕大小	对大写英文字母的大小进行设置。
扭曲	设置文字在X轴或Y轴上的扭曲变形。		

下面通过具体的案例来详细介绍。

[知识演练] 创建并调整“夏”字幕

源文件/第10章	初始文件/调整字幕属性.prproj
	最终文件/调整字幕属性.prproj

步骤01 打开“调整字幕属性.prproj”项目文件，可查看素材已添加到时间轴窗口的时间线上。1.单击“字幕”菜单项；2.选择“新建字幕/默认静态字幕”命令；3.在打开的“新建字幕”对话框中设置“名称”为夏天；4.单击“确定”按钮。如图10-12所示。

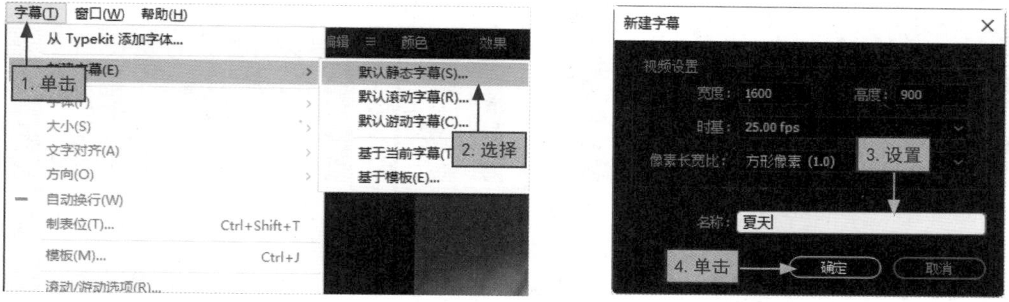

图10-12

步骤02 1.在打开的“字幕”面板中拖动鼠标光标绘制输入框，2.在输入框中输入“夏”，3.设置“字体大小”为239，如图10-13所示。

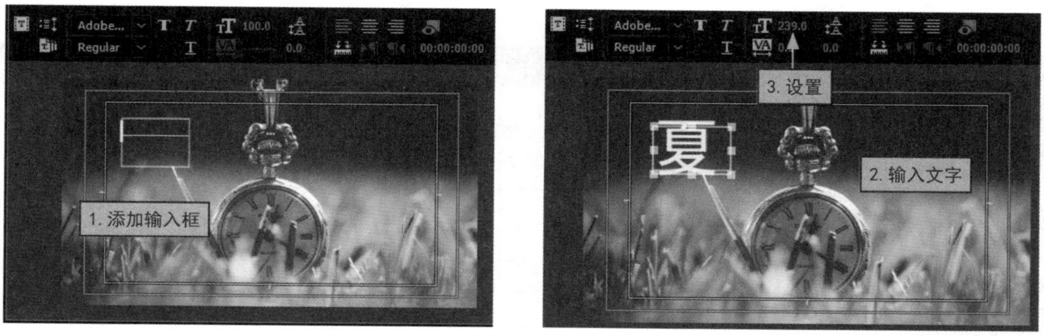

图10-13

步骤03 1.在字幕的“属性”栏设置“字体系列”为方正行楷简体，2.将“字体大小”设置为270，如图10-14所示。

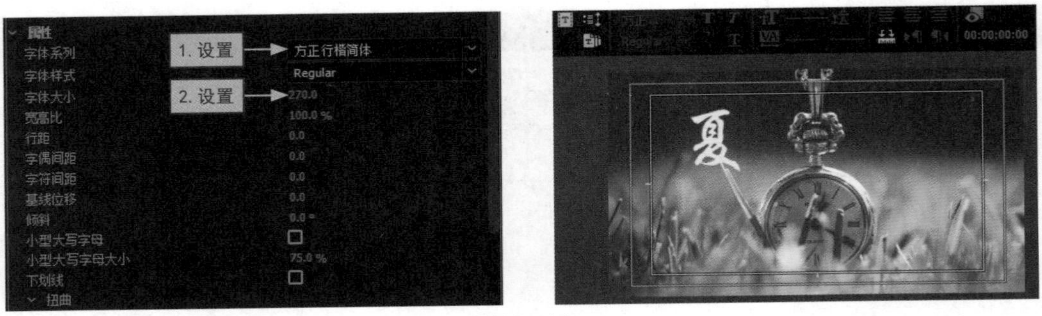

图10-14

步骤04 在项目窗口即可查看调整后的字幕文件，将字幕文件添加到时间轴窗口的V2时间线上，如图10-15所示。

图10-15

10.2.3 设置字幕的填充方式

“填充”栏主要用于对所选对象进行填充操作，主要包括填充类型、颜色、不透明度、光泽和纹理5类属性设置，其面板如图10-16所示，作用如表10-5所示。

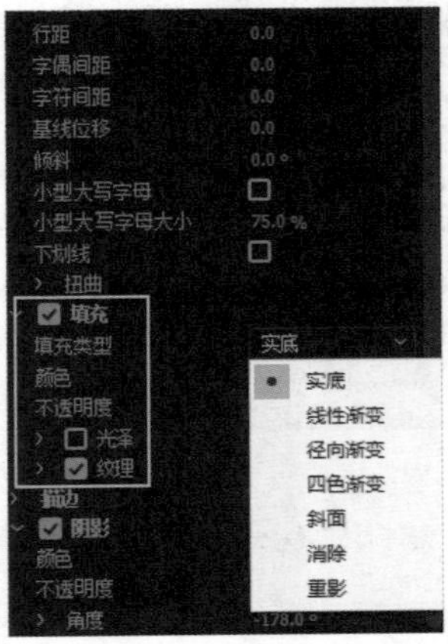

图10-16

表10-5

参数名称	作　用
填充类型	选择文字填充的类型。
颜色	设置文字的填充颜色。
不透明度	设置文字填充的不透明度
光泽	给文字添加光泽效果。
纹理	给文字添加纹理效果。
随对象翻/旋转	将填充的图案与对象一起翻/旋转。
缩放	设置文字在X轴和Y轴水平或垂直缩放。
混合	对填充颜色或纹理进行混合设置。

10.2.4 设置字幕描边和阴影

“描边”栏主要用于设置文本或图形对象的边缘，使其边缘与文本或图形呈现不同的颜色；而“阴影”栏主要是用于为文本或图形添加阴影，两者都可以丰富字幕色彩，美观字幕，其面板如图10-17所示，各参数作用如表10-6所示。

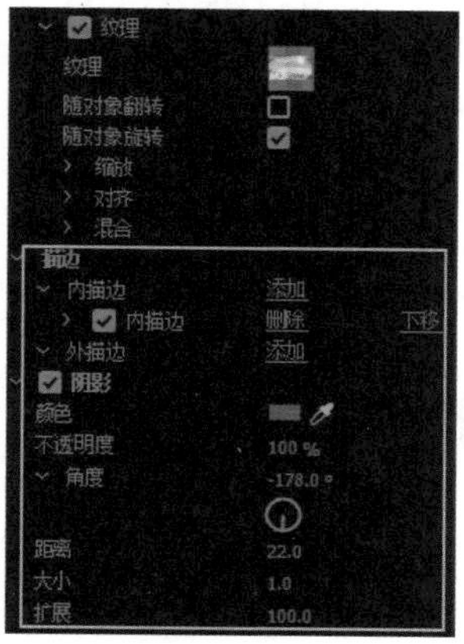

图10-17

表10-6

参数名称	作用
内描边	为文字内侧添加描边效果。
外描边	为文字外部添加描边效果。
颜色	设置阴影的颜色。
不透明度	设置阴影的不透明度。
角度	设置阴影角度。
距离	设置阴影与文字之间的距离。
大小	设置阴影的大小。
扩展	对阴影扩展程序进行设置。

实战应用 为“白雪皑皑”图片添加字幕

本例将综合利用字幕文件的创建、字幕的属性和填充等为图片添加相符合的诗句，具体操作如下所示。

源文件/第10章	初始文件/设置字幕的属性.prproj
	最终文件/设置字幕的属性.prproj

步骤01 打开“设置字幕的属性.prproj”项目文件，已经将项目窗口的“白雪皑皑.jpg”素材文件添加到了时间轴窗口V1时间线上。1.单击“字幕”菜单项，2.选择“新建字幕/默认静态字幕”命令，3.在打开的“新建字幕”对话框中的“名称”文本框中输入“诗句”，4.单击“确定”按钮，如图10-18所示。

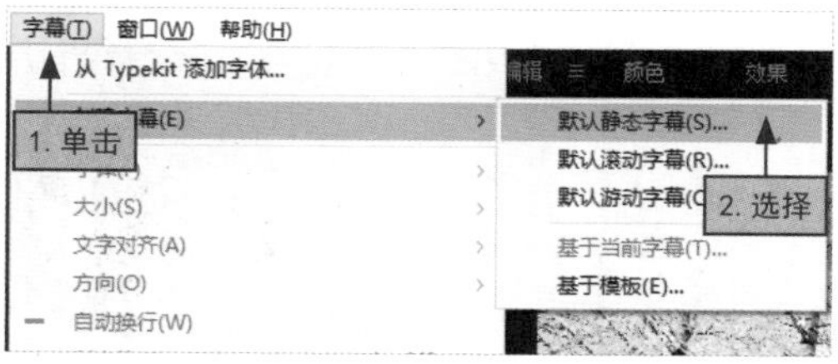

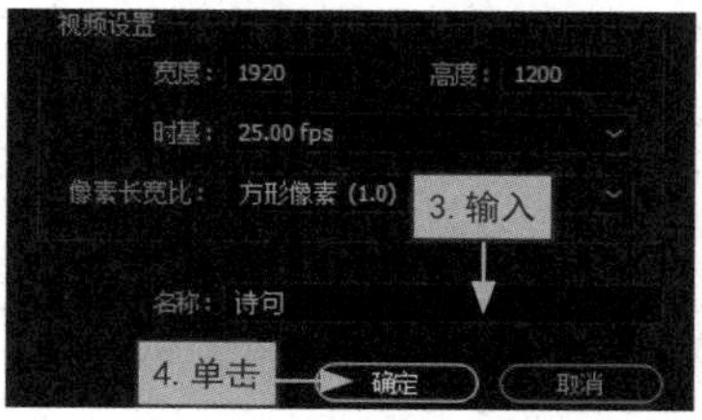

图10-18

步骤02 1.在打开的“字幕”面板中单击“垂直文字工具”按钮，在字幕编辑窗口绘制字幕输入框；2.在字幕框中输入“风雨送春归，风雪迎春到”诗句；3.在“字幕属性”面板设置“字体大小”为134。如图10-19所示。

10-19

步骤03 在“变换”栏调整字幕框的属性，将“X位置”设置为1285.6，“Y位置”设置为548.4；“宽度”设置为250，“高度”设置为830，如图10-20所示。

图10-20

步骤04 1.在“属性”栏将“字体系列”改为方正行楷简体；2.在“填充”栏设置“填充类型”为实底，将颜色设为绿色（80E5D3），如图10-21所示。

图10-21

步骤05 选中“纹理”复选框，再单击“纹理”选项右侧的缩略图按钮打开“选择纹理图像”对话框，选择作为纹理的图片，1.这里选择“亮.jpg”图片，2.单击“打开”按钮，如图10-22所示。

图10-22

步骤06 1.选中“光泽”复选框，打开“描边”栏；2.单击“内描边”选项中的“添加”按钮，将“类型”设置为深度；3.将“填充类型”设置为实底；将“颜色”设置为紫色（533959），如图10-23所示。

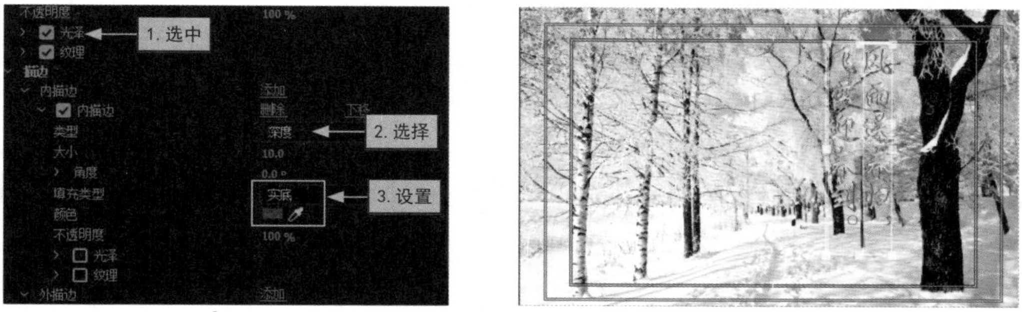

图10-23

步骤07 1.选中“阴影”复选框，2.将“颜色”设置为蓝色（293697），“不透明度”设置为60%，“扩展”设置为40.0。将项目窗口的字幕文件添加到时间轴窗口的V2的时间线上，在监视器窗口中即可查看其效果，如图10-24所示。

图10-24

LESSON 10.3 添加路径文字或图形

知识级别

□初级入门 | ■中级提高 | □高级拓展

知识难度 ★★

学习时长 60 分钟

学习目标

① 掌握路径文字工具的使用。

② 学习使用钢笔工具绘制图形。

③ 学习使用多种工具绘制常用图形。

※ 主要内容 ※

内 容	难 度	内 容	难 度
创建路径文字	★★	使用钢笔工具绘制图形	★★
使用多种工具绘制常用图形	★★		

10.3.1 创建路径文字

在Premiere CC中，根据不同的场景，用户需要创建不同的字幕来满足不同的需求。选择“路径文字工具”和“垂直路径文字工具”就可以在路径上创建路径文字，在创建路径文字之前需要先在字幕编辑区绘制至少一条路径，然后选择任意一种文字或文本框工具，沿着路径输入文字就可以创建路径文字对象，下面通过具体的案例来详细介绍。

[知识演练] 给“宇宙”素材添加字幕

源文件/第10章	初始文件/路径文字.prproj
	最终文件/路径文字.prproj

步骤01 打开“路径文字.prproj”项目文件，可查看素材已添加到时间轴窗口的时间线上。1.单击“字幕”菜单项，选择“新建字幕/默认静态字幕”命令，在打开的“新建字幕”对话框中设置“名称”为星空，单击“确定”按钮。2.打开“字幕设计器”面板，单击“路径文字工具”按钮，如图10-25所示。

步骤02 1.利用“路径文字”工具在字幕编辑区域绘制一条路径，2.单击“文字工具”按钮即可沿着路径将文字“遥望那浩瀚星空”输入，如图10-26所示。

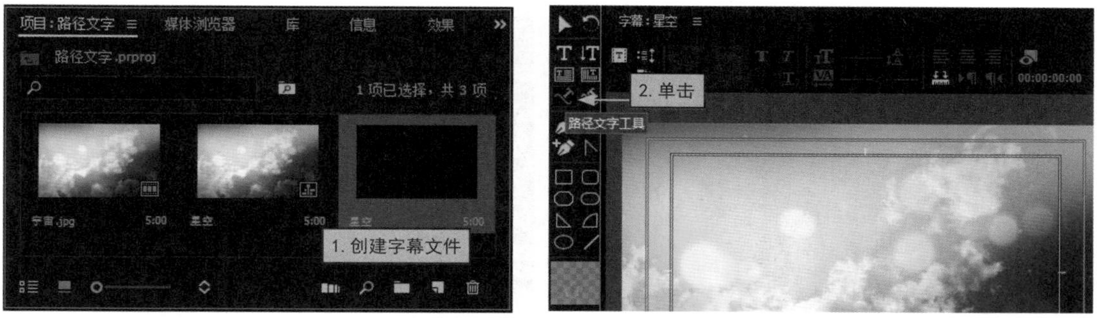

图10-25

图10-26

步骤03 调整字幕位置，然后在项目窗口中将“星空”字幕文件添加到时间轴窗口的V2时间线上，可查看其效果，如图10-27所示。

图10-27

10.3.2 使用钢笔工具绘制图形

在Premiere CC中的“字幕设计器”面板不仅可以添加字幕，还可以绘制图形。在面板中选择钢笔工具来绘制基本的形状，通过添加锚点工具和删除锚点工具来对图形进行修改，绘制出需要的曲线效果，如图10-28所示。

图10-28

10.3.3 使用多种工具绘制常见图形

除了可以使用钢笔工具绘制图形外，还可以直接利用内置的图形工具绘制从而在字幕文件中添加图像文件，例如使用矩形工具、圆角矩形工具和椭圆工具等绘制不同样式的图形，再使用纹理工具添加图片便可以实现该效果，在下面通过具体的案例来详细介绍。

[知识演练] 制作想象小窗口

源文件/第10章	初始文件/多种工具绘制规则图形.prproj
	最终文件/多种工具绘制规则图形.prproj

步骤01 打开“多种工具绘制规则图形.prproj”项目文件，可查看素材已添加到时间轴窗口中的时间线上。单击“字幕”菜单项，选择“新建字幕/默认静态字幕”命令，在打开的“新建字幕”对话框中的“名称”文本框中输入“多种样式”，单击“确定”按钮。1.打开“字幕设计器”面板，单击“圆角矩形工具”按钮；2.使用该工具在字幕编辑区域绘制出圆角矩形，如图10-29所示。

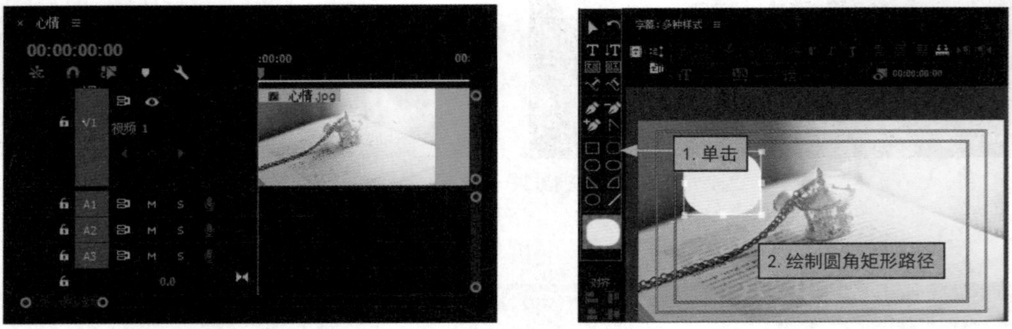

图10-29

步骤02 在“填充”栏选中“纹理”复选框，单击“纹理”选项后面的图片选择按钮，选择图片

“词语.jpeg”当作纹理添加到图形上。1.单击“椭圆工具”按钮，2.使用该工具在字幕编辑区域绘制出椭圆形，如图10-30所示。

图10-30

步骤03 选择椭圆形，在“填充”栏中选中“纹理”复选框，单击“纹理”选项后面的图片选择按钮，选择“心情02.jpg”图片当作纹理添加到图形上。设置椭圆形的“X位置”数值为1455.1，“Y位置”数值为706.3，“宽度”数值为526.6，“高度”数值为480.7。设置圆角矩形的“X位置”数值为442.2，“Y位置”数值为335，“宽度”数值为403.4，“高度”数值为337.7，如图10-31所示。

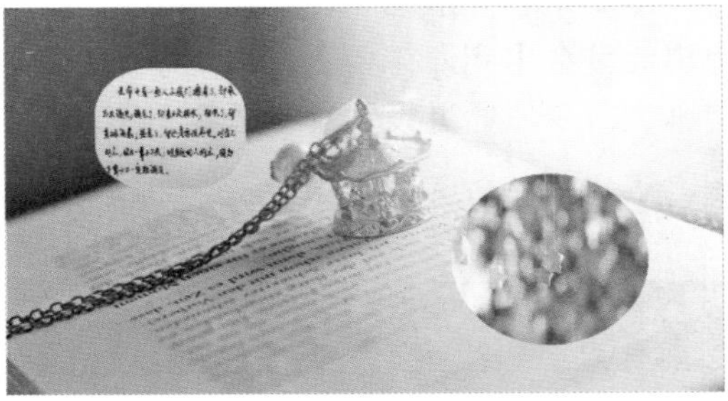

图10-31

LESSON 10.4 创建字幕特效

知识级别

□初级入门 | ■中级提高 | □高级拓展

知识难度 ★★

学习时长 60 分钟

学习目标

① 制作滚动字幕效果。

② 制作游动字幕效果。

③ 编辑动态字幕。

※ 主要内容 ※

内　容	难　度	内　容	难　度
滚动字幕	★★	游动字幕	★★
编辑动态字幕	★★		

10.4.1 滚动字幕

滚动字幕一般用于文字较多时可以通过滚动效果来实现多行文字显示，在许多的视频中也经常会用到，想要添加滚动字幕只需单击“字幕”菜单项，选择“新建字幕/默认滚动字幕”命令，通过设置其参数实现滚动效果，下面通过具体的案例来详细介绍其用法。

[知识演练] 给“乡愁”素材添加滚动字幕

源文件/第10章	初始文件/滚动字幕.prproj
	最终文件/滚动字幕.prproj

步骤01 打开“滚动字幕.prproj”项目文件，可查看“乡愁.jpeg”和“小溪.mp3”素材已添加到时间轴窗口，设置“乡愁.jpeg”素材的持续时间为15秒。1.单击“字幕”菜单项，2.选择“新建字幕/默认滚动字幕”命令，3.在打开的“新建字幕”对话框中设置“名称”为乡愁，4.单击“确定”按钮，如图10-32所示。

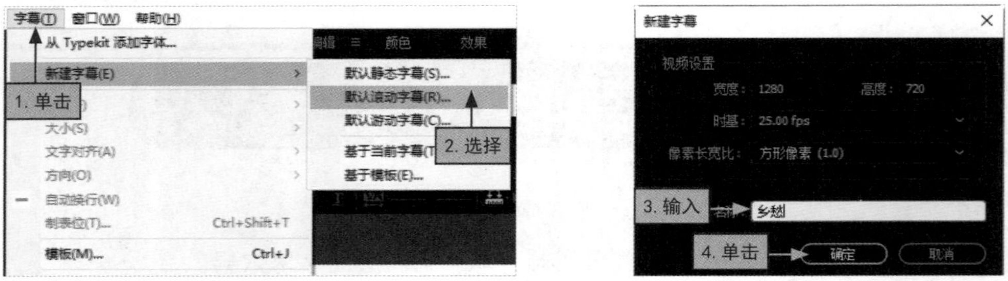

图10-32

步骤02 单击“文字工具”按钮在字幕编辑区域绘制出文字输入框，在框内输入古诗“岭外音书断，经冬夏历春；近乡情更怯，不敢问来人”诗句。1.设置字体为方正行楷简体，2.字体大小为74，如图10-33所示。

步骤03 在“描边”栏中单击“添加”按钮设置外描边。1.单击“滚动/游动选项”按钮，2.在打开的对话框中设置“字幕类型”为滚动；3.选中“开始于屏幕外”和“结束于屏幕外”复选框，4.单击“确定”按钮，如图10-34所示。

图10-33

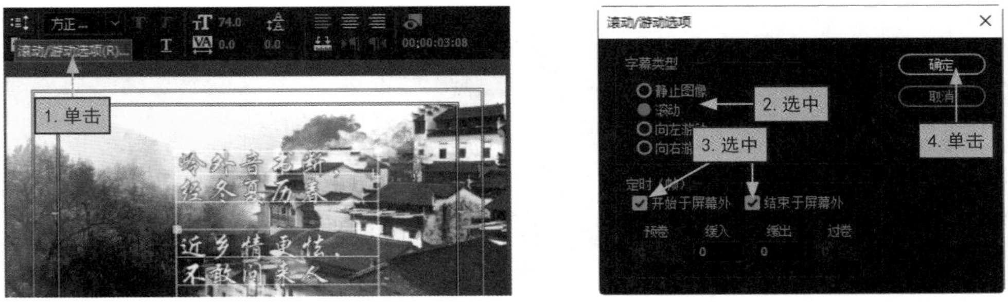

图10-34

步骤04 最后将字幕文件添加到时间轴窗口的V2时间线上，设置其持续时间为15秒，添加音频文件。播放即可预览其效果，如图10-35所示。

图10-35

10.4.2 游动字幕

当然也有文字是左右移动的，用户可以通过制作游动字幕效果来实现字幕从左往右或者从右往左游动的效果。1.添加游动字幕效果只需单击“字幕”菜单项；2.选择“新建字幕/默认游动字幕”命令，设置完字幕效果后，单击上方的“滚动/游动选项”按钮，在打开的对话框中；3.选择“向左游动”或者“向右游动”选项；4.选中“开始于屏幕外”和“结束于屏幕外”复选框；5.单击“确定”按钮即可，如图10-36所示。

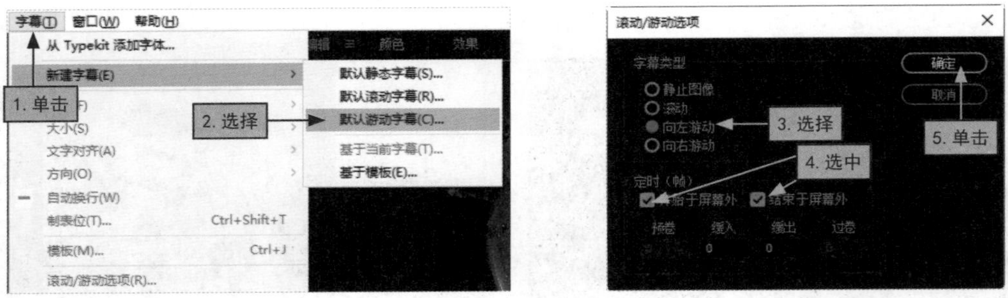

图10-36

设置完成后播放即可查看其效果，如图10-37所示。

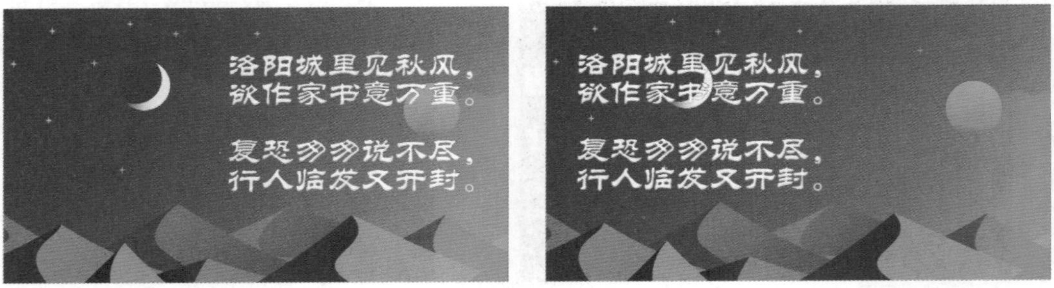

图10-37

10.4.3 编辑动态字幕

除了可以将其设置为滚动字幕和游动字幕外，还可以通过设置动态字幕的缓入、缓出等数值，来改变字幕的出现和结束的出入效果，如图10-38所示，其具体用法如表10-7所示。

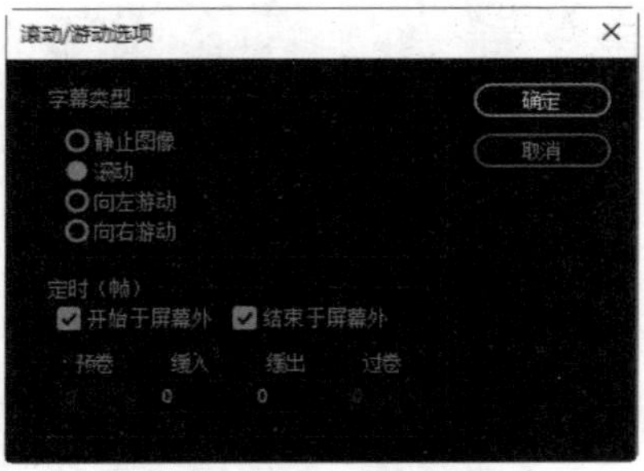

图10-38

表10-7

参数名称	作　用
预卷	设置字幕在动作开始之前静止的帧数。
缓入	设置字幕滚动或游动的速度逐渐增加到正常播放时，在该数值框中输入加速过渡的帧数。
缓出	设置字幕滚动或游动的速度逐渐减小到正常停止时，在该数值框中输入减数过渡的帧数。
过卷	设置在动作之后使字幕静止不动，控制静止的帧数。

第11章

合成技术

学习目标

在视频2轨道放置一个视频影像或静态图片，在视频1轨道放置另外一个视频影像或静态图片，那么在节目窗口中只能看到位于上方的视频2轨道的图像。如果要想看到两个轨道上的图像，需要通过调整不透明度合成或通过键控合成，本章将详细介绍两种合成方式的应用。

本章要点

- 通过抠像对素材叠加应用
- 通过遮罩对素材叠加应用
- 创建4点多边形蒙版
- 创建椭圆形蒙版
- 自由绘制贝塞尔曲线

……

LESSON 11.1

抠像与遮罩

知识级别

□初级入门 | ■中级提高 | □高级拓展

知识难度 ★★

学习时长 90 分钟

学习目标

① 通过抠像对素材叠加应用

② 通过遮罩对素材叠加应用

※主要内容※

内　容	难　度	内　容	难　度
通过抠像对素材叠加应用	★★	通过遮罩对素材叠加应用	★★

11.1.1 通过抠像对素材叠加应用

影片的合成是通过不同轨道的素材进行叠加，主要有两种方法：一种是通过键控；另外一种则是对其不透明度进行调整合成。

键控一般又包含抠像和遮罩。在电视、电影行业中，非常重要的一部分就是抠像，许多效果都是通过抠像来实现的。通过抠像技术可以任意更换背景，这就是影视中奇幻背景或惊险镜头的制作方法。

抠像的原理非常简单，就是将背景的颜色抠除，只保留主题对象，就可以进行视频合成处理，如图11-1所示。

图11-1

在Premiere CC中有内置的键控菜单，包含了以下5种方式，具体如下。

1. Alpha调整

“Alpha调整”效果一般在需要更改固定效果的默认渲染顺序时，可使用 Alpha 调整效果代替不透明度效果。其面板如图11-2所示，参数组中各个参数的作用如表11-1所示。

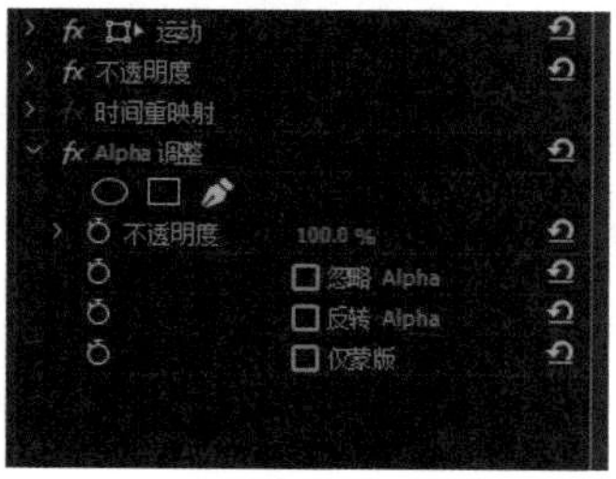

图11-2

表11-1

参数名称	作 用
不透明度	不透明度参数值设置。
忽略Alpha	忽略剪辑的Alpha通道。
反转 Alpha	反转剪辑的透明度和不透明区域。
仅蒙版	仅将效果应用于蒙版区域。

使用“Alpha调整”效果只需打开“效果”面板，展开“视频效果”文件夹，选择“键控/Alpha调整”命令，并将其拖至素材上即可，如图11-3所示为应用该特效的前后对比效果。

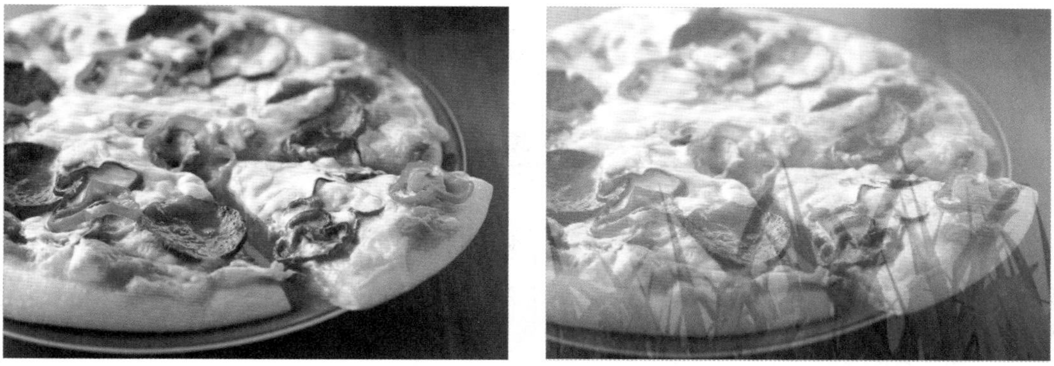

▲使用前　▲使用后

图11-3

2. 亮度键

“亮度键”效果可以抠出图层中指定明亮度或亮度的所有区域。适合应用于明暗对比强烈的图像。例如，如果要为白色背景上的音符创建遮罩，可以抠出较亮的值；黑的音符成为唯一不透明的区域。其面板如图11-4所示，参数组中各个参数的作用如表11-2所示。

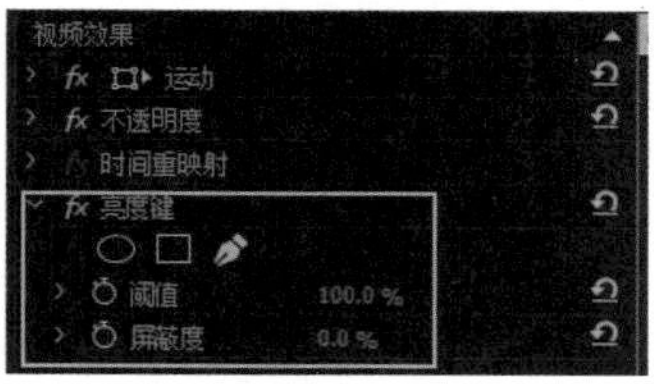

图11-4

表11-2

参数名称	作 用
阈值	指定较暗区域的范围。较高的值会增加透明度的范围。
屏蔽度	设置由“阈值”滑块指定的不透明区域的不透明度。较高的值会增加透明度。

使用该效果只需在展开的“效果”面板中选择“视频效果/键控/亮度键”命令，并将其拖至素材上即可。如图11-5所示为应用该特效的前后对比效果。

▲使用前　　▲使用后

图11-5

❸ 颜色键

“颜色键”效果可抠出所有类似于指定的主要颜色的图像像素，抠出剪辑中的颜色值时，该颜色或颜色范围将变得对整个剪辑对象透明。可通过调整容差级别来控制透明颜色的范围。也可以对透明区域的边缘进行羽化，以便创建透明和不透明区域之间的平滑过渡。其面板如图11-6所示，参数组中各个参数的作用如表11-3所示。

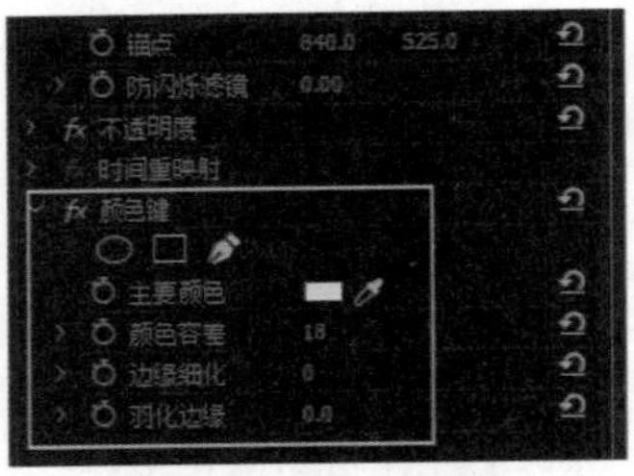

图11-6

表11-3

参数名称	作　用
主要颜色	设置需要抠出的主要颜色。
颜色容差	设置颜色的容差。
边缘细化	设置边缘细化的值。
羽化边缘	指定边缘羽化值。

“颜色键”效果的使用只需在展开的“效果”面板中选择“视频效果/键控/颜色键”命令，并将其拖曳至素材上即可，如图11-7所示为使用效果。

图11-7

④超级键

“超级键”效果能够通过指定一种特定的颜色，将其在素材中遮罩起来，然后通过设置其透明度、高光和阴影等值进行合成。其面板如图11-8所示，参数组中各个参数的作用如表11-4所示。

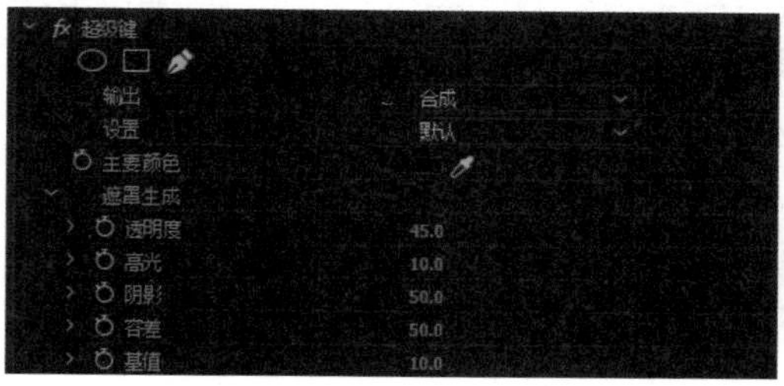

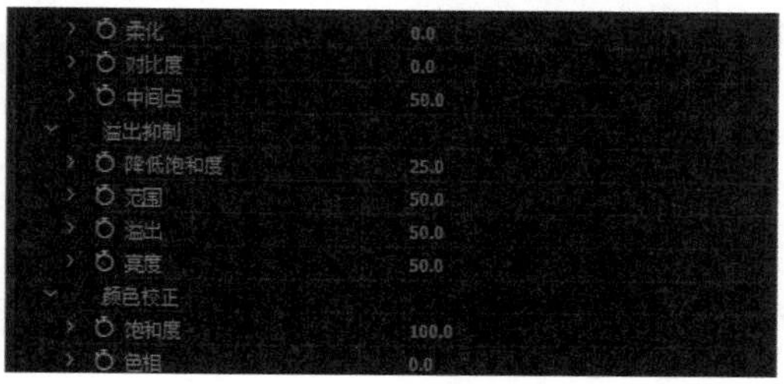

图11-8

表11-4

名　称	作　用	名　称	作　用
透明度	指定抠像源后，控制源的透明度。值的范围从0到100，100表示完全透明，0表示不透明。	高光	增加源图像的亮区的不透明度，可以使用“高光”提取细节，如透明物体上的镜面高光。
阴影	增加源图像的暗区的不透明度。可以使用“阴影”来校正由于颜色溢出而变透明的黑暗元素。值的范围从0到100，默认值为50，0不影响图像。	容差	从背景中过滤出前景图像中的颜色，增加了偏离主要颜色的容差。值的范围从0到100，默认值为50，0不影响图像。
基值	从 Alpha 通道中过滤出通常由粒状或低光素材所引起的杂色。值的范围从0到100。源图像的质量越高，“基值”可以设置得越低。	阻塞	缩小Alpha通道遮罩的大小。执行形态侵蚀（部分内核大小）。阻塞级别值的范围从0到00，100表示9x9内核，0 不影响图像，默认值为 0。
柔化	使 Alpha通道遮罩的边缘变模糊。执行盒形模糊滤镜（部分内核大小）。	对比度	调整 Alpha通道的对比度。值的范围从0到 100，0不影响图像，默认值为0。
中间点	选择对比度值的平衡点。值的范围从0到100，0不影响图像，默认值为50。	范围	控制校正的溢出量。值的范围从0到100，0不影响图像，默认值为50。
降低饱和度	控制颜色通道背景颜色的饱和度。降低接近完全透明颜色的饱和度，值的范围从0到50。	亮度	与Alpha通道结合使用可恢复源的原始明亮度。值的范围从0到100，0不影响图像，默认值为50。
溢出	调整溢出补偿的量。值的范围从0到100，0不影响图像，默认值为50。	饱和度	控制前景源的饱和度。值的范围从0到200。设置为零将会移除所有色度。默认值为100。
色相	控制色相，值的范围从-180°到+180°。默认值为 0°。	明亮度	控制前景源的明亮度。值的范围从0到200，0表示黑色，100表示 4x。

使用“超级键”效果进行合成只需在展开的“效果”面板中选择“视频效果/键控/超级键”命令，并将其拖曳至素材上即可。如图11-9所示为应用该特效的前后对比效果。

▲使用前　　▲使用后

图11-9

5. 非红色键

“非红色键”效果是基于绿色或蓝色背景创建透明度。此键类似于早期版本的蓝屏键效果，但是它还允许混合两个剪辑。此外，非红色键效果有助于减少不透明对象边缘的边纹。在需要控制混合时，可使用非红色键效果来抠出绿屏。其面板如图11-10所示，参数组中各个参数的作用如表11-5所示。

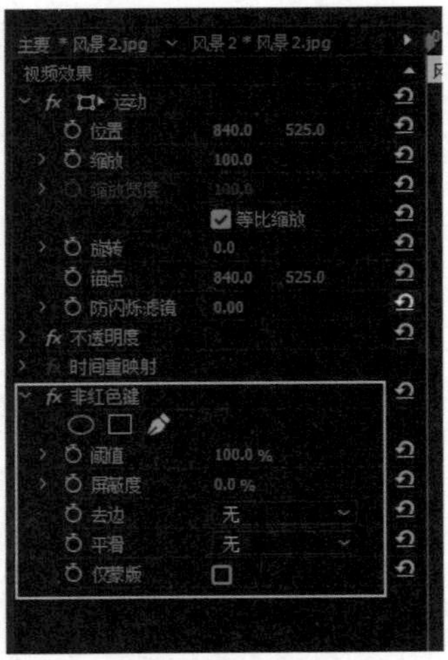

图11-10

表11-5

参数名称	作　用
阈值	设置用于确定剪辑透明区域的蓝色阶或绿色阶。向左拖动“阈值”滑块可增加透明度的值。在移动“阈值”滑块时，使用“仅蒙版”选项可查看黑色（透明）区域。
屏蔽度	设置由“阈值”滑块指定的不透明区域的不透明度。较高的值会增加透明度。向右拖动，直到不透明区域达到令人满意的程度。
去边	从剪辑不透明区域的边缘移除残余的绿屏或蓝屏颜色。选择“无”选项可禁用去边。选择“绿色”或“蓝色”选项可分别从绿屏或蓝屏素材中移除残余的边缘。
平滑	指定Premiere应用于透明和不透明区域之间边界的消除锯齿（柔化）量。
仅蒙版	仅显示剪辑的Alpha通道。黑色表示透明区域，白色表示不透明区域，而灰色表示部分透明区域。

使用该效果只需在展开的“效果”面板中选择“视频效果/键控/非红色键”命令，并将其拖曳至素材上即可。如图11-11所示为应用该特效的前后对比效果。

▲使用前

▲使用后

图11-11

11.1.2 通过遮罩对素材叠加应用

在Premiere CC中还可以通过创建遮罩对素材进行叠加处理，达到用户理想的效果，下面详细介绍4种常用的遮罩。

1. 差值遮罩

“差值遮罩”效果是将源剪辑和差值剪辑进行比较，从而创建透明度，然后在源图像中抠出与差值图像中的位置和颜色均匹配的像素。

通常，此效果用于抠出移动物体后面的静态背景，然后放在不同的背景上。差值剪辑通常仅仅是背景素材的帧（在移动物体进入场景之前）。有鉴于此，差值遮罩效果最适合使用固定摄像机和静止背景拍摄的场景。其面板如图11-12所示，参数组中各个参数的作用如表11-6所示。

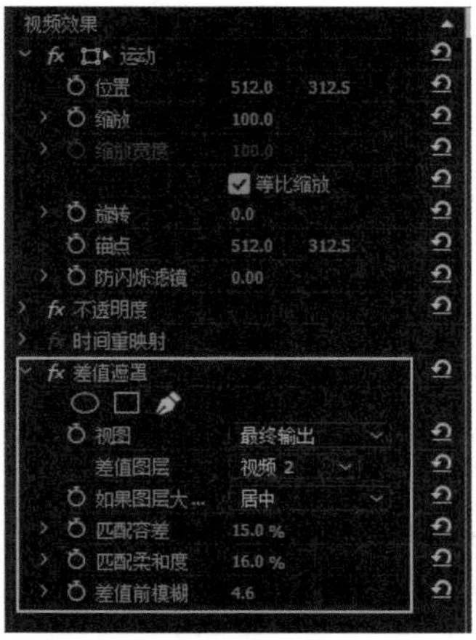

图11-12

表11-6

参数名称	作　用
视图	指定节目监视器显示“最终输出”、“仅限源”还是“仅限遮罩”。
差值图层	指定要用作遮罩的轨道。
如果图层大小不同	指定将前景图像居中还是对其进行拉伸以适合。
匹配容差	遮罩必须在多大程度上匹配前景颜色才能被抠像。
匹配柔和度	指定遮罩边缘的柔和度程度。
差值前模糊	指定添加到遮罩的模糊的程度。

使用“差值遮罩”效果只需在“效果”面板中选择“视频效果/键控/差值遮罩”命令，并将其拖至曳素材上即可。如图11-13所示为应用该特效的前后对比效果。

▲使用前　▲使用后

图11-13

2. 图像遮罩键

“图像遮罩键”效果是根据静止图像剪辑的明亮度值抠出剪辑图像的区域。透明区域显示下方轨道中的剪辑产生的图像，可以指定项目中要充当遮罩的任何静止图像剪辑，它不必位于序列中。若要使用移动图像作为遮罩，则应使用轨道遮罩键效果，图像遮罩键可根据遮罩图像的 Alpha 通道或亮度值来确定透明区域。其面板如图11-14所示，参数组中各个参数的作用如表11-7所示。

图11-14

表11-7

参数名称	作　用
“设置”按钮	单击该按钮，在打开的对话框中选择需要设置为底纹的素材。
合成使用	选择合成的方式。
反向	选中该复选框，可对遮罩进行反向操作。

使用该效果只需在展开的“效果”面板中选择“视频效果/键控/图像遮罩键”命令，并将其拖曳至素材上即可。如图11-15所示为应用该特效的前后对比效果。

图11-15

③ 轨道遮罩键

“轨道遮罩键”效果能够将蒙版上黑色区域的图像设置为透明，白色区域的图像设置为不透明效果，该效果是通过一个剪辑（叠加的剪辑）显示另一个剪辑（背景剪辑），此过程中使用第三个文件作为遮罩，在叠加的剪辑中创建透明区域。此效果需要两个剪辑和一个遮罩，每个剪辑位于自身的轨道上。遮罩中的白色区域在叠加的剪辑中是不透明的，以防止底层剪辑显示出来。遮罩中的黑色区域是透明的，而灰色区域是部分透明的。

使用“轨道遮罩键”效果进行素材合成只需在展开的“效果”面板中选择“视频效果/键控/轨道遮罩键”命令，并将其拖曳至素材上，再通过“效果控件”面板设置其参数即可，如图11-16所示。

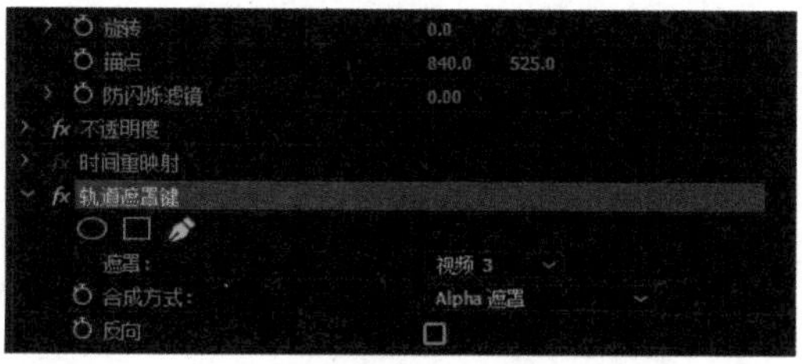

图11-16

④ 移除遮罩

“移除遮罩”效果能够移除素材中的白色或黑色遮罩，只要应用键控后，再使用该效果，即可去除素材中的白色或黑色遮罩区域，对于固有背景色为白色或黑色的素材使用该效果也非常有效。

使用“移除遮罩”效果只需在展开的“效果”面板中选择“视频效果/键控/移除遮罩”命令，并将其拖曳至素材上即可添加该特效，在其“效果控件”面板中设置参数即可，如图11-17所示。

图11-17

实战应用 植物开花效果制作

本例将综合利用键控菜单中的颜色键、亮度键等效果，实现植物开花的动画效果。

源文件/第11章	初始文件/植物开花.prproj
	最终文件/植物开花.prproj

步骤 01 打开“植物开花.prproj”项目文件，可看到项目窗口的“植物开花.mov”和“背景”素材已经添加到时间轴窗口中。将“植物开花.mov”素材放于V3轨道，“背景”放于V2轨道，如图11-18所示。

步骤 02 选择“植物开花.mov”素材，打开“效果”面板，展开“视频效果”文件夹，1.选择“控键”选项；2.在其下拉列表中选择“颜色键”命令，添加“颜色键”效果，如图11-19所示。

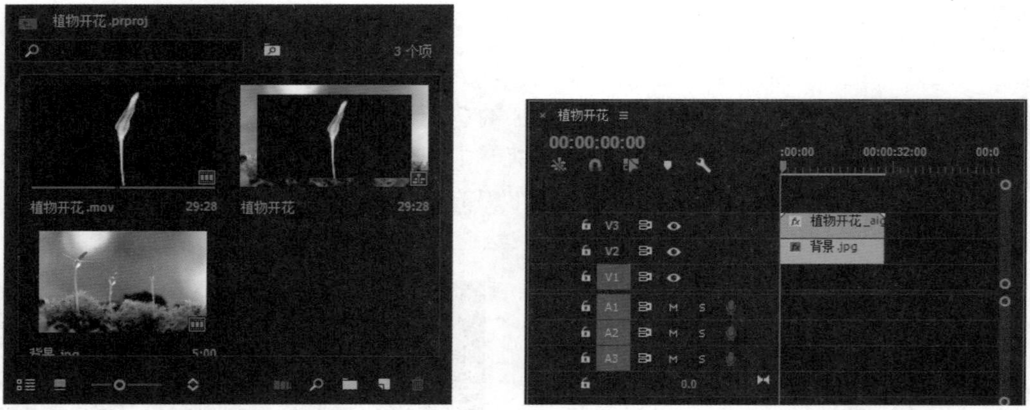

图11-18

图11-19

步骤 03 打开“效果控件”面板，设置“主要颜色”为黑色，将“颜色容差”设置为35，“边缘细化”设置为2，“羽化边缘”值设置为30.0，如图11-20所示。

图11-20

步骤 04 选中“植物开花.mov”素材，在“效果”面板中选择“视频效果/键控/亮度键”命令，添加“亮度键”效果。在其“效果控件”面板中设置“阈值”为100%，“屏蔽度”值为0.0%，如图11-21所示。

图11-21

LESSON

11.2 不透明度调整合成

知识级别

□初级入门 | ■中级提高 | □高级拓展

知识难度 ★★

学习时长 60 分钟

学习目标

① 创建 4 点多边形蒙版。

② 创建椭圆形蒙版

③ 自由绘制贝塞尔曲线。

※主要内容※

内 容	难 度	内 容	难 度
创建 4 点多边形蒙版	★★	创建椭圆形蒙版	★★
自由绘制贝塞尔曲线	★★		

11.2.1 创建4点多边形蒙版

在Premiere CC中，每个素材在其“效果控件”面板中都包含不透明度属性。该属性主要包括“不透明度”选项和创建蒙版选项，当设置其不透明度为0.0%时，素材完全透明；当设置不透明度为100%时，素材完全不透明。蒙版创建主要包括“创建4点多边形蒙版”、“创建椭圆形蒙版”和“自由绘制贝塞尔曲线”3种方式，如图11-22所示。

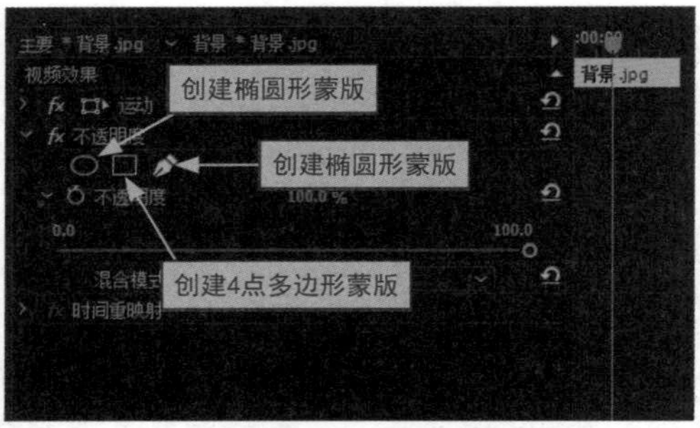

图11-22

创建4点多边形蒙版是通过4个点（左上、右上、左下和右下）来控制叠加素材的大小，达到合成的效果。在创建蒙版后可以通过拖动4个点来修改蒙版的大小，下面通过具体的案例操作来详细介绍其用法。

[知识演练] 利用4点多边形蒙版合成“寒冬”文件

源文件/第11章	初始文件/4点多边形蒙版.prproj
	最终文件/4点多边形蒙版.prproj

步骤 01 打开“4点多边形蒙版.prproj”项目文件，可查看“雪地”、“雪地02”、“字幕09”素材已添加到时间轴窗口。设置“字幕09”素材的持续时间为05秒，第一帧为0秒0帧；设置“雪地”素材持续时间为09秒09帧，第一帧为05秒01帧（即放于字幕文件后）；设置“雪地02”素材的持续时间为14秒09帧，第一帧为0秒0帧，如图11-23所示。

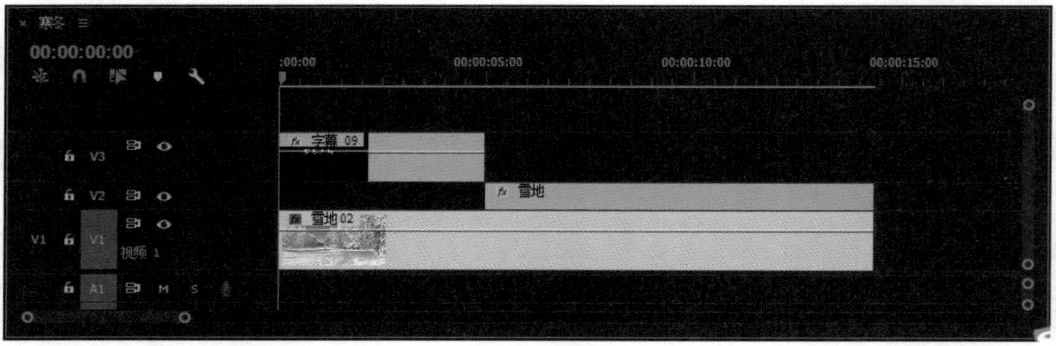

图11-23

步骤 02 选择“字幕09”素材，打开“效果控件”面板，1.展开“不透明度”参数面板，单击“创建4点多边形蒙版”按钮，即可显示“蒙版（1）”参数选项；2.在节目监视器窗口即可默认创建“4点多边形蒙版”，如图11-24所示。

步骤 03 选择“蒙版（1）”选项，在节目监视器窗口将蒙版移动到左侧。将时间指示器移动到0秒0帧处，设置“蒙版路径”关键帧；将时间指示器移动到04秒15帧处，在节目监视器窗口拖动右上角和右下角的点，直到完全显示“寒冬夕阳”字幕，如图11-25所示。

图11-24

图11-25

步骤 04 按空格键或单击“播放”按钮即可在节目监视器窗口中查看字幕逐个显示出来效果，如图11-26所示。

图11-26

步骤 05 选中“字幕09”素材，打开其“效果控件”面板可查看其关键帧，如图11-27所示。

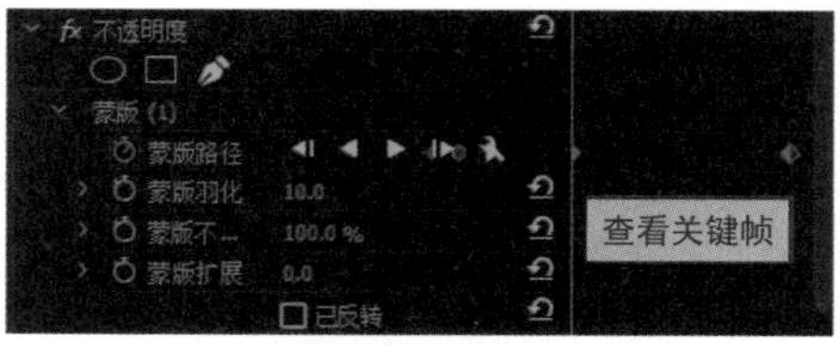

图11-27

步骤 06 将时间指示器移动到05秒01帧处，选择“雪地”素材，在“效果控件”面板单击“不透明度”选项卡下的“创建4点多边形蒙版”按钮，在节目监视器窗口绘制蒙版，将蒙版移动到左上角，如图11-28所示。

图11-28

步骤 07 1.拖动蒙版右上角的点，使其处于“雪地02”素材的右上角顶点处；拖动左下角的点，使其处于“雪地02”素材的左下角顶点处；拖动右下角（即移动点）的点，使其紧挨着左上角的点。2.在“效果控件”面板设置“蒙版路径”关键帧，如图11-29所示。

图11-29

步骤 08 将时间指示器移动到14秒08帧处，在节目监视器窗口将移动点拖动到“雪地02”素材右下角。并在“效果控件”面板中设置关键帧，将“蒙版羽化”设置为100.0，如图11-30所示。

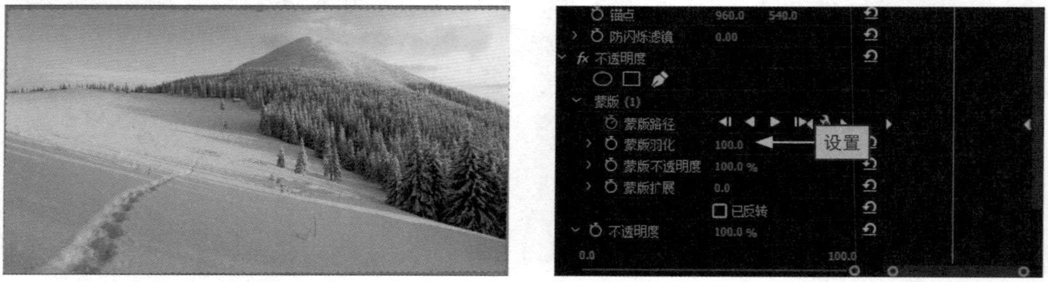

图11-30

步骤 09 按空格键或单击“播放”按钮，即可在节目监视器窗口查看效果，如图11-31所示。

图11-31

11.2.2 创建椭圆形蒙版

创建椭圆形蒙版是通过创建椭圆形来控制叠加素材的大小，达到合成的效果。可以用来制作如想象小窗口之类的素材效果，如图11-32所示，其用法与4点多边形蒙版类似。

图11-32

11.2.3 自由绘制贝塞尔曲线

自由绘制贝塞尔曲线是指通过创建多个点来形成不规则图形蒙版，从而控制叠加素材的大小，实现合成的效果，如图11-33所示。

图11-33

[知识演练] 利用绘制贝塞尔曲线去除视频水印

源文件/第11章	初始文件/绘制贝塞尔曲线.prproj
	最终文件/绘制贝塞尔曲线.prproj

步骤 01 打开“绘制贝塞尔曲线.prproj”项目文件，在节目监视器窗口可查看“夕阳.mp4”素材。1.单击打开“效果”面板，展开“视频效果”文件夹；2.选择“Obsolete/快速模糊”命令，将“快速模糊”效果添加到时间轴窗口中的“夕阳.mp4”素材上，如图11-34所示。

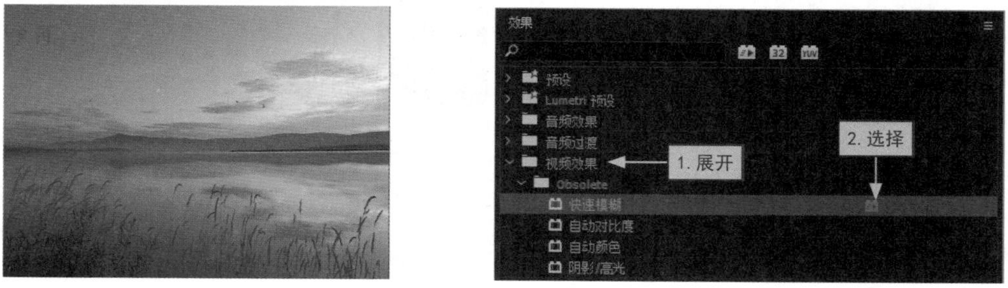

图11-34

步骤 02 1.打开“夕阳.mp4”素材的“效果控件”面板，在“快速模糊”参数选项中单击“自由绘制贝塞尔曲线”按钮，2.在节目监视器窗口的“夕阳”字样上绘制蒙版，如图11-35所示。

图11-35

步骤 03 1.拖动曲线上的点调整蒙版的形状，使之尽量不覆盖到除了字以外的地方；设置完成后，2.在“效果控件”面板“蒙版（1）”选项下设置“模糊度”为147，3.设置“蒙版扩展”为4，如图11-36所示。

图11-36

步骤 04 按空格键或单击“播放”按钮即可查看其效果，如图11-37所示。

图11-37

第12章

动态效果的设置与编辑

学习目标

动态效果就是要随时间推移而更改属性值。在 Premiere CC 中，可通过将关键帧分配给效果属性来实现动态效果。添加运动效果，可以使作品更加具有活力，本章将综合介绍动态效果的添加、设置与编辑。

本章要点

- 通过时间线创建关键帧
- 选择和移动关键帧
- 复制与粘贴关键帧
- 指定插值方式
- 线性插入和曲线插入

……

LESSON 12.1

运动关键帧的创建与编辑

知识级别

■初级入门 | □中级提高 | □高级拓展

知识难度 ★★

学习时长 60 分钟

学习目标

① 通过时间线创建关键帧。

② 选择和移动关键帧。

③ 复制与粘贴关键帧。

※ 主要内容 ※

内　容	难　度	内　容	难　度
通过时间线创建关键帧	★	选择和移动关键帧	★
复制与粘贴关键帧	★		

12.1.1 通过时间线创建关键帧

在时间轴窗口中创建关键帧，一般都是对素材的透明度关键帧进行设置。将时间指示器移动到素材的起点，单击“添加-移除关键帧”按钮，创建第一个关键帧；将时间指示器移动到另一个时间点再次单击“添加-移除关键帧”按钮，即可创建第二个关键帧。当用户创建了多个关键帧时还可以使用“选择工具”对其进行调整，将关键帧向上拖动时，则可使素材的透明度增加；将关键帧向下拖动时，则可使素材的透明度降低，下面通过具体的案例来详细介绍。

[知识演练] 给“叶子”素材添加关键帧并调整

源文件/第12章	初始文件/在时间线上创建关键帧.prproj
	最终文件/在时间线上创建关键帧.prproj

步骤01 1.打开“在时间线上创建关键帧.prproj”项目文件，可查看素材“叶子.jpg”已添加到时间轴窗口，2.选择V1轨道，当鼠标光标变成对应的形状时，向上拖动显示出素材的不透明度线，如图12-1所示。

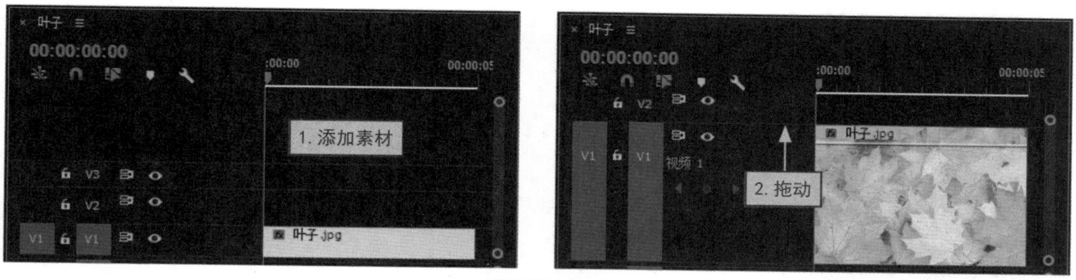

图12-1

步骤02 1.将时间指示器移动到0秒处；2.单击“添加-移除关键帧”按钮，将时间指示器移动到01秒处，单击“添加-移除关键帧”按钮；3.将时间指示器移动到05秒处，4.单击“添加-移除关键帧”按钮。在时间线上可查看关键帧，如图12-2所示。

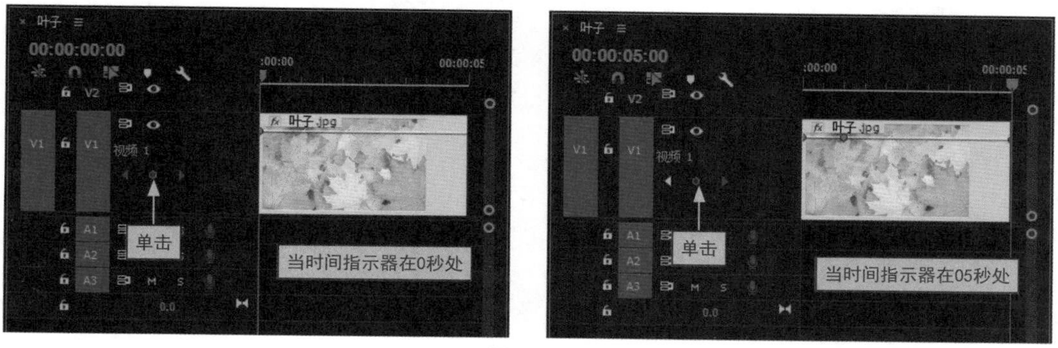

图12-2

知识延伸 | 显示视频关键帧

在通过时间线创建关键帧时如果没有显示不透明度线（关键帧呈灰色），则需要单击“时间轴显示设置”按钮，在弹出的快捷菜单中选择“显示视频关键帧”命令，如图12-3所示。

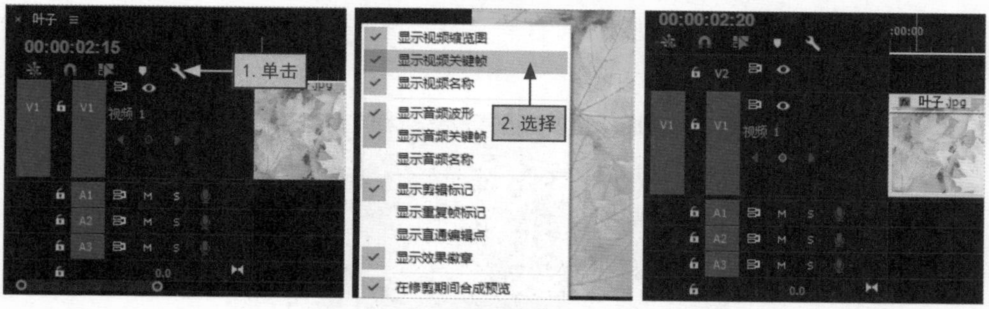

图12-3

步骤03 1.选择01秒处的关键帧，向下拖动降低素材的不透明度；2.选择05秒处的关键帧，直接将其拖到最低处，如图12-4所示。

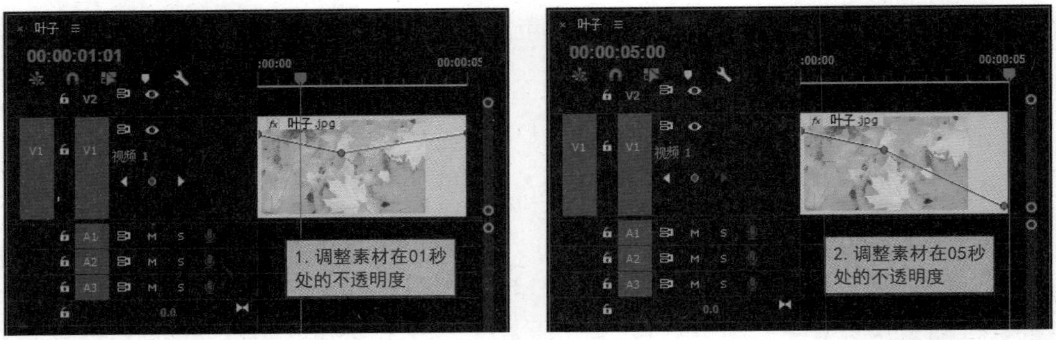

图12-4

步骤04 播放即可查看设置关键帧后的效果，如图12-5所示。

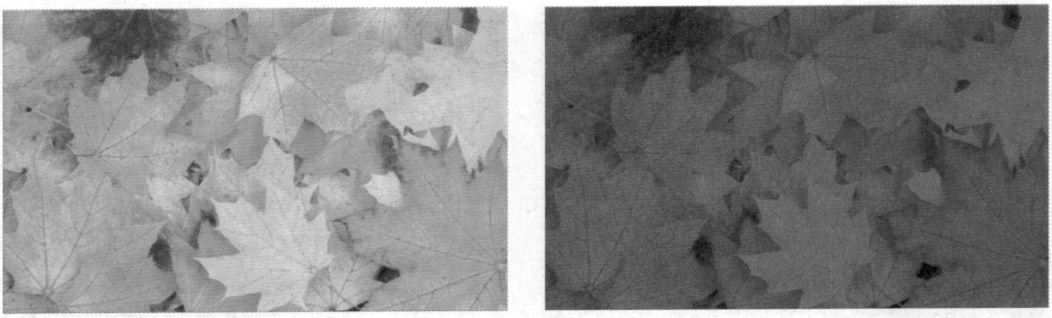

图12-5

12.1.2 选择和移动关键帧

除了在时间轴窗口创建关键帧外，大多都在效果控件面板的“运动”栏下创建关键帧，单击“运动”栏前的折叠按钮即可打开，主要包括“位置”、“缩放”、“旋转”、“锚点”和“防闪烁滤镜”5类关键帧，如图12-6所示。

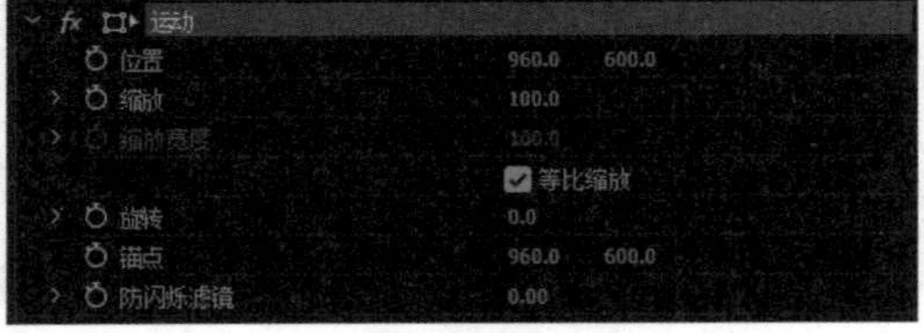

图12-6

在已经添加的关键帧上用户还可以选择和移动关键帧，1.其方法是在“运动”右侧选中已添加的关键帧按钮，将其拖动即可移动该关键帧，2.可以单击“转到上一关键帧”或“转到下一关键帧”来选择其他的关键帧，如图12-7所示。

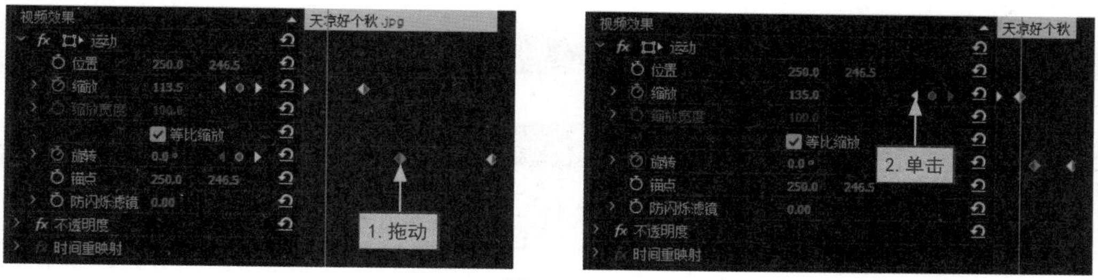

图12-7

12.1.3 复制与粘贴关键帧

除了可以选择和移动关键帧外，还可以复制和粘贴关键帧。复制和粘贴关键帧的方法主要有以下两种。

- **菜单命令复制与粘贴：** 选择需要复制与粘贴的关键帧并单击鼠标右键，在弹出的快捷菜单中选择“复制”命令。将时间指示器移动到需要粘贴的位置再单击鼠标右键，选择“粘贴”命令即可完成，如图12–8所示。

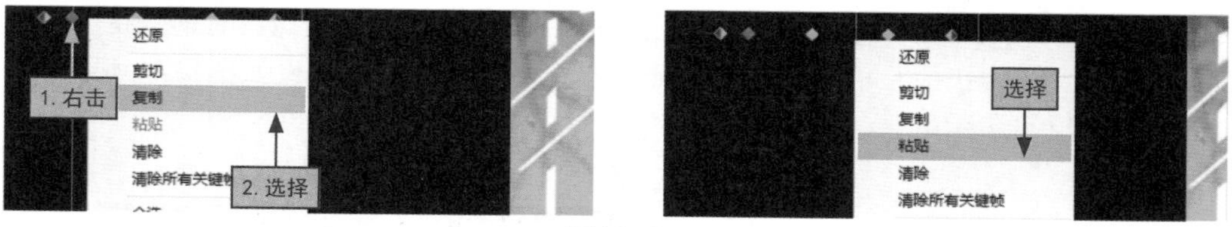

图12–8

- **快捷键复制与粘贴：** 选择需要复制与粘贴的关键帧，按Ctrl+C组合键复制该关键帧，将时间指示器移动到需要粘贴的位置按Ctrl+V组合键即可完成。

LESSON 12.2 编辑关键帧的插值

知识级别

■初级入门 | □中级提高 | □高级拓展

知识难度 ★★

学习时长 60 分钟

学习目标

① 指定插值方式。

② 线性插入与曲线插入的用法。

③ 临时插值与空间插值的用法。

※ 主要内容 ※

内　容	难　度	内　容	难　度
指定插值方式	★	线性插入与曲线插入	★
临时插值与空间插值	★		

12.2.1 指定插值方式

插值是用来填充图像变换时像素之间的空隙。在离散数据的基础上补插连续函数，使得这条连续曲线通过全部给定的离散数据点。利用它可通过函数在有限个点处的取值状况，估算出函数在其他点处的近似值。

关键帧插值可以调整关键帧之间的补数数值变化，使关键帧之间产生变速度、匀速度、加速度和减速度等速度变化，可调整素材的速度、平滑度和运动轨迹在两个关键帧之间的插入方法不同，运动效果的显示方式也不同，在时间轴窗口选择已有的关键帧，单击鼠标右键，在弹出的快捷菜单中选择一种插入方式即可。其具体面板如图12-9所示，各命令的用法如表12-1所示。

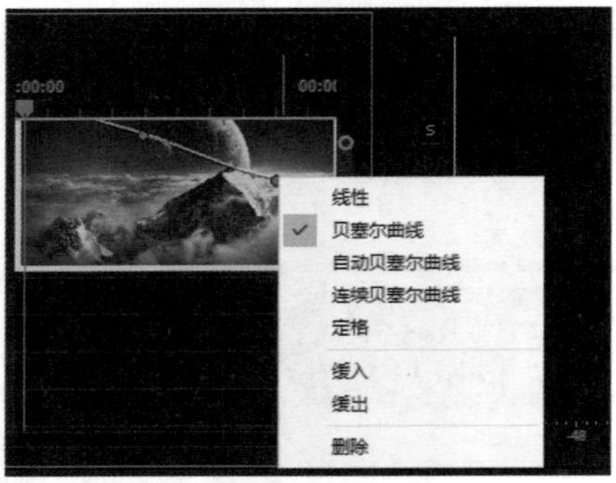

图12-9

表12-1

命　令	作　用
线性	可插入均匀的运动变化。
贝塞尔曲线	可以创建平滑的运动变化效果。
定格	用于创建闸门的效果，还可以创建突变的运动变化效果。
缓入	可创建缓慢的运动变化效果。
缓出	可创建急速的运动变化效果。
删除	选中关键帧可将其进行删除。

12.2.2 线性插入和曲线插入

使用线性插入和曲线插入都可以插入运动路径，但两者有所区别。如图12-10左图所示为线性插入法插入的V形路径，如图12-10中右图所示为曲线插入法插入的U形路径。一般来说后者比前者平滑。

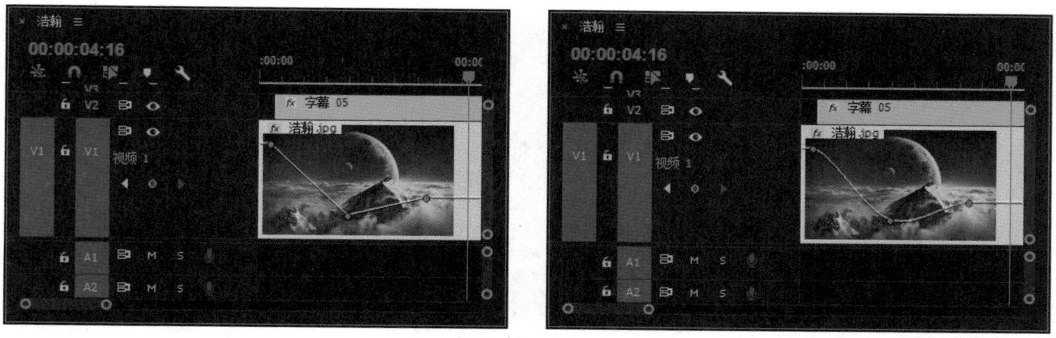

图12-10

在节目监视器窗口可对运动路径进行查看，路径是由多个点组成的，每个点指的都是素材中的一帧。每个点之间的距离决定着运动的速度，点之间的距离越大，运动速度越快；点之间的距离越小，则运动速度越慢。

“效果控件”面板的运动路径以图标的形式显示，插入的方式不同，在该面板中显示的图表也不同，如图12-11所示。

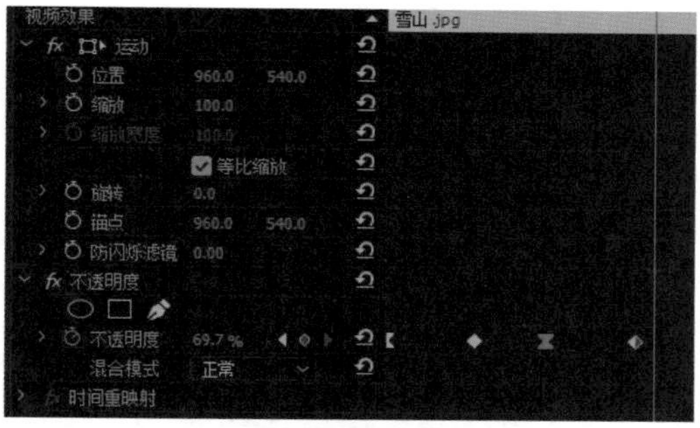

图12-11

12.2.3 临时插值与空间插值

临时插值是控制一个关键帧在时间线上的变化，对一个关键帧进行该项调整（比如，从线性调整为贝塞尔）后，曲线编辑器里面的曲线会发生变化，但是它不会影响图形的运动路径。

空间插值就是在节目监视器窗口调整素材运动轨迹路径，其具体用法如下所示。

[知识演练] 修改“花卉”素材的路径

源文件/第12章	初始文件/空间插值.prproj
	最终文件/空间插值.prproj

步骤01 打开“空间插值.prproj”项目文件，可查看素材“花卉.jpg”、“大海.jpg”已添加到时间轴窗口。选择“花卉.jpg”素材，将时间指示器移到0秒处，设置“位置”数值为（351.1，601.7），并添加关键帧；将时间指示器移到01秒处，设置“位置”数值为（613.1，468.7），并添加关键帧；将时间指示器移到03秒处，设置“位置”数值为（1006.1，202.7），并添加关键帧，如图12-12所示。

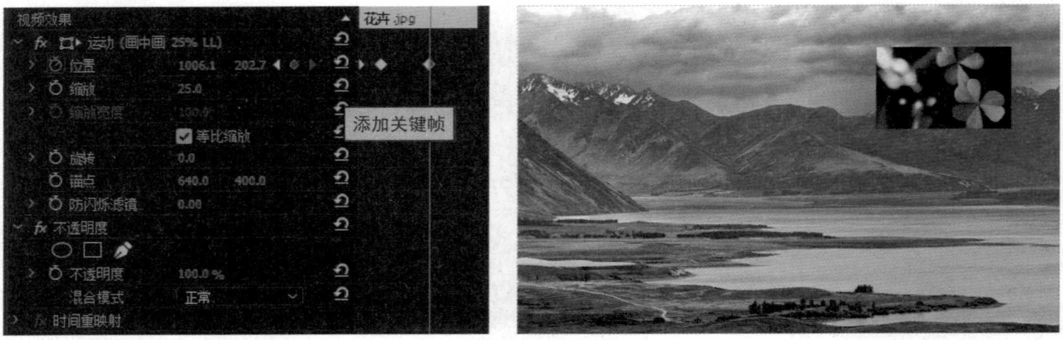

图12-12

步骤02 选择所有关键帧，1.单击鼠标右键，选择“空间插值”选项，2.在其下拉列表中选择“自动贝塞尔曲线”命令。在节目监视器窗口双击素材“花卉.jpg”即可查看素材的运动轨迹路径，如图12-13所示。

图12-13

步骤03 在节目监视器窗口拖动素材运动轨迹的点即可调整该素材的运动轨迹，如图12-14所示。

图12-14

LESSON

12.3 运动效果的设置

知识级别

□初级入门 | ■中级提高 | □高级拓展

知识难度 ★★

学习时长 60 分钟

学习目标

① 位移动画。

② 缩放动画。

③ 旋转动画。

※ 主要内容 ※

内　容	难　度	内　容	难　度
位移动画	★★	缩放动画	★★
旋转动画	★★		

12.3.1 位移动画

位移动画就是通过设置素材的位置属性而实现的动画效果。位置属性就是素材在屏幕中的空间位置，其属性数值表示素材中心点的坐标，如图12-15所示。

图12-15

下面通过具体的案例来详细介绍位置属性的用法。

[知识演练] 利用位移动画制作过渡效果

源文件/第12章	初始文件/位移动画.prproj
	最终文件/位移动画.prproj

步骤01 打开“位移动画.prproj”项目文件，可查看素材“城市.jpg”、“草原.jpg”已添加到时间轴窗口。选择“城市.jpg”素材，将时间指示器移到0秒处，设置“位置”数值为（960，600），并添加关键帧；将时间指示器移到02秒处，设置“位置”数值为（1553.0，600.0），并添加关键帧，如图12-16所示。

图12-16

步骤02 将时间指示器移到04秒处，设置“位置”数值为（2883.0，600.0），并添加关键帧，如图12-17所示。

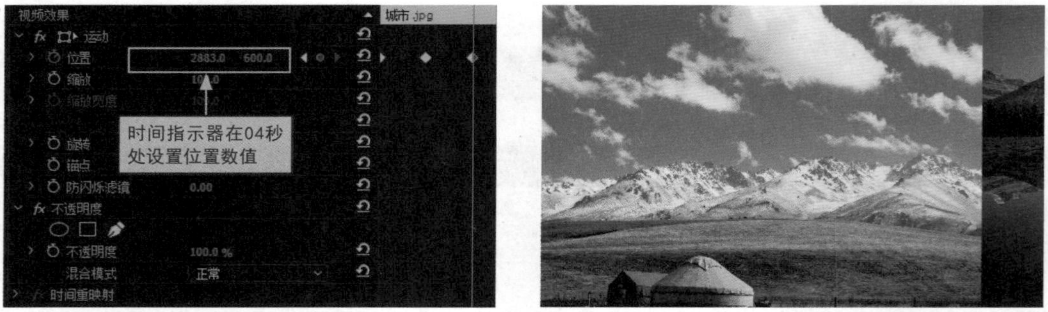

图12-17

步骤03 将时间指示器移到0秒处，设置“不透明度”数值为100%，并添加关键帧；将时间指示器移到02秒13帧处，设置“不透明度”数值为86.0%，并添加关键帧；将时间指示器移到04秒处，设置“不透明度”数值为0.0%，并添加关键帧，如图12-18所示。

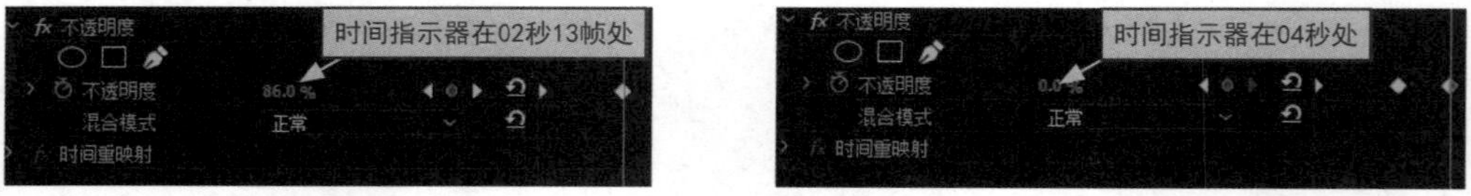

图12-18

步骤04 播放即可查看其效果，如图12-19所示。

图12-19

12.3.2 缩放动画

缩放动画就是素材在屏幕中的画面大小变化，可直接修改属性参数或者在节目监视器窗口中拖曳素材，缩放大小。默认状态下为等比缩放，素材将会等比进行缩放变化。当“等比缩放”按钮关闭后，就会开启缩放高度和缩放宽度属性，可分别调节素材的高度和宽度，如图12-20所示。

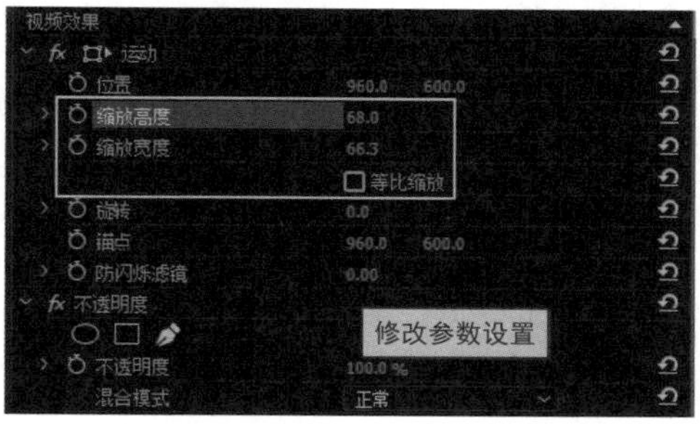

图12-20

12.3.3 旋转动画

旋转动画就是素材以锚点为中心进行按角度旋转的动画效果，顺时针旋转属性数值为正数，逆时针旋转属性数值为负数。可直接修改参数或者在节目监视器窗口中旋转素材，如图12-21所示。

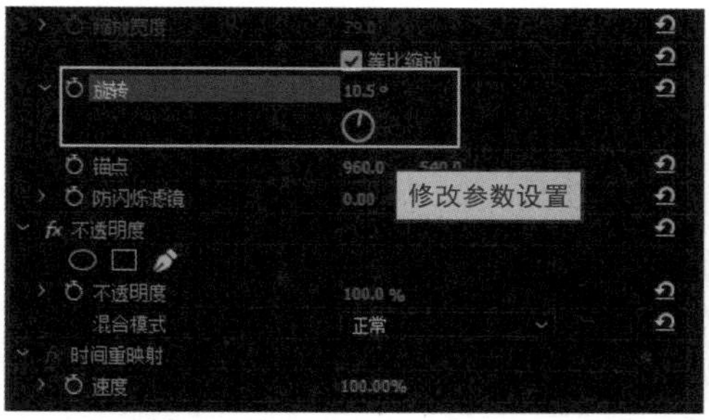

图12-21

实战应用 “旋转的灵珠”效果制作

本例将综合利用素材的缩放和旋转属性，实现灵珠的旋转和缩放效果，具体操作如下所示。

源文件/第12章	初始文件/旋转与缩放.prproj
	最终文件/旋转与缩放.prproj

步骤01 打开“旋转与缩放.prproj”项目文件，可查看素材“灵珠.jpg”、“星空.jpg”已添

加到时间轴窗口。选择“灵珠.jpg”素材，将时间指示器移到0秒处，设置“缩放”数值为3.0%，并添加关键帧；然后将时间指示器移到05秒04帧处，设置“缩放”数值为10.0%。并添加关键帧，如图12-22所示。

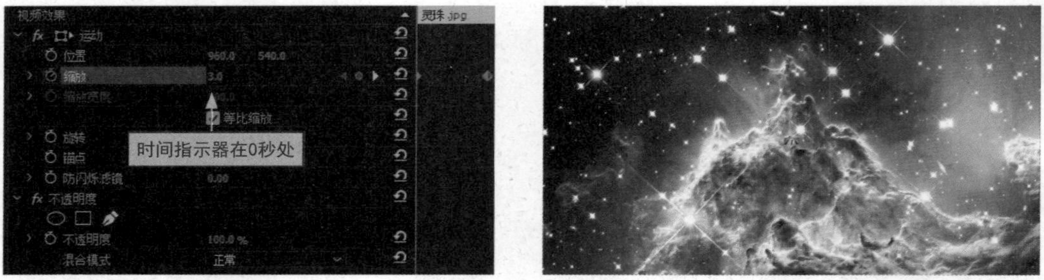

图12-22

步骤02 再次将时间指示器移到0秒处，设置“不透明度”数值为0.0%，添加关键帧；将时间指示器移到05秒04帧处，设置“不透明度”数值为100.0%，并添加关键帧，如图12-23所示。

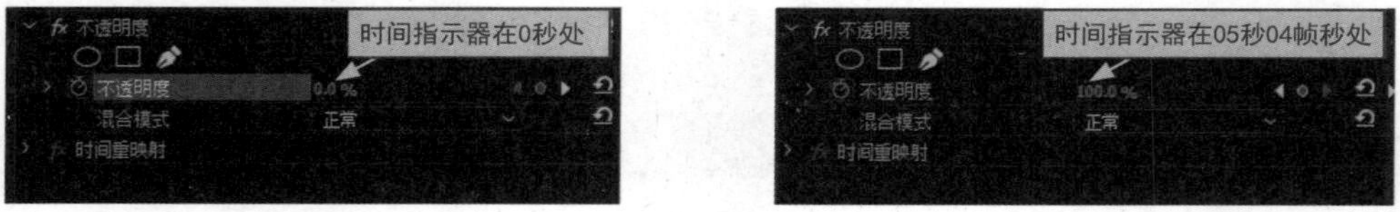

图12-23

步骤03 选择“灵珠.jpg”素材，将时间指示器移到0秒处，设置“旋转”数值为0°，并添加关键帧；将时间指示器移到05秒04帧处，设置“旋转”数值为（3×0.0°），并添加关键帧；将时间指示器移到02秒处，设置“旋转”数值为（1×183.2°），并添加关键帧，如图12-24所示。

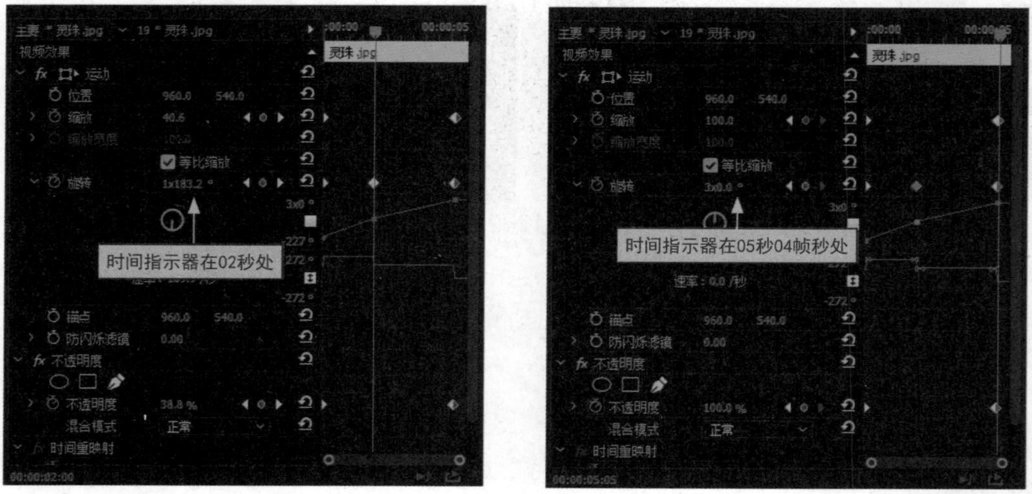

图12-24

步骤04 播放即可查看其效果，如图12-25所示。

图12-25

LESSON

12.4 常用混合模式

知识级别

□初级入门 | ■中级提高 | □高级拓展

知识难度 ★★

学习时长 60 分钟

学习目标

① 掌握常用混合模式的用法。

② 比较多种混合模式。

※ 主要内容 ※

内 容	难 度	内 容	难 度
正常类	★★	减色类	★★
加色类	★★	复杂类	★★
差值类	★★	HSL类	★★

在Premiere CC中混合模式一般分为6个类别，分别为正常类、减色类、加色类、复杂类、插值类和HSL类。

12.4.1 正常类

正常类主要包括正常和溶解两种模式。正常模式为软件默认模式，根据Alpha通道调整图层素材的透明度，当图层不透明度为100%时，则遮挡下层素材的显示效果，如图12−26中左图所示。

溶解模式是指每个像素的结果颜色为源颜色或基础颜色，结果颜色为源颜色的概率取决于源的不透明度。如果源颜色的不透明度为 100%，则结果颜色为源颜色；如果源颜色的不透明度为 0%，则结果颜色为基础颜色，如图12−26中右图所示。

图12−26

12.4.2 减色类

减色类包括变暗、相乘、颜色加深、线性加深和深色5种模式。这些混合模式往往会使颜色变暗，一些模式采用的颜色混合方式与在绘画中混合彩色颜料的方式大致相同。

变暗模式指每个结果颜色通道值是源颜色和相应基础颜色通道值之间的较小值（较暗的一个），如图12−27所示。

相乘模式指对于每个颜色通道，将源颜色通道值与基础颜色通道值相乘，并根据项目的颜色深度除以8bpc、16bpc或32bpc像素的最大值，结果颜色绝不会比原始颜色亮。该混合模式与使用多个标记笔在纸上绘图或在光前放置多个滤光板的效果相似，如图12−28所示。

图12−27

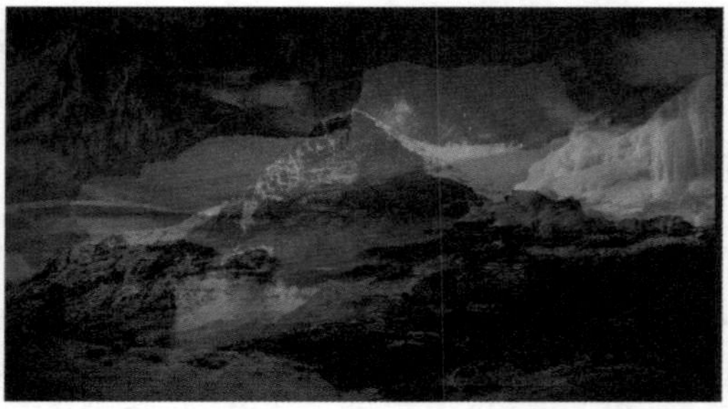

图12−28

线性加深模式用于查看并比较每个通道中的颜色信息，通过减少亮度使基础颜色变暗，并反映混合颜色，混合影像中的白色部分不发生变化，会产生比相乘模式更暗的效果，如图12–29所示。

深色模式指每个结果像素的颜色为源颜色值与相应基础颜色值之间的较暗者，如图12–30所示。

颜色加深模式会增加对比度使基础颜色变暗，结果颜色是混合颜色变暗而成的，如图12–31所示。

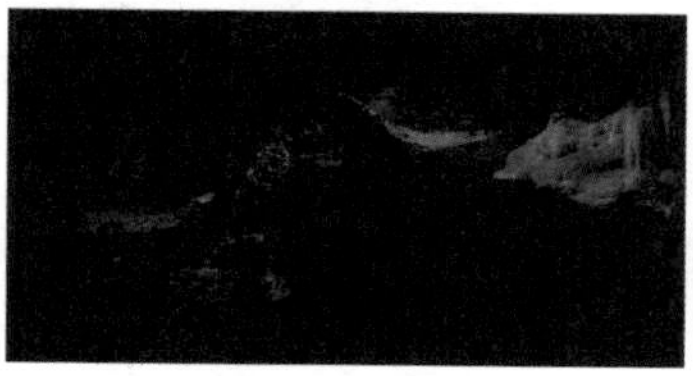
图12–29

图12–30

图12–31

12.4.3 加色类

减色类包括变亮、滤色、颜色减淡、线性减淡（添加）和浅色5种模式，这些混合模式往往会使颜色变亮。

变亮模式指每个结果颜色通道值为源颜色通道值与相应基础颜色通道值之间的亮度较高者，如图12–32所示。

滤色模式指将通道值的补色相乘，然后获取结果的补色。结果颜色绝不会比任一输入颜色暗。滤色模式的效果类似于将多个摄影幻灯片同时投影到单个屏幕之上，如图12–33所示。

图12–32

图12–33

颜色减淡模式指结果颜色比源颜色亮，以通过减小对比度反映出基础图层颜色。如果源颜色为纯黑色，则结果颜色为基础颜色，如图12–34所示。

线性减淡（添加）模式指结果颜色比源颜色亮，以通过增加亮度反映出基础颜色。同样如果源颜色为纯黑色，则结果颜色为基础颜色，如图12–35所示。

浅色模式指每个结果像素的颜色为源颜色值与相应基础颜色值之间的较亮者。“浅色”类似于“变亮”，如图12-36所示。

图12-34

图12-35

图12-36

12.4.4 复杂类

复杂类包括叠加、柔光、强光、亮光、线性光、点光和强混合7种模式。这些混合模式会根据某种颜色是否比50%灰色亮，对源颜色和基础颜色执行不同的操作。

叠加模式指根据基础颜色是否比 50% 灰色亮，然后对输入颜色通道值进行相乘或滤色。结果保留基础图层的高光和阴影，如图12-37所示。

柔光模式指根据源颜色使基础图层的颜色通道值变暗或变亮。结果类似于漫射聚光灯照在基础图层上，如图12-38所示。

强光模式是指根据原始源颜色对输入颜色通道值进行相乘或滤色。结果类似于耀眼的聚光灯照在图层上，如图12-39所示。

图12-37

图12-38

图12-39

亮光模式指亮光根据基础颜色增加或减小对比度，以使颜色加深或减淡。如果基础颜色比 50% 灰色亮，则图层将变亮，反之亦然，如图12-40所示。

线性光模式指根据基础颜色减小或增加亮度，以使颜色加深或减淡。同样如果基础颜色比 50% 灰色亮，则图层将变亮，反之亦然，如图12-41所示。

图12-40

图12-41

点光模式是根据基础颜色替换颜色。如果基础颜色比 50% 灰色亮，则比基础颜色暗的像素将被替换，而比基础颜色亮的像素保持不变，如图12–42所示。

实色混合模式是增强源图层蒙版下方可见基础图层的对比度。蒙版大小决定了对比区域，反转源图层决定了对比区域的中心，如图12–43所示。

图12–42

图12–43

12.4.5 差值类

差值类包括差值、排除、相减和相除4种模式。这些混合模式会根据源颜色和基础颜色值之间的差值创建颜色。

差值模式是指对于每条颜色通道，从颜色较亮的输入值减去颜色较暗的输入值。用白色绘画可反转背景颜色，用黑色绘画不会发生变化，如图12–44所示。

排除模式结果类似于“差值”模式，但对比度比差值模式低。如果源颜色为白色，则结果颜色为基础颜色的补色；如果源颜色为黑色，则结果颜色为基础颜色。如图12–45所示。

图12–44

图12–45

相减模式指从底色中减去源文件。如果源颜色为黑色，则结果颜色为基础颜色，如图12–46所示。

相除模式是指基础颜色除以源颜色。如果源颜色为白色，则结果颜色为基础颜色，如图12–47所示。

图12-46

图12-47

12.4.6 HSL类

HSL类包括色相、饱和度、颜色和发光度4种模式，这些混合模式会将颜色的 HSL 表示形式中的一个或多个分量从基础颜色转换为结果颜色。

色相模式是结果颜色具有基础颜色的发光度和饱和度，以及源颜色的色相，如图12-48所示。

饱和度模式是结果颜色具有基础颜色的发光度和色相，以及源颜色的饱和度，如图12-49所示。

图12-48

图12-49

颜色模式是结果颜色具有基础颜色的发光度，以及源颜色的色相和饱和度。该模式适用于给灰度图像上色以及给彩色图像着色，如图12-50所示。

发光度模式是结果颜色具有基础颜色的色相和饱和度，以及源颜色的发光度。此模式与“颜色”模式正好相反，如图12-51所示。

图12-50

图12-51

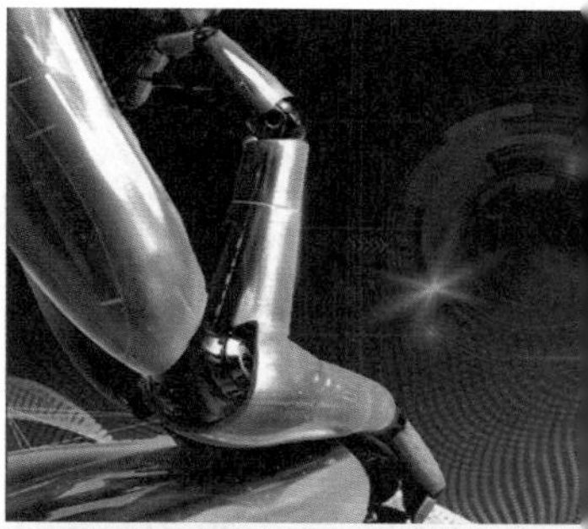

第13章

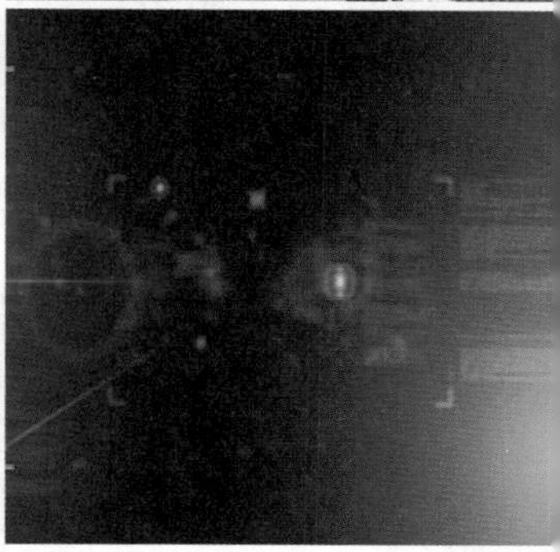

视频的输出

学习目标

在使用Premiere CC编辑视频的过程中，对素材添加了视频效果或者其他效果后想要看到视频的实时画面，就需要对其进行渲染。当完成视频的编辑后，就需要将项目进行输出。视频输出是视频制作的最后一步，所以也极为关键。本章将介绍项目渲染和输出的操作方法及相关知识。

本章要点

- ◆ 导出菜单
- ◆ 预览视频
- ◆ 导出设置
- ◆ 视频设置
- ◆ 音频设置

……

LESSON 13.1

预览视频与设置输出参数

知识级别

■初级入门 | □中级提高 | □高级拓展

知识难度 ★★

学习时长 45 分钟

学习目标

① 认识导出菜单。

② 掌握预览视频的方法。

※主要内容※

内　容	难　度	内　容	难　度
导出菜单	★	预览视频	★

13.1.1 导出菜单

使用Premiere CC可以输出多种格式的文件。在“文件/导出”命令的子菜单中包含多种格式的文件输出方式，主要包含了“媒体”、“批处理列表”、“标题”、“磁带（串行设备）”、“EDL”、“OMF”、“AAF”、“Final Cut Pro XML”和“将选择项导出为Premiere项目”等多个命令，如图13-1所示，选择相应的命令即可执行导出操作。

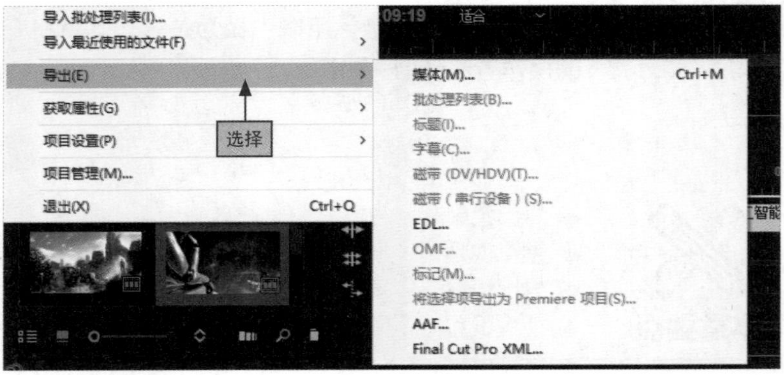

图13-1

下面通过表13-1来详细讲解“导出”菜单中各命令的用法。

表13-1

命令	作 用
媒体	最常用的输出方式，也是核心输出方式，用于各种不同的编码视频、音频文件和图片文件等的输出。
批处理列表	可对带有序列的文件进行批处理列表输出，如*.csv、*txt等格式的文件。
标题	用于导出对PTRL格式的独立字幕文件进行输出。
磁带	可将文件直接输出到磁带中。
EDL	将文件保存为编辑表，在其他设备中依然可以使用。
OMF	将影片输出为OMF格式，选择该命令后，可在打开的“OMF导出设置”对话框中设置其相关参数。
AAF	将影片输出为AAF格式，选择该命令后，可在打开的“AAF导出设置”对话框中设置其相关参数。
Final Cut Pro XML	将影片输出为XML格式文档。
将选择项导出为Premiere项目	将选择的对象导出为Premiere项目文件。

13.1.2 视频预览

在视频输出前一般都会进行预视频览，查看其效果是否合适。1.预览实时画面只需单击“文件”菜单项；2.选择“导出/媒体”命令，即可打开“导出设置”对话框，如图13-2所示。

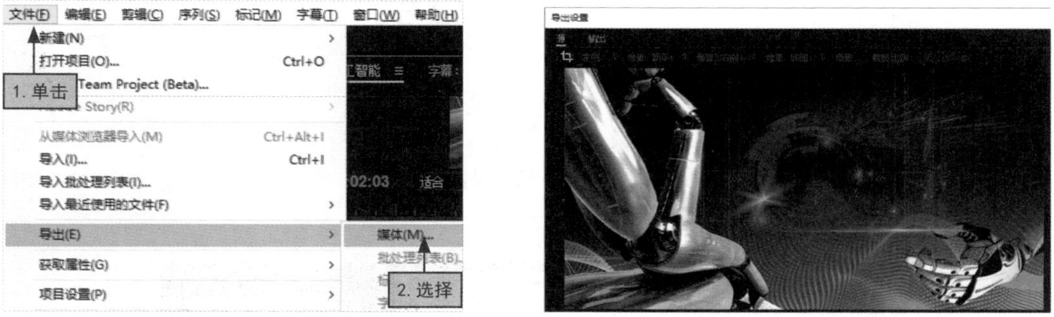

图13-2

在“导出设置”对话框中主要包含“源”和“输出”两个选项卡，“源”选项卡主要用于裁剪影片，且可对“左侧”、“右侧”、“顶部”和“底部”的位置进行精确的设置，以及设置裁剪的比例，单击“裁剪输出视频”按钮即可激活使用，其参数面板如

图13-3所示，各参数的用法如表13-2所示。

图13-3

表13-2

参数名称	作　用
左/右侧	用于设置左/右侧裁剪的精确位置。
顶/底部	用于设置顶/底部裁剪的精确位置。
裁剪比例	选择裁剪的比例。

“输出”选项卡主要用于设置输出时的填充方式，包含了“缩放以适合”、“缩放以填充”、“拉伸以填充”、“缩放以适合黑色边框”和“更改输出大小以匹配源”5种样式，如图13-4所示。

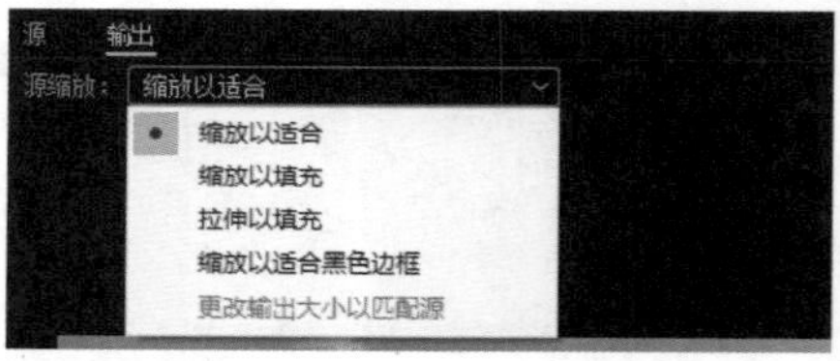

图13-4

输出预览面板除了“输出”和“源”两个选项卡外，还可以设置视频的入点和出点；对输出影片的范围进行设置，其中主要包括“序列切入/序列切出”、“整个序列”、“工作区域”和“自定义”4个选项；对视频的长宽比进行校正，以及预览显示比例，如图13-5所示。

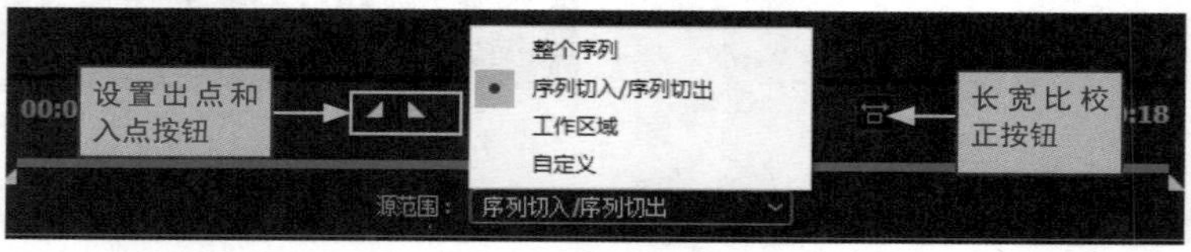

图13-5

知识延伸 | 视频预览

在“导出设置”对话框中对视频进行设置后，还可以在右侧的“导出设置”栏中的“摘要”栏中查看影片输出的详细信息，如图13-6所示。

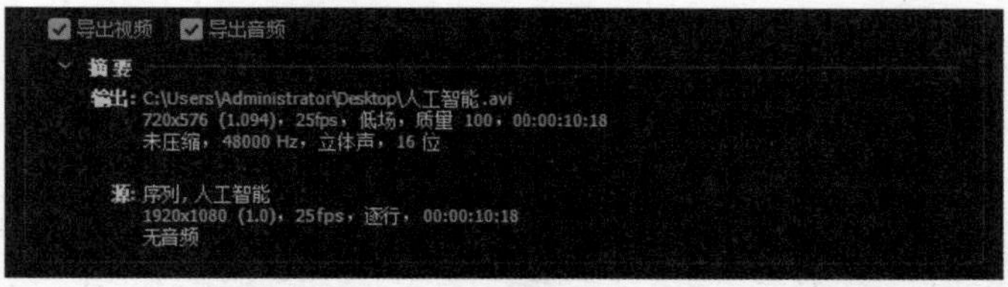

图13-6

LESSON 13.2 Adobe媒体编码器

知识级别

■初级入门 | □中级提高 | □高级拓展

知识难度 ★★

学习时长 60 分钟

学习目标

① 设置输出文件的格式、名称和预设。

② 掌握视频与音频设置。

③ 掌握字幕和效果设置。

※主要内容※

内　容	难　度	内　容	难　度
导出设置	★★	视频设置	★★
音频设置	★★	字幕设置	★★
发布与多路复用器设置	★★	效果设置	★★

13.2.1 导出设置

❶与序列设置匹配

“导出设置”对话框中的“导出设置”栏主要是设置文件的格式、名称、大小以及保存路径等，如图13-7所示。如果选中“与序列设置匹配”复选框，系统将会自动对输出文件的属性与序列进行匹配。此时，“导出设置”栏除了“输出名称”参数选项外的其他参数选项将会变为灰色，且不能够被编辑，如图13-7右图所示。

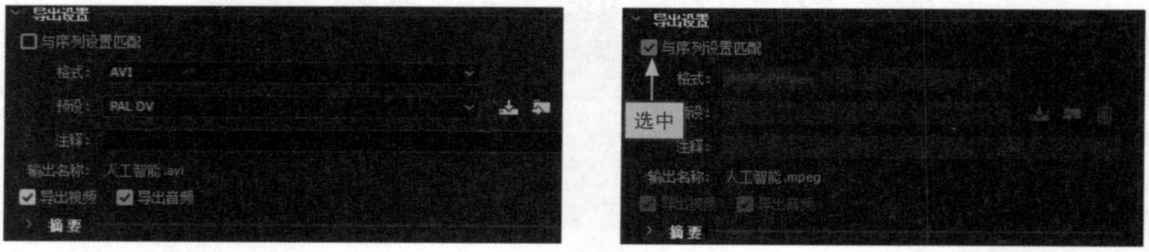

图13-7

❷格式和预设

在“导出设置”栏中，内置的格式主要包括视频、音频与图像3类（在第1章有详细讲解常用格式的用法）。内置的预设尺寸大小主要包括NTSC DV 24p、“NTSC DV 宽银幕24p”、“NTSC DV 宽银幕”、NTSC DV、“PAL DV 宽银幕”和 PAL DV 6种样式，如图13-8所示。

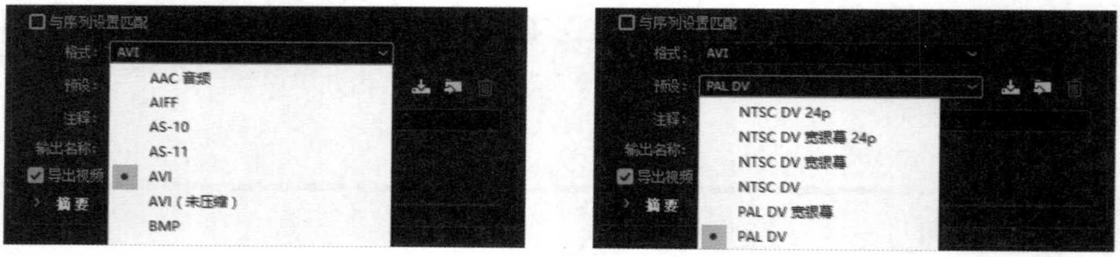

图13-8

❸其他导出设置选项

在输出前除了设置其格式和大小外，1.在“导出设置”栏还需要设置文件的导出名称与保存路径以及是否输出视频与音频；2.选中“导出视频”与“导出音频”复选框，便可选择导出视频与音频，如图13-9所示。

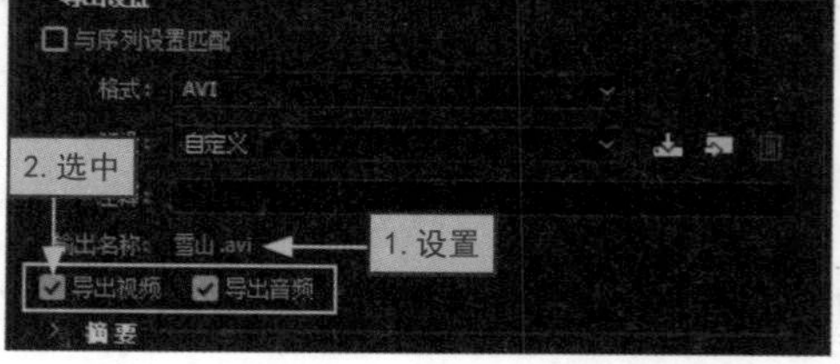

图13-9

知识延伸 | 预设的保存、导入与删除

在“预设”选项的右侧有“保存预设”、“导入预设”和“删除预设”3个按钮。单击“导入预设”按钮将会打开“导入预设”对话框，在其中可以选择导入已有的预设如图13-10中右图所示。单击“保存预设”按钮将打开“选择名称”对话框，设置参数后，单击“确定”按钮即可保存预设如图13-10中左图所示。单击“删除预设”可直接删除选择的预设，如图13-10所示。

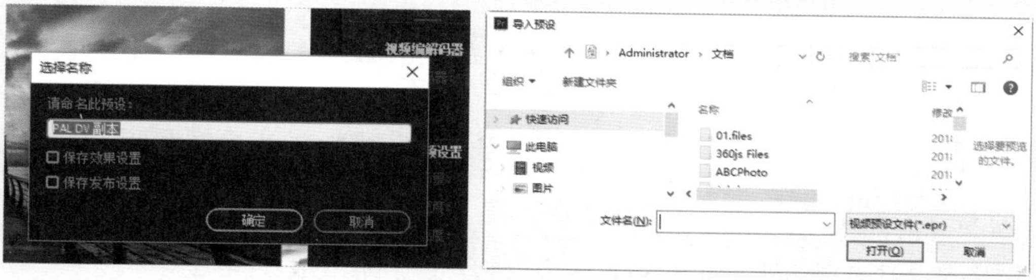

图13-10

13.2.2 视频设置

在“导出设置”对话框右侧的“视频”选项卡中可对视频的格式、品质以及尺寸大小进行设置，如图13-11所示。

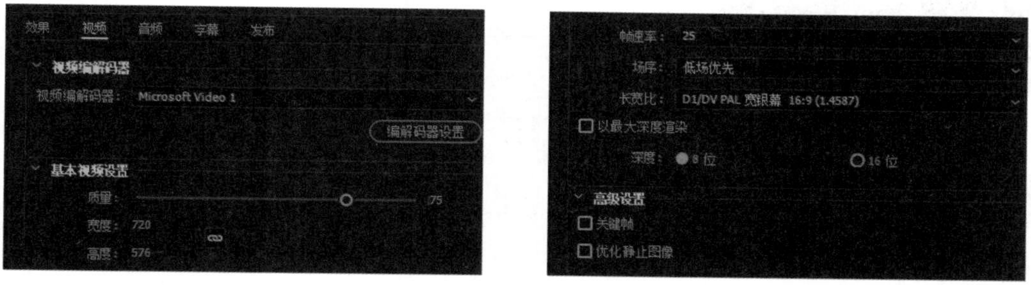

图13-11

“视频”选项卡中的每个参数都有不同的用法，其具体作用如表13-3所示。

表13-3

参数名称	作　用
视频编解码器	选择设置后视频的压缩方式，可以减少输出文件的占用空间。
质量	设置视频的压缩品质，值越大，品质越高。
高度、宽度	可自定义设置视频的尺寸。
帧速率	设置每秒钟播放画面的帧数。
场序	设置视频的扫描方式，主要包含“逐行”、“高场优先”和“低场优先”3种方式。

续表

参数名称	作　用
长宽比	设置视频画面的比例。
以最大深度渲染	选中该复选框可以最大深度渲染视频，会增加输出时间。
关键帧	选中该复选框可以对关键帧之间的间隔进行设置。
优化静止图像	选中该复选框可以对静止图像进行优化处理。

13.2.3 音频设置

在“导出设置”对话框中切换到“音频”选项卡，则可在其中设置音频的采样率、声道以及样本大小，其选项卡如图13-12所示，各参数的用法如表13-4所示。

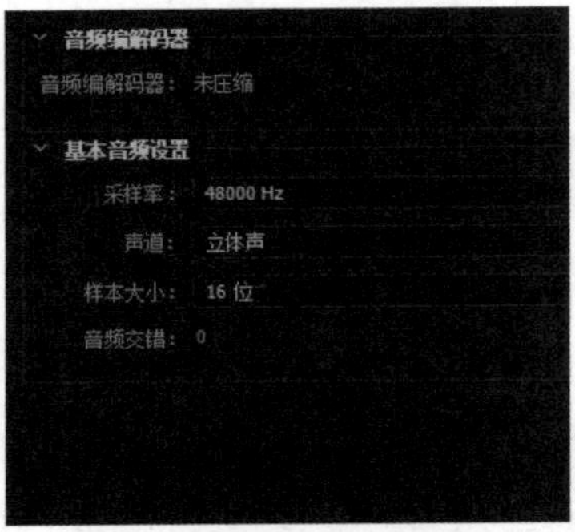

图13-12

表13-4

参数名称	作　用
音频编解码器	设置音频文件的压缩方式，默认不压缩。
采样率	设置音频输出的采样率。值越大，效果越好。
声道	设置音频的声道，包含“单声道”、“立体声”、“5.1”3个选项。
样本大小	设置输出音频时所使用的声音量化倍数，值越大，音频的质量越好。

知识延伸 | 设置比特率调整输出文件大小

在Premiere CC中，一些视频可以通过设置其比特率来减少输出文件大小，如输出为H.264格式时，“视频”与“音频”选项卡下方都会出现“比特率设置”栏。其值越小，则导出的文件越小，但画面和音频品质会降低，如图13-13所示。

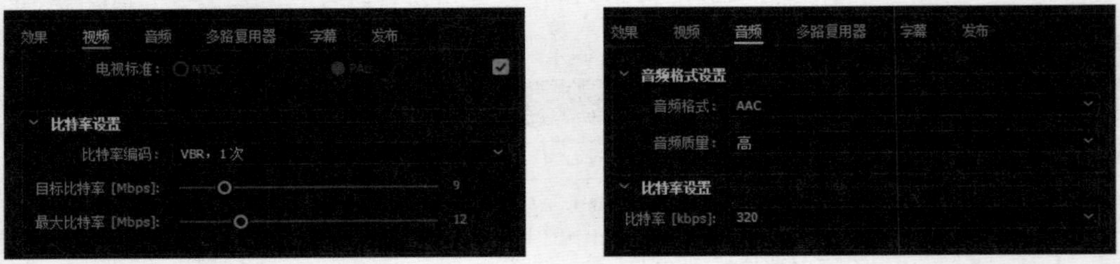

图13-13

13.2.4 字幕设置

除了音频与视频外，在“导出设置”对话框对字幕的参数属性也可以进行设置。在“字幕”选项卡中主要包括“导出选项”、“文件格式”、“帧速率”3个选项，如图13-14所示。

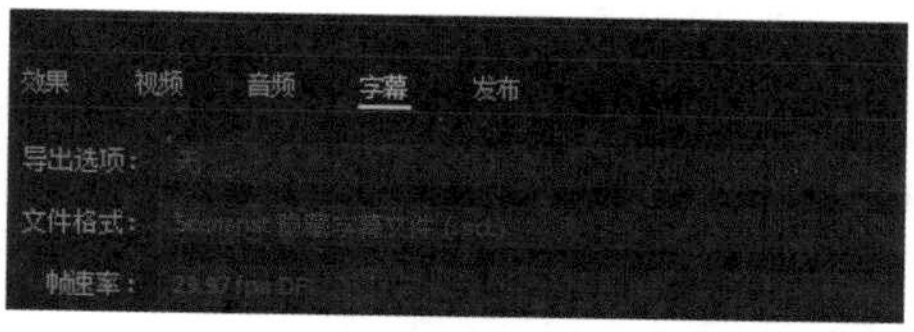

图13-14

13.2.5 发布和多路复用器设置

“导出设置”对话框的“发布”选项卡是用来将文件输出完成后，可以上传到多个服务器中，如Behance、Facebook、FTP和YouTube等，如图13-15所示。

在“导出设置”栏设置选择的格式不同时，下方的选项卡也会发生变化。例如，当“格式”设置为H.264时，下方就会出现“多路复用器”选项卡，可以对其进行相关设置，如图13-16所示。

图13-15

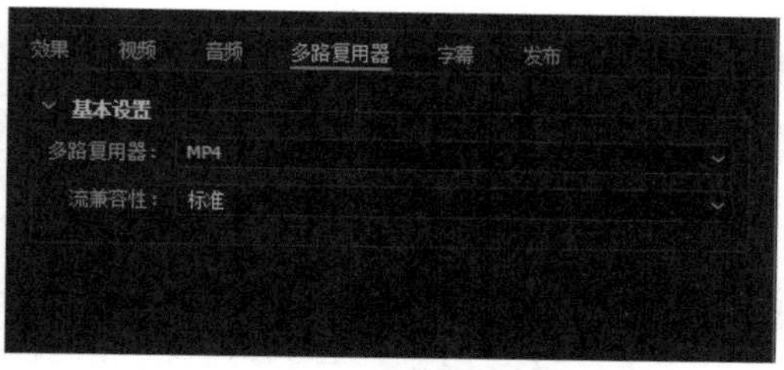

图13-16

13.2.6 效果设置

“导出设置”对话框的“效果”选项卡可以设置或查看一些特殊效果，主要包含Lumetri Look/LUT、“SDR遵从情况”、“图像叠加”、“名称叠加”、“时间码叠加”、“时间调谐器”、“视频限幅器”和“响度标准化”等，如图13-17所示。

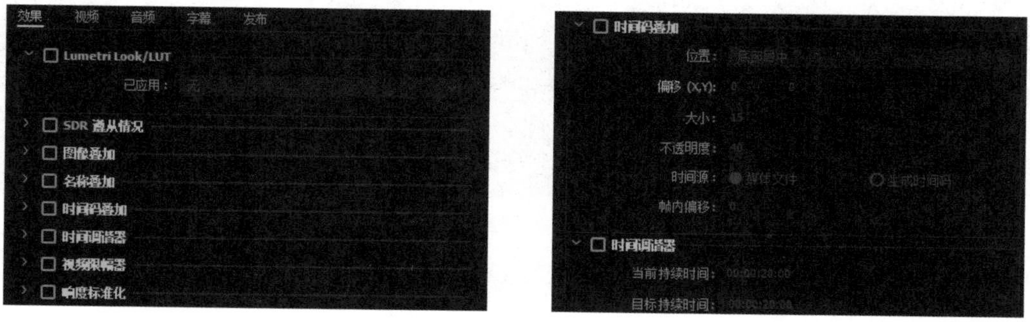

图13-17

实战应用 输出“科幻”视频文件

本例将介绍综合利用视频、音频等导出设置，对文件输出选项进行参数调整，输出“科幻”视频，具体操作如下。

源文件/第13章	初始文件/导出视频.prproj
	最终文件/科幻.mp4

步骤01 打开“导出视频.prproj”项目文件，可查看编辑完毕的“科幻.avi”和“激情.mp3”素材。选择两个文件，1.单击“文件”菜单项，2.选择“导出/媒体”命令，如图13-18所示，打开“导出设置”对话框，如图13-19所示。

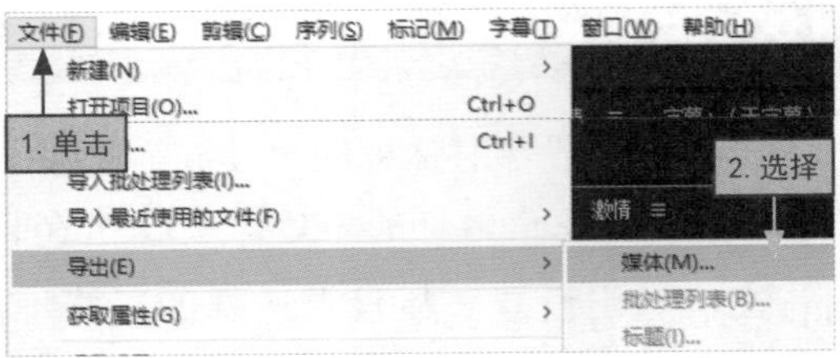

图13-18

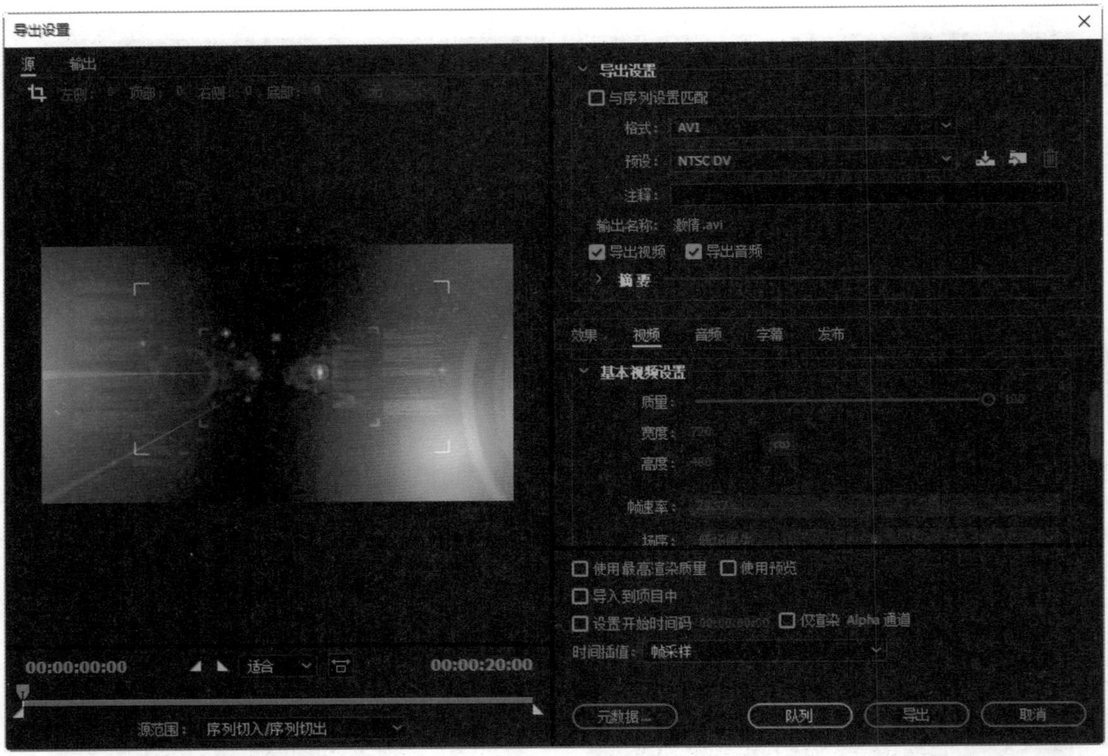

图13-19

步骤02 1.在“导出设置”栏设置“格式”为H.264，“预设”将变为“匹配率-高比特率”；

2.单击“输出名称”右侧的超链接，设置名称以及保存路径；3.选中“导出视频”与“导出音频”复选框，如图13-20所示。

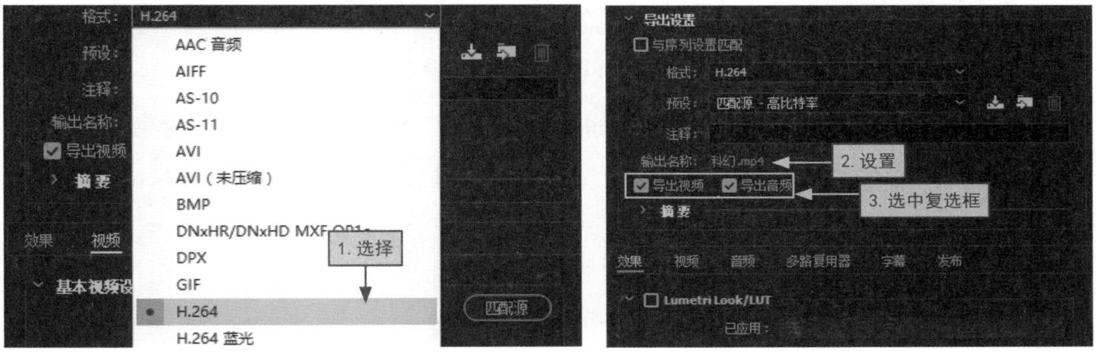

图13-20

步骤03 为了减小视频文件所占的空间，可以切换到“视频”选项卡，在“比特率设置”栏将“目标比特率”设为7，“最大比特率”设为8。音频与其他选项卡保持默认即可，如图13-21所示。

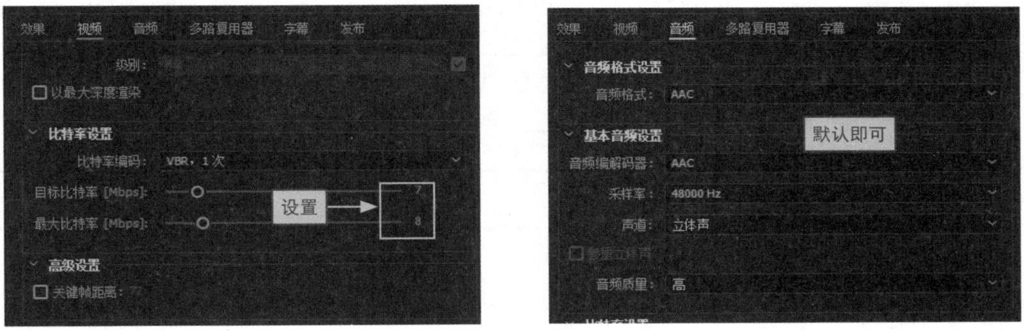

图13-21

步骤04 完成后单击“导出”按钮，即可开始输出，导出结束后，即可在设置的保存位置中查看，如图13-22所示。

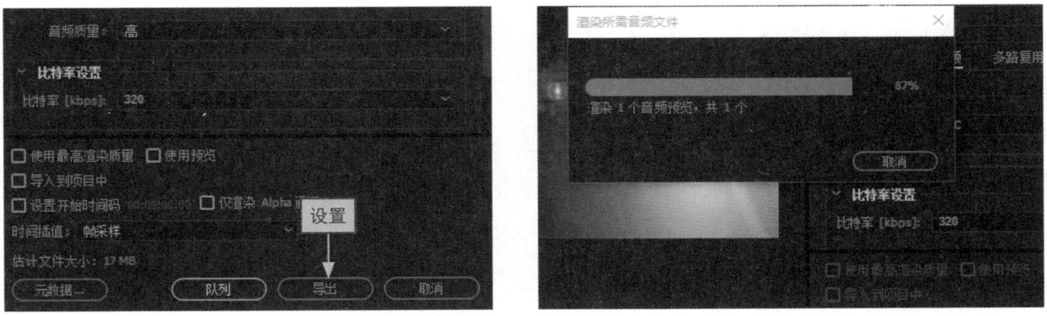

图13-22

LESSON 13.3

不同格式的影视文件输出

知识级别

□初级入门 | ■中级提高 | □高级拓展

知识难度 ★★

学习时长 90 分钟

学习目标

① 掌握导出不同格式的文件的操作。

② 掌握视频格式转化的方法。

※主要内容※

内 容	难 度	内 容	难 度
导出 EDL 文件	★★	导出序列图片	★★
导出单帧图片	★★	导出音频文件	★★
导出 AAF 文件	★★	导出 Final Cut Pro XML 文件	★★
视频文件格式的转化	★★		

13.3.1 导出EDL文件

有时用户可能会需要将文件导出为编辑表，在其他软件中使用，就需要将项目输出为EDL文件。下面通过案例来详细介绍将项目输出为EDL文件的相关操作。

[知识演练] 将“晴朗天空”素材导出为EDL文件

源文件/第13章	初始文件/导出EDL.prproj
	最终文件/天空.edl

步骤01 打开“导出EDL.prproj”项目文件，可查看文件已经剪辑完成。1.单击“文件”菜单项，2.选择“导出/EDL”命令，打开“EDL导出设置”对话框，如图13-23所示。

步骤02 在“EDL导出设置”对话框中，1.设置“EDL字幕名称”为天空；2.单击“确定”按钮，在打开的对话框中设置保存位置；3.单击“保存”按钮即可，如图13-24所示。

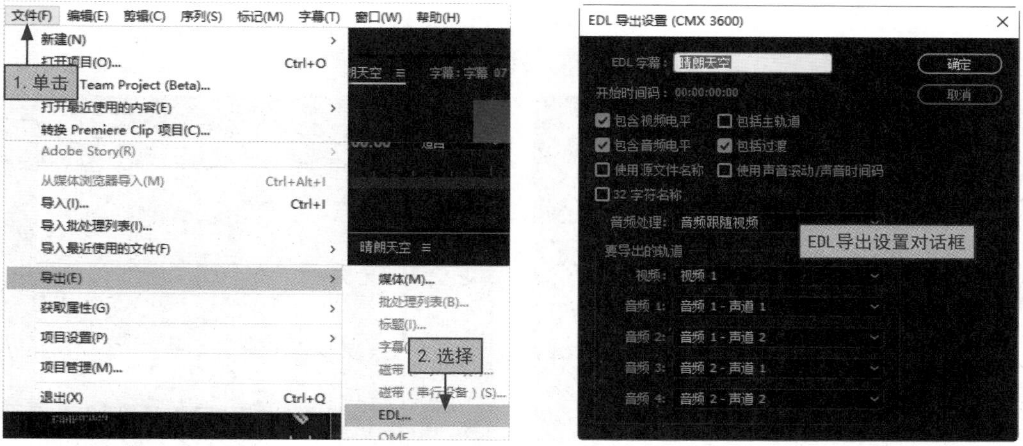

图13-23

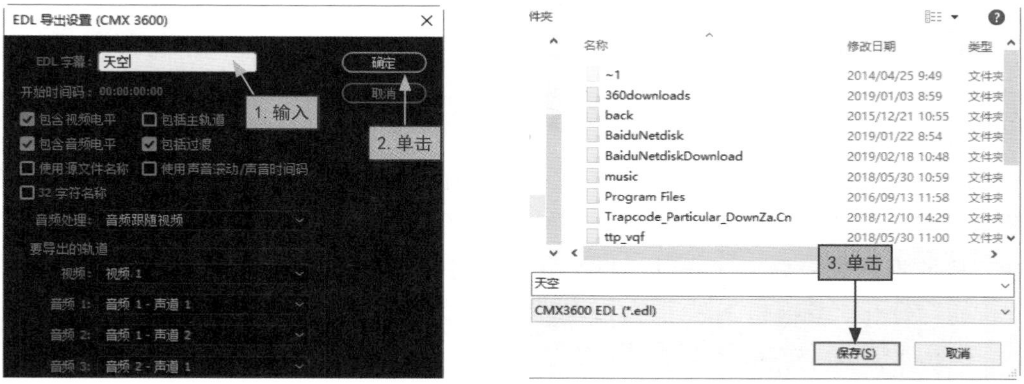

图13-24

13.3.2 导出序列图片

在Premiere CC中也可以将素材导出为一张一张的序列图片，只需要将导出设置的格式设置为PNG格式即可。下面通过具体的案例来详细介绍将项目导出为序列图片的相关操作。

[知识演练] 将“财经股市”素材导出为序列图片

源文件/第13章	初始文件/导出序列图片.prproj
	最终文件/png

步骤01 打开“导出序列图片.prproj”项目文件，可查看文件已经剪辑完成。1.单击“文件”菜单项；2.选择“导出/媒体”命令，打开“导出设置”对话框。如图13-25所示。

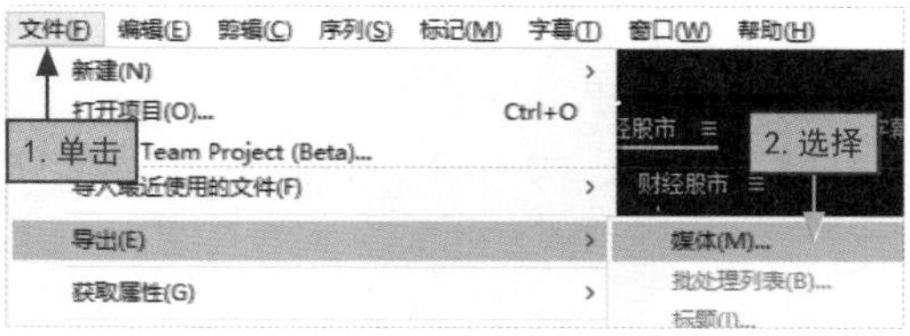

图13-25

步骤02 1.在打开的“导出设置”对话框中设置“格式”为PNG格式；2.设置导出名称和路径。3.单击“导出”按钮，导出完成后即可查看文件。如图13-26所示。

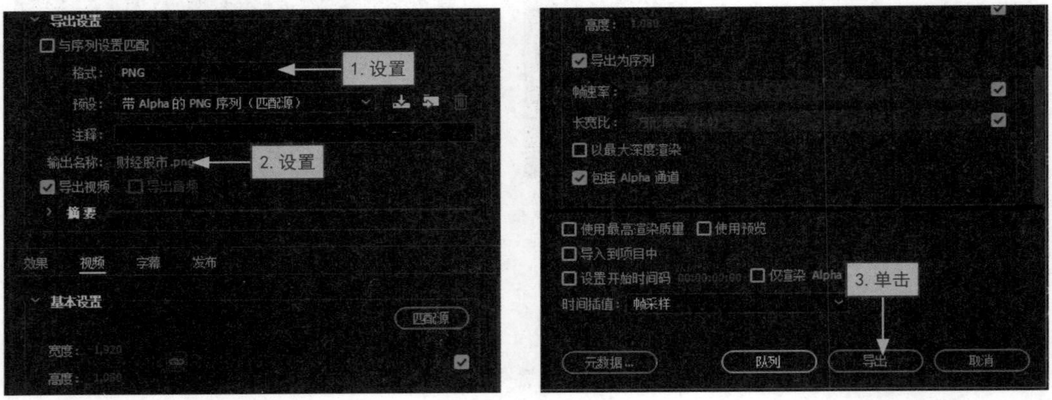

图13-26

13.3.3 导出单帧图片

在编辑视频时可能会需要视频中的某一帧图片，就需要导出单帧图片。导出单帧图片主要有以下两种方式。

- **在节目监视器面板导出：** 将时间指示器移到想要导出的某帧处，1.单击下方的“导出帧”按钮。打开“导出帧”对话框；2.设置导出帧的名称、格式和路径；3.单击“确定”按钮即可完成导出。如图13-27所示。

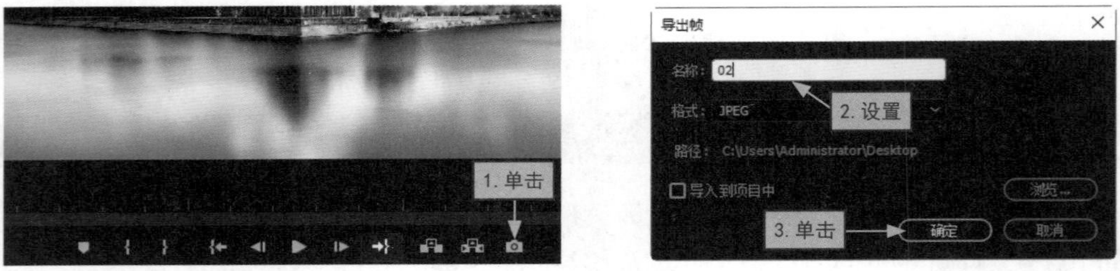

图13-27

- **在“导出设置”对话框中导出：** 将时间指示器移到想要导出的某帧处，单击“文件”菜单项，选择“导出/媒体”命令，在打开的“导出设置”对话框的“视频”选项卡中取消选中“导出为序列”复选框，单击“导出”按钮即可，如图13-28所示。

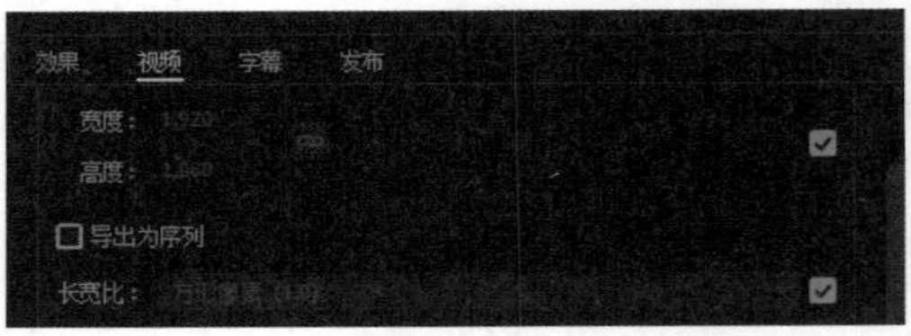

图13-28

[知识演练] 导出机器人单帧图片

源文件/第13章	初始文件/导出单帧图片.prproj
	最终文件/机器人.jpg

步骤01 打开“导出单帧图片.prproj”项目文件，可查看文件已经剪辑完成。1.将时间指示器移到02秒28帧处，2.单击“节目监视器”窗口的“导出帧”按钮，如图13-29所示。

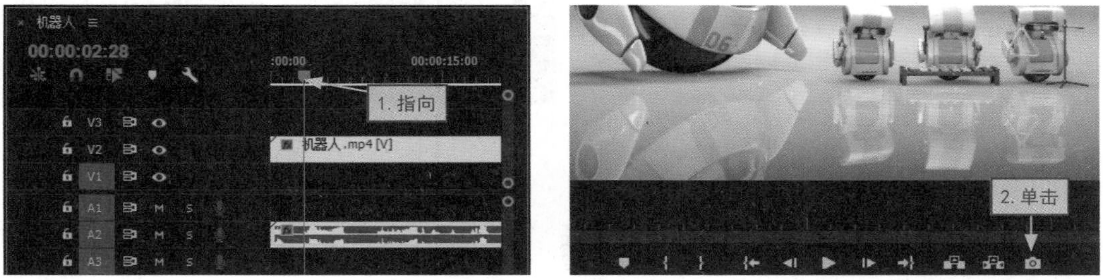

图13-29

步骤02 打开“导出帧”对话框，1.设置“名称”为机器人；2.设置“格式”为JPEG；3.单击“浏览”按钮，设置文件保存路径；4.单击“确定”按钮即可完成整个操作。如图13-30所示。

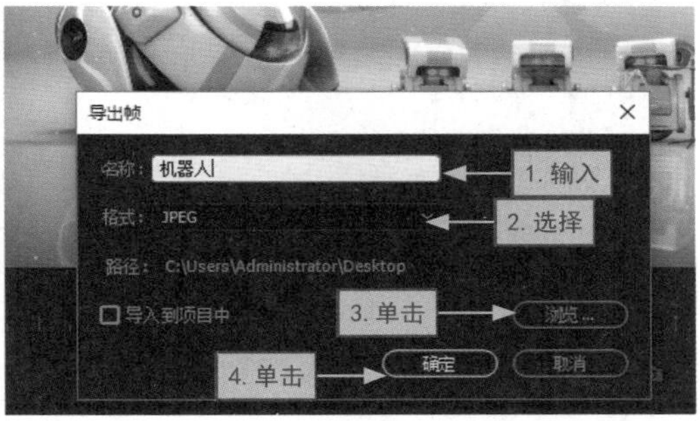

图13-30

13.3.4 导出音频文件

在编辑时可能会遇到许多的音频文件，如果需要单独保存音频文件，则可以将文件只导出音频文件。下面通过具体的案例来详细介绍将项目中的音频导出的方法。

[知识演练] 导出“机器人”素材中音频文件

源文件/第13章	初始文件/导出音频.prproj
	最终文件/机器人.mp3

步骤01 打开“导出音频.prproj”项目文件，可查看文件已经剪辑完成。1.单击“文件”菜单项；2.选择“导出/媒体”命令，打开“导出设置”对话框；3.在“导出设置”栏中设置“格式”为MP3；4.设置其名称和保存位置，其余均为默认设置。如图13-31所示。

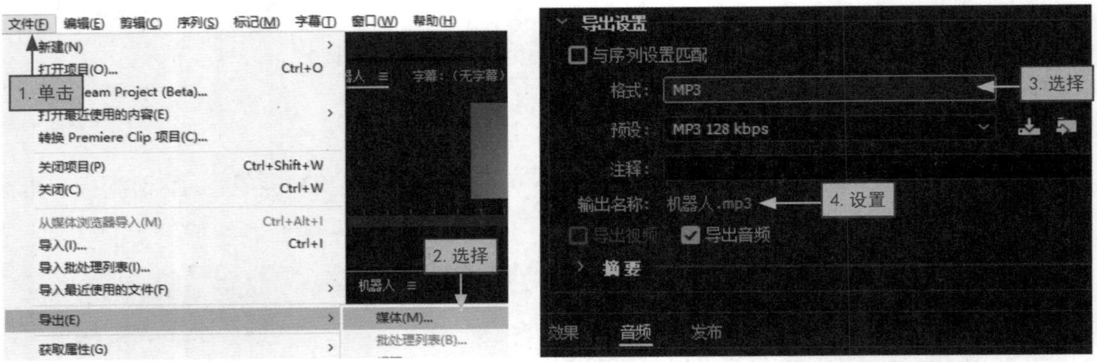

图13-31

步骤02 单击“导出”按钮，导出完成后即可在文件夹中查看文件，如图13-32所示。

图13-32

13.3.5 导出AAF文件

AAF格式可以在另一个视频系统中新创建一个Premiere项目，而且能够支持多种视频系统，在许多时候都会用到。下面通过具体的案例来详细介绍将项目生成AAF文件的方法。

[知识演练] 导出“航海帆船”素材为AAF文件

源文件/第13章	初始文件/导出AAF.prproj
	最终文件/航海帆船.aaf

步骤01 打开“导出AAF.prproj”项目文件，可查看文件已经剪辑完成。1.单击“文件”菜单项；2.选择“导出/AAF”命令，打开“AAF导出设置”对话框。如图13-33所示。

步骤02 1.在“AAF导出设置”对话框中选中“混音视频”复选框；2.单击“确定”按钮，在打开的“将转化为的序列另存为”对话框中设置文件保存位置，单击“保存”按钮后将打开“正在执行视频混音”对话框，结束后即可完成导出，如图13-34所示。

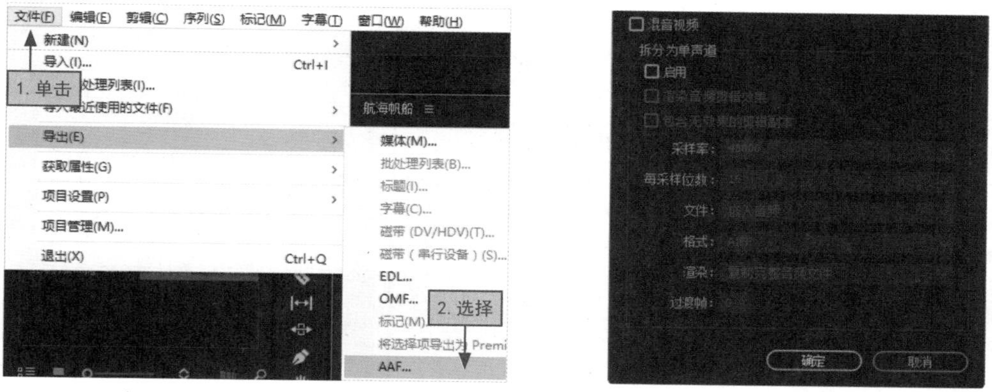

图13-33

图13-34

13.3.6 导出Final Cut Pro XML文件

XML为可扩展标记语言，是一种简单的数据存储语言。它可以使用一系列简单的标记来描述数据，而这些标记可以用方便的方式建立。虽然可扩展标记语言比二进制数据要占用更多的空间，但可扩展标记语言极其简单、易于掌握和使用。XML的简单使其易于在任何应用程序中读写数据。下面通过具体的案例来详细介绍将项目导出为XML文件的方法。

[知识演练] 将“策马奔腾”素材导出为XML文件

源文件/第13章	初始文件/导出XML.prproj
	最终文件/策马奔腾.xml

步骤01 打开“导出XML.prproj”项目文件，可以查看到文件已经剪辑完成，就需要对其进行输出操作。1.单击“文件”菜单项，2.选择“导出/Final Cut Pro XML”命令，如图13-35所示。

步骤02 打开“将转换的序列另存为”对话框，1.在对话框中设置文件保存的位置与名称，2.单击“保存”按钮即可完成操作，如图13-36所示。

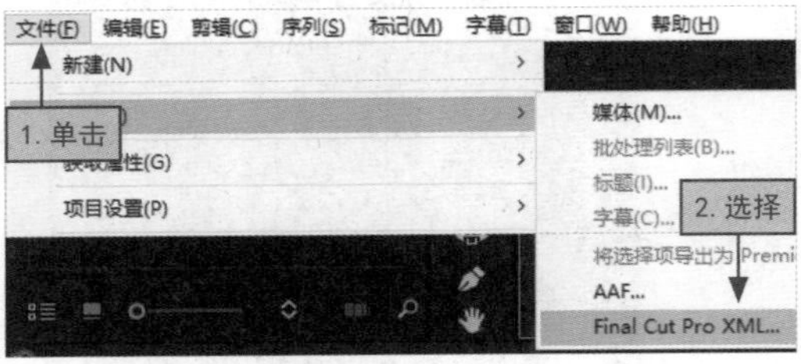

图13-35

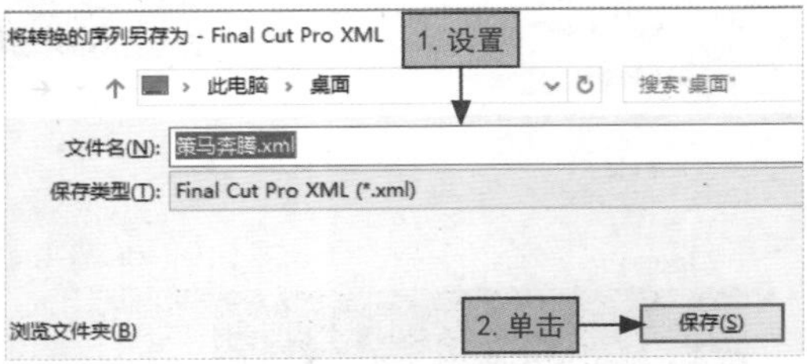

图13-36

13.3.7 视频文件格式的转换

在Premiere CC中可以将视频导出为其他多种格式，这也就可以实现视频文件格式的转换。实现格式转换只需单击“文件”菜单项，选择“导出/媒体”命令。在打开的“导出设置”对话框的“导出设置”栏将视频的格式换成其他格式，导出即可。例如，选择AVI格式则会导出AVI格式的视频，选择QuikTime格式则会导出MOV格式的视频，如图13-37所示。

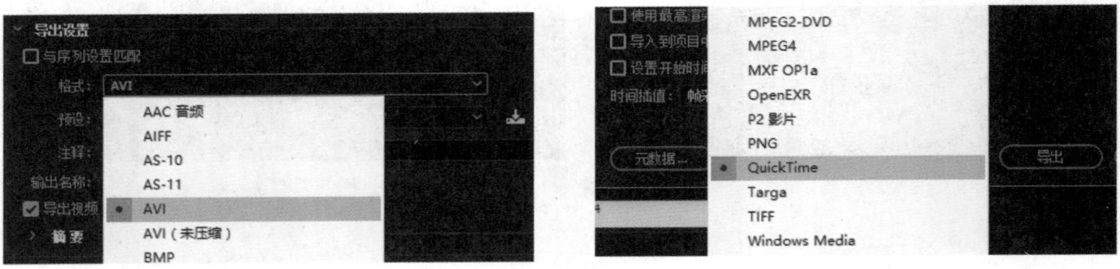

图13-37

LESSON 13.4 Adobe Media Encoder输出

知识级别

□初级入门 | ■中级提高 | □高级拓展

知识难度 ★★

学习时长 60 分钟

学习目标

① 认识Adobe Media Encoder的窗口组成。

② 了解 Adobe Media Encoder 的应用。

※主要内容※

内　容	难　度	内　容	难　度
Adobe Media Encoder 的窗口组成	★	Adobe Media Encoder 的应用	★

13.4.1 Adobe Media Encoder的窗口组成

Adobe Media Encoder是一款独立的媒体编码应用程序，是Premiere必不可少的输出组件，可以将素材或时间线上的成品编码为其他视频/音频格式。当在“导出设置”对话框中指定导出设置并单击“导出”按钮时，Premiere会将导出请求发送到Adobe Media Encoder。

在“导出设置”对话框中单击“队列”按钮，即可将Premiere序列发送到独立的Adobe Media Encoder 队列中。在此队列中，用户可以将序列编码为一种或多种格式。

当独立的Adobe Media Encoder在后台执行渲染和导出时，用户可以继续在Premiere中工作。Adobe Media Encoder会对队列中每个序列的最近保存的版本进行编码。打开Adobe Media Encoder CC窗口，可以看到其组成包括菜单栏、队列面板、预设浏览器面板、媒体浏览器面板和编码面板，如图13-38所示。

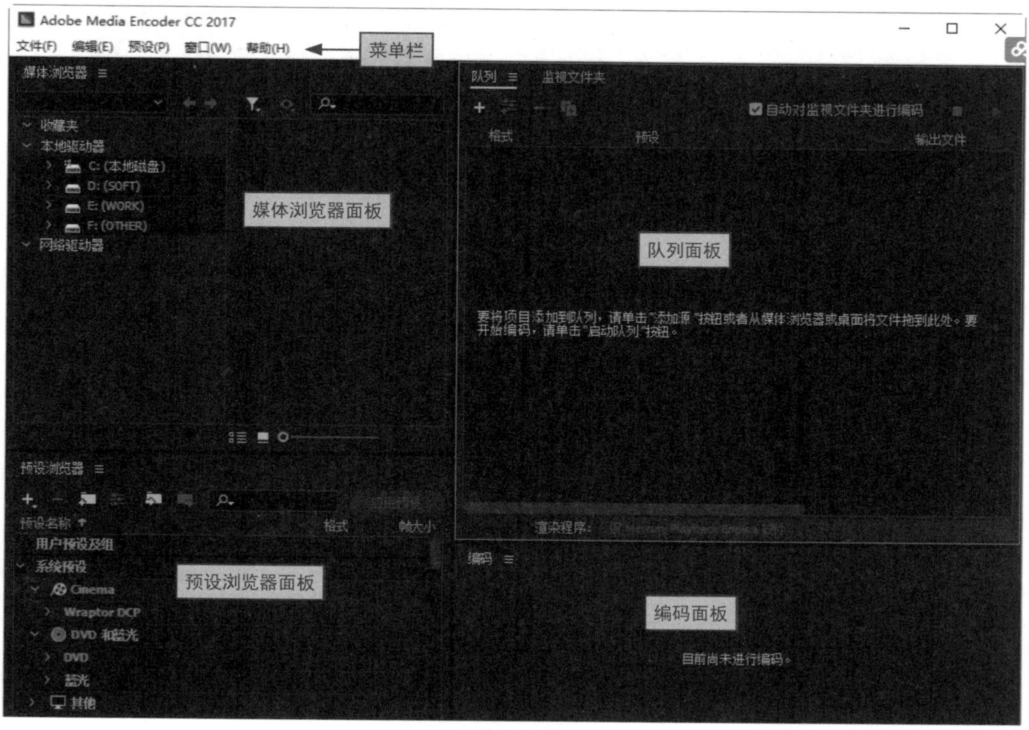

图13-38

菜单栏包括“文件”、“编辑”、“预设”、“窗口”和“帮助”5个菜单项，其中，“文件”菜单主要用于文件的添加、退出与停止等操作；“编辑”菜单主要对导入的素材进行编辑，如复制、粘贴和清除等；“预设”菜单主要用于设置Adobe Media Encoder的编码预设，如创建编码预设、创建组等；“窗口”菜单主要用于设置工作区窗口显示，如恢复默认工作区、新建工作区等。

“队列”面板主要用于显示可以进行编码的文件，单击“+”按钮，即可在打开的对话框中选择需要进行编码的文件。Premiere和After Effects文件都可以添加到该面板进行输出编码，如图13-39所示。单击“-”按钮可以将面板中某个指定的文件删除。

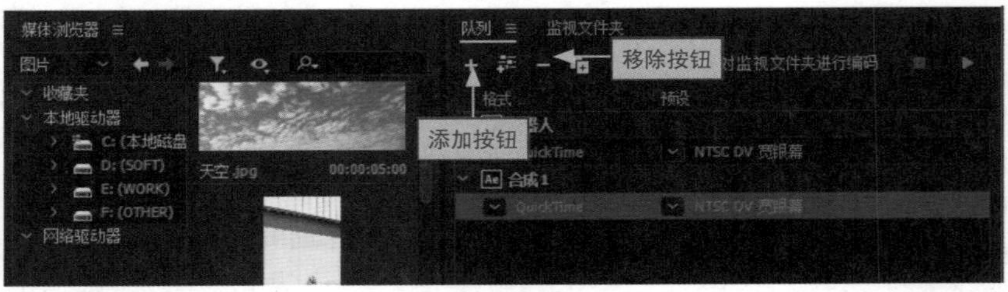

图13-39

“编码”面板将会显示每个编码项目的状态信息，如文件的路径、格式和尺寸大小都可以在该面板中查看，如图13-40所示。

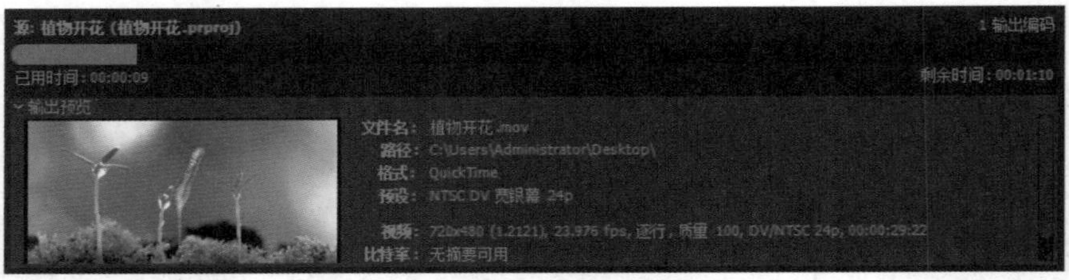

图13-40

“预设浏览器”面板为用户在Adobe Media Encoder中编码提供了许多预设样式，用户可以很方便地直接使用。除此之外，还可以对预设进行添加、删除、导出和导入等操作，如图13-41所示。

图13-41

13.4.2 Adobe Media Encoder的应用

当有多个输出文件时，如果在Premiere CC中输出，只能逐个输出，且在输出时不能进行其他文件的编辑。如果将在Premiere CC输出的文件添加到Adobe Media Encoder中编码输出，则可以在Adobe Media Encoder输出的同时，还能在Premiere CC中编辑其他文件，从而提高工作效率。

1.只需在“导出设置”对话框单击“队列”按钮，文件就将会自动活动Adobe Media Encoder程序，并将文件添加到该程序的“队列”面板中，2.在该面板中单击“启动队列”按钮或按Enter键便可进行导出，如图13-42所示。

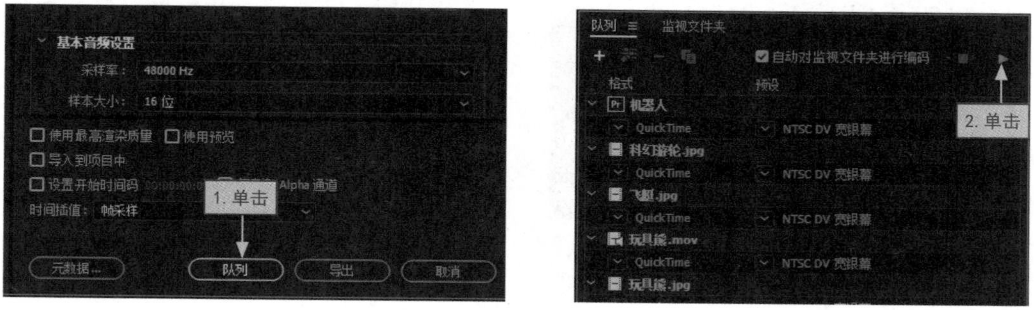

图13-42

下面通过案例来讲解利用Adobe Media Encoder导出视频的相关操作。

[知识演练] 在Adobe Media Encoder导出视频“云层”

源文件/第13章	初始文件/Adobe Media Encoder应用.prproj
	最终文件/云层.mov

步骤01 打开“Adobe Media Encoder应用.prproj”项目文件，可查看到“云层”素材文件已经剪辑完成。1.单击“文件”菜单项；2.选择“导出/媒体”命令，打开“导出设置”对话框，可在预览面板中预览其效果，如图13-43所示。

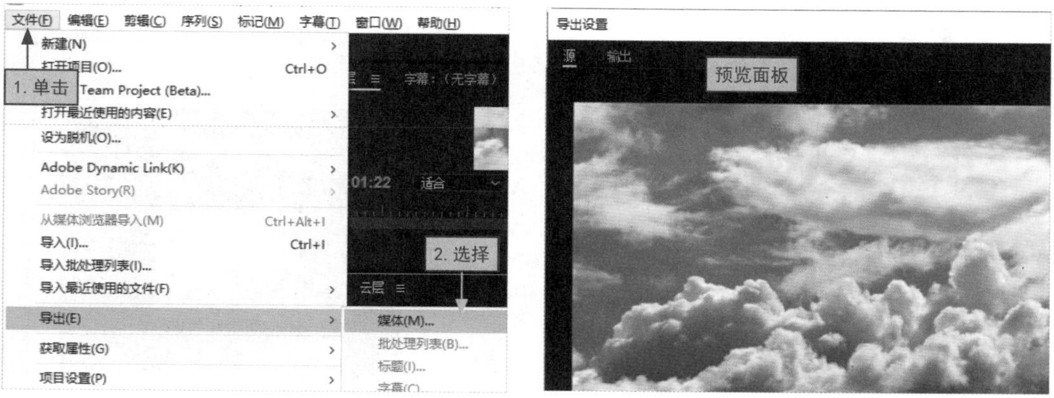

图13-43

步骤02 1.在“导出设置”栏中设置“格式”为“QuikTime”，则“预设”自动改为NTSC DV 24p；2.设置输出名称和保存位置，如图13-44所示。

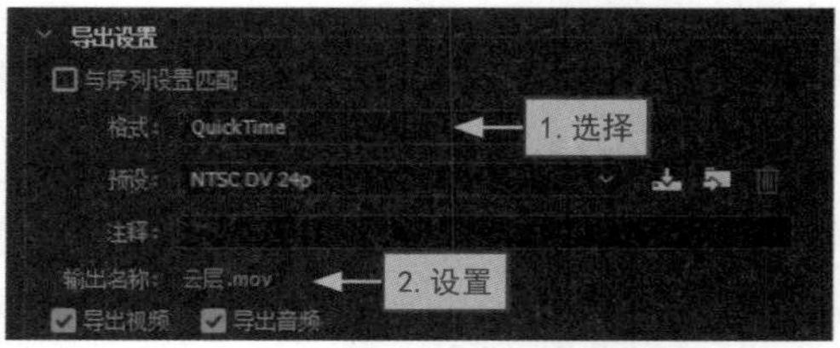

图13-44

步骤03 单击“队列”按钮，即可将“云层”项目文件添加到Adobe Media Encoder的“队列”面板中，如图13-45所示。

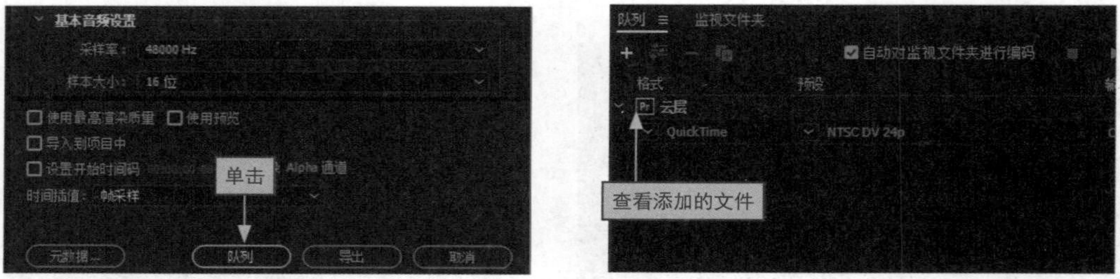

图13-45

步骤04 在“队列”面板中也可查看和修改保存的位置、格式以及名称等，1.单击QuickTime和NTSC DV 24p或者输出文件下的参数即可打开“导出设置”对话框，在其中便可修改和查看；2.单击“确定”按钮即可回到“队列”面板，如图13-46所示。

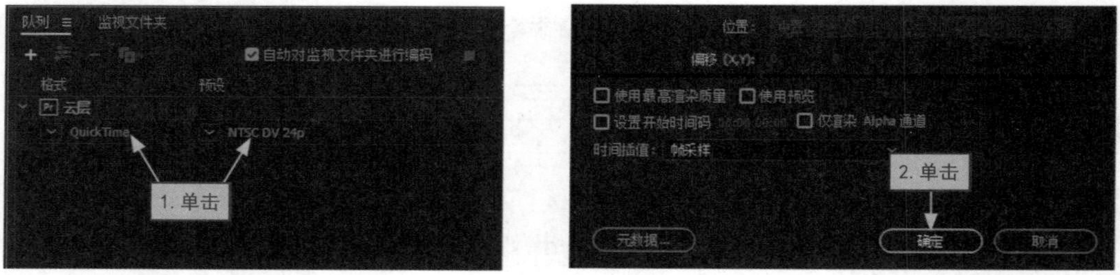

图13-46

步骤05 在“队列”面板中选择“云层”文件，单击“启动队列”按钮或直接按Enter键便可开始导出，完成后便可查看，如图13-47所示。

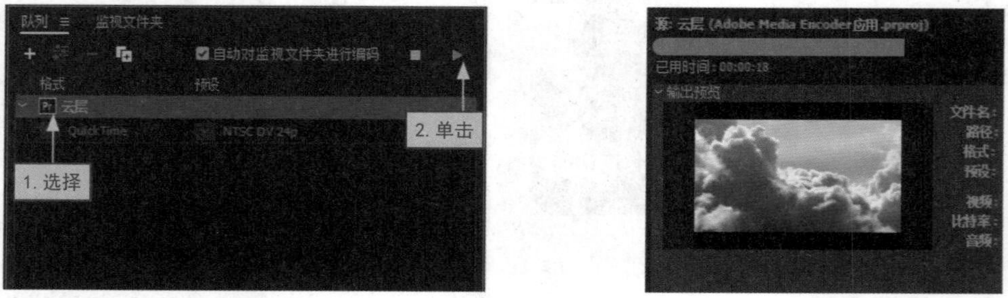

图13-47

第14章

综合实战 案例应用

学习目标

前面13章大致讲述了Premiere CC影视制作与编辑的基本功能以及一些简单的应用，本章将通过两个较为复杂的案例来从实际的应用中综合使用前面学习的特效设计。

本章要点

- 制作旅游相册
- 汽车广告剪辑

LESSON 14.1 制作旅游相册

案例描述

我国有许多名山美景，一些旅游公司可能会因为宣传的需要，在景点拍摄一些漂亮的图片，通过 Premiere CC 编辑合成为宣传片，以此吸引广大游客。本例将综合利用字幕制作、视频效果和关键帧动画等应用来实现制作旅游相册的效果。

案例难度 ★★★

制作时长 75 分钟

制作思路

① 新建旅游相册项目并制作相册模板。
② 设置运动关键帧实现相册翻动。
③ 添加视频特效并制作片尾。
④ 添加音频与视频输出。

源文件/第14章	视频/闲踏清凉月.mp3
	图片/旅游相册
	最终文件/名山旅游.mp4

14.1.1 新建旅游相册项目并制作相册模板

在本例的制作过程中，将“华山.jpg”、“华山02.jpg”、“黄山.jpg”、“扬州.jpg”、“泰山.jpg”、“寒山、jpg”和“相册背景.jpg”素材通过字幕工具将其制作成相册效果，具体如下。

步骤01 启动Premiere CC，1.导入“华山02.jpg”和“相册背景.jpg”图片，2.新建“名山旅游”序列，3.保存项目文件为“旅游相册”，4.单击“序列”菜单项，5.选择“添加轨道”命令，如图14-1所示。

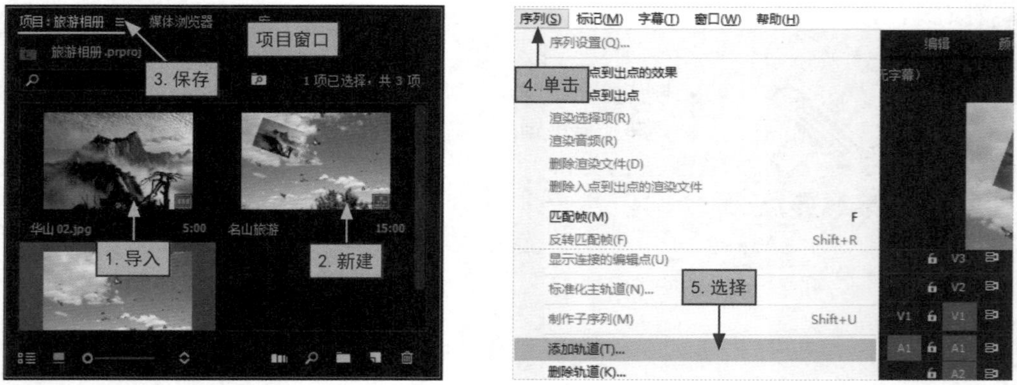

图14-1

步骤02 打开“添加轨道”对话框，1.在“视频轨道”栏设置添加5个视频轨道；2.单击“确定”按钮，将“华山.jpg”素材添加到V2轨道，打开其“效果控件”面板；3.设置“位置”为（272，196）；4.设置“缩放”为38；5.设置“旋转”为20°。如图14-2所示。

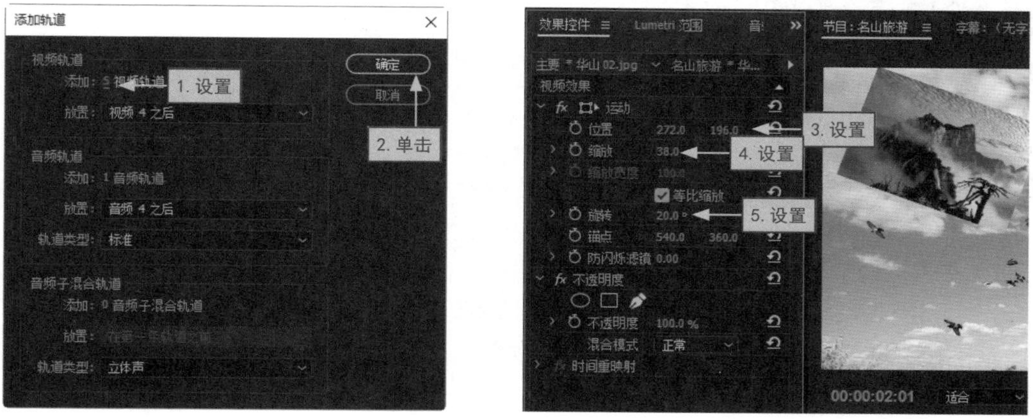

图14-2

步骤03 1.单击“字幕”菜单项；2.选择“新建字幕/默认静态字幕”命令，在打开的“新建字幕”对话框中保持默认设置；3.单击“确定”按钮，新建“字幕01”字幕。如图14-3所示。

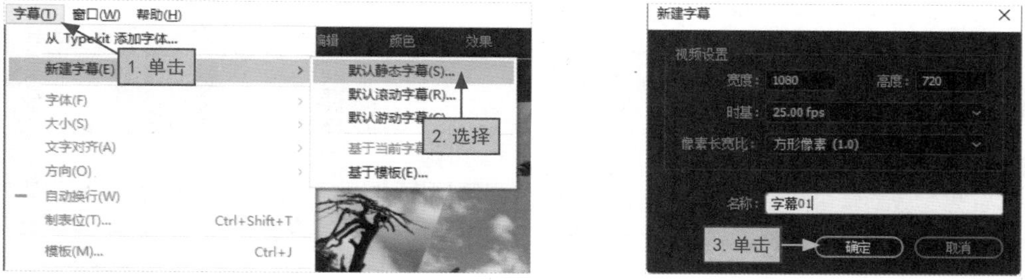

图14-3

步骤04 1.在“字幕工具”栏中单击“圆角矩形工具”按钮，在字幕编辑区绘制一个圆角矩形区域；2.在“字幕属性”栏中设置“圆角大小”为25.0%。如图14-4所示。

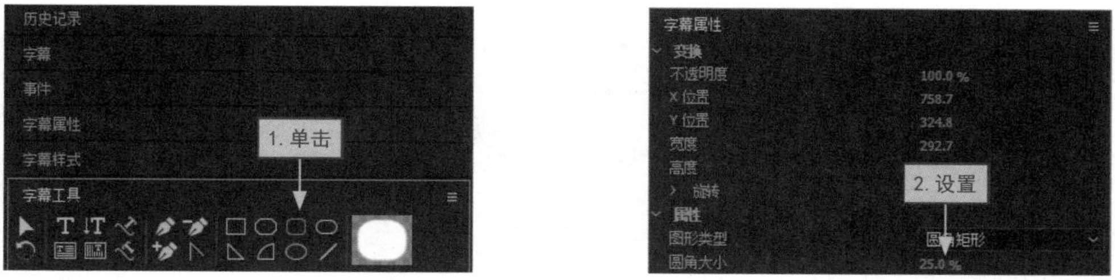

图14-4

步骤05 1.单击“描边”栏的外描边对应的“添加”按钮；2.设置“颜色”为浅红色（C09191）；在“填充类型”栏中选中“纹理”复选框，展开目录，单击纹理缩略图；3.在打开的“选择纹理图像”对话框中选择“华山.jpg”图片；4.单击“打开”按钮。如图14-5所示。

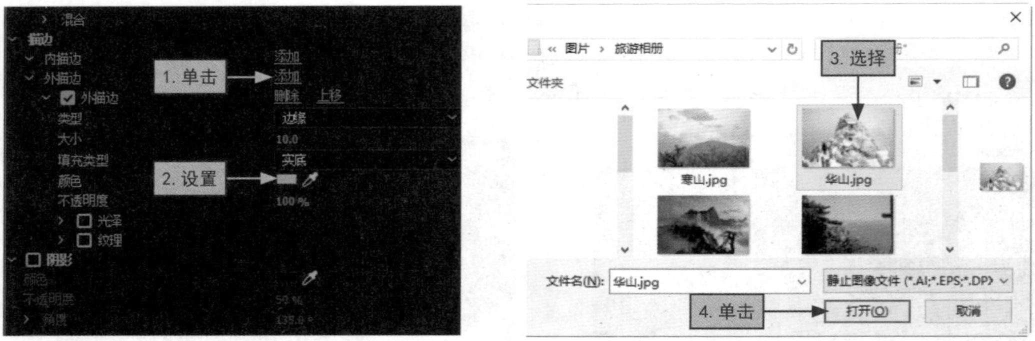

图14-5

步骤06 1.在返回的字幕窗口中单击左上角的“基于当前字幕新建字幕”按钮，在打开的对话框中单击“确定”按钮新建“字幕02”字幕。选择圆角矩形区域，在“填充/纹理”目录下单击纹理缩略图；2.在打开的“选择纹理图像”对话框中选择“黄山.jpg”图片；3.单击“打开”按钮。如图14-6所示。

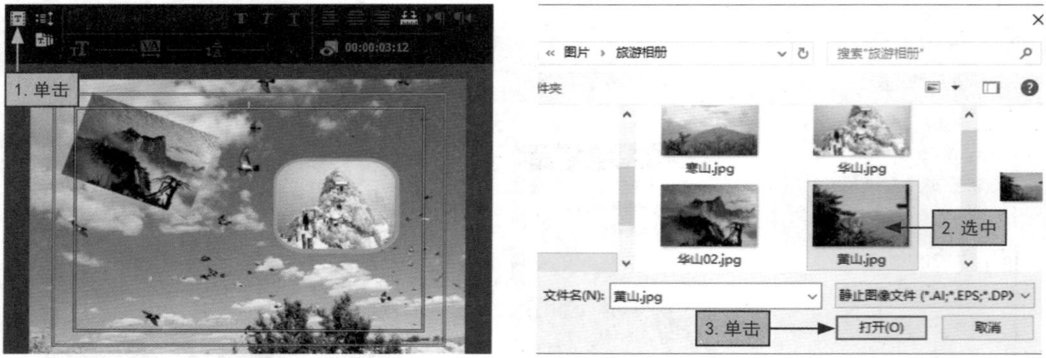

图14-6

步骤07 用相同的方法新建字幕03和字幕04。并在“填充/纹理”目录下单击纹理缩略图，在打开的“选择纹理图像”对话框中将“寒山.jpg”、“泰山.jpg”图片设置为字幕03和字幕04的填充，如图14-7所示。

图14-7

步骤08 新建字幕05和字幕06。并在“填充/纹理”目录下单击纹理缩略图，在打开的“选择纹理图像”对话框中将“扬州.jpg”、“恒山.jpg”图片设置为字幕05和字幕06的填充，单击“打开”按钮，如图14-8所示。

图14-8

步骤09 将字幕01添加到V8轨道上，将字幕02添加到V7轨道上，将字幕03添加到V6轨道上，将字幕04添加到V5轨道上，将字幕05添加到V4轨道上，将字幕06添加到V3轨道上。1.选择时间线上所有素材，单击鼠标右键，在弹出的快捷菜单中选择“速度/持续时间”命令，打开“剪辑速度/持续时间”对话框；2.设置“持续时间为（00:00:15:00）；3.单击“确定”按钮。如图14-9所示。

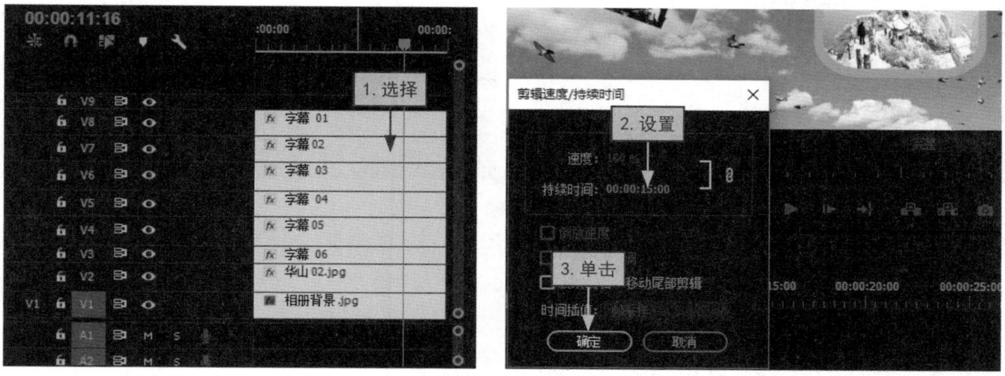

图14-9

14.1.2 设置运动关键帧实现相册翻动

通过设置相册的运动关键帧来实现相册翻动效果，使相册更加真实化，具体操作如下。

步骤01 选中“字幕01”文件，将时间指示器移动到0.00秒0.00帧处，打开其“效果控件”面板，1.设置“位置”和“缩放”的关键帧；2.将时间指示器移动到02秒06帧处；3.设置“位置”为（75.0,358.4），设置“缩放”值为70.0。如图14-10所示。

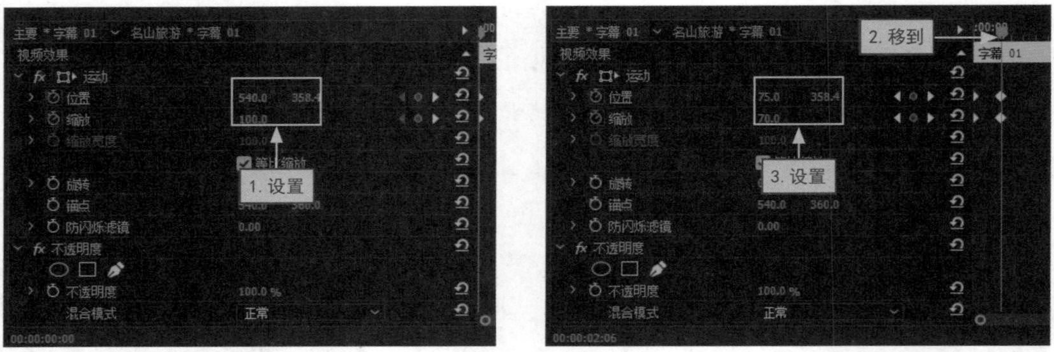

图14-10

步骤02 将时间指示器移动到11秒05帧处，1.单击“位置”和“缩放”参数右侧的“添加/移除关键帧”按钮；2.单击“旋转”参数左侧的“切换动画”按钮，添加旋转属性的关键帧，将时间指示器移动到12秒05帧处；3.设置“位置”为（-58.0，-293.0）；4.设置“旋转”值为-220.0°。如图14-11所示。

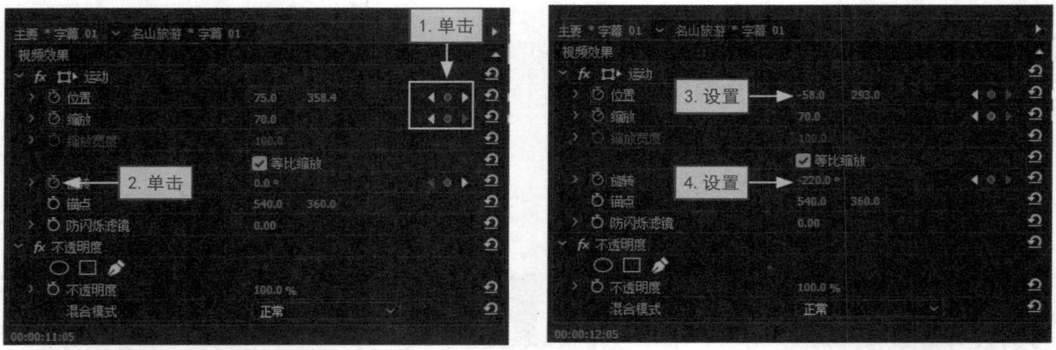

图14-11

步骤03 选择“字幕02”文件，将时间指示器移动到03秒05帧处，设置“缩放”和“位置”属性的关键帧。将时间指示器移动到06秒02帧处，设置“位置”为（115.0，301.0），设置“缩放”值为80.0，如图14-12所示。

图14-12

步骤04 将时间指示器移动到11秒05帧处，设置“旋转”和“位置”属性的关键帧。将时间指示器移动到12秒05帧处，1.设置“位置”为（-65.0，237.0），2.设置“旋转”值为-218.0°，如图14-13所示。

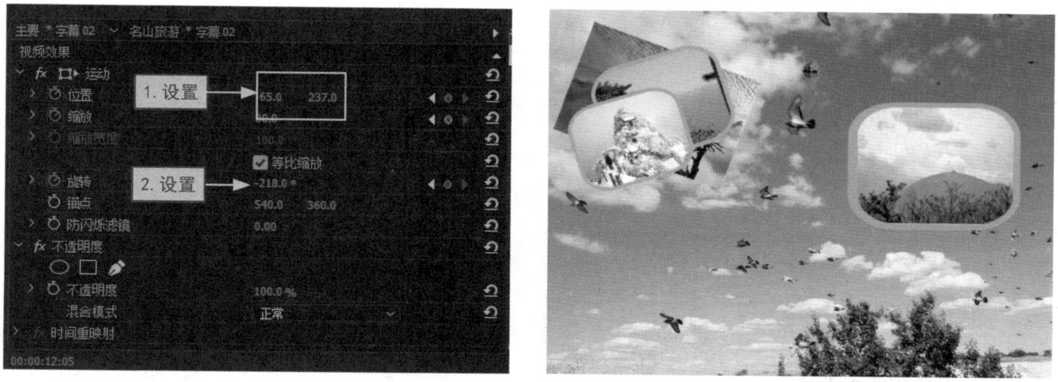

图14-13

步骤05 选择“字幕03”文件，将时间指示器移动到06秒24帧处，设置“缩放”和”位置“属性的关键帧。将时间指示器移动到08秒10帧处，设置“位置”为（160.0，245.0），设置“缩放”值为90.0，如图14-14所示。

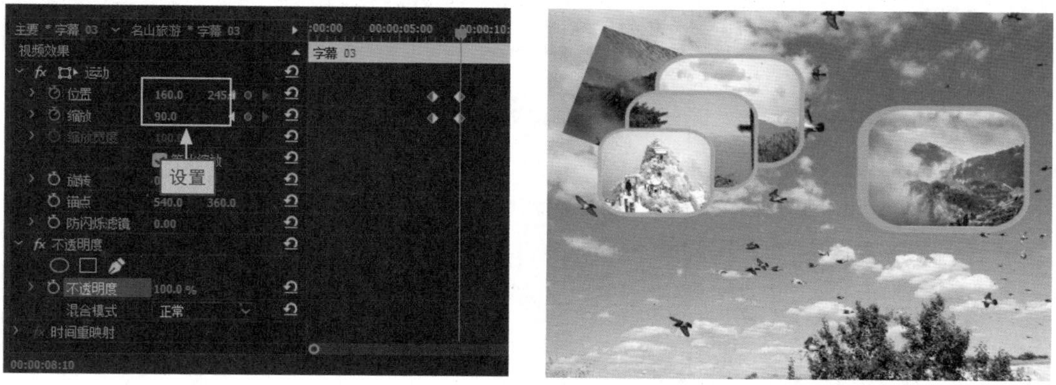

图14-14

步骤06 将时间指示器移动到11秒05帧处，设置“旋转”和“位置”属性的关键帧。将时间指示器移动到12秒05帧处，1.设置“位置”为（-80.0，245.0），2.设置“旋转”值为-215.0°，如图14-15所示。

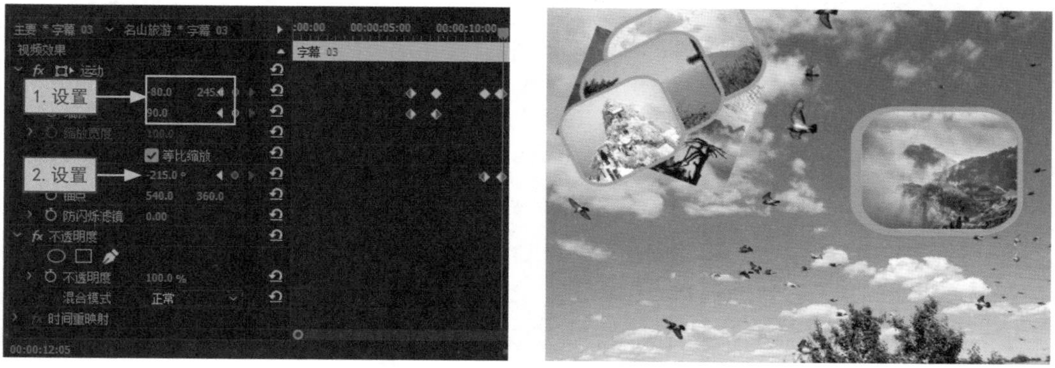

图14-15

步骤07 选择“字幕04”文件，将时间指示器移动到08秒20帧处，设置“位置”属性的关键帧。将时间指示器移动到10秒10帧处，设置“位置”数值为（220.0，210.0），如图14-16所示。

步骤08 将时间指示器移动到11秒05帧处，设置“旋转”和“位置”属性的关键帧。将时间指示器移动到12秒05帧处，1.设置“位置”为（-60，180），2.设置“旋转”值为-210.0°，如图14-17所示。

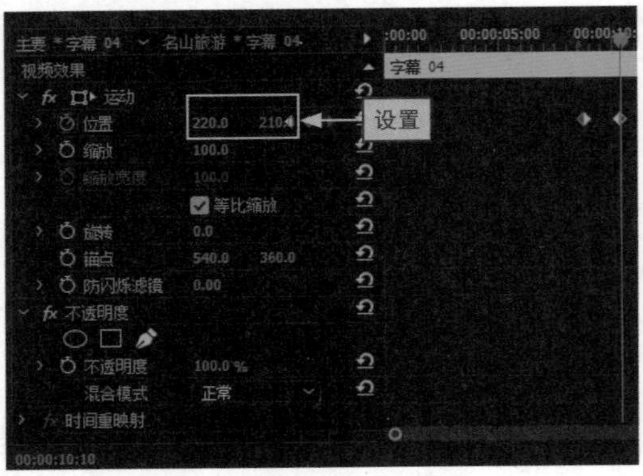

图14-16

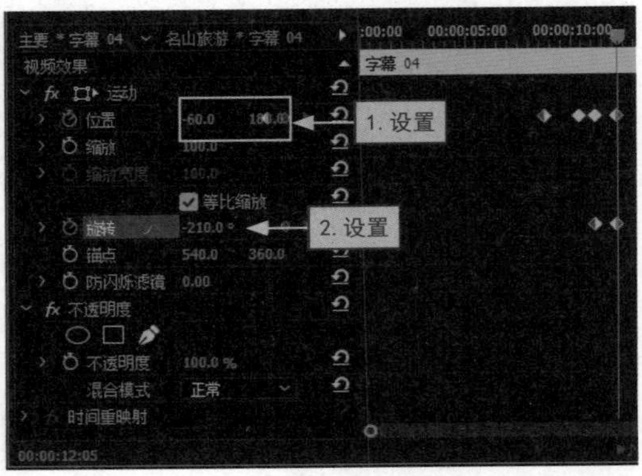

图14-17

步骤09 选择“字幕05”文件，将时间指示器移动到10秒06帧处，设置“位置”和“缩放”属性的关键帧。将时间指示器移动到10秒24帧处，设置“位置”为（269.0，197.0），设置“缩放”值为110.0，如图14-18所示。

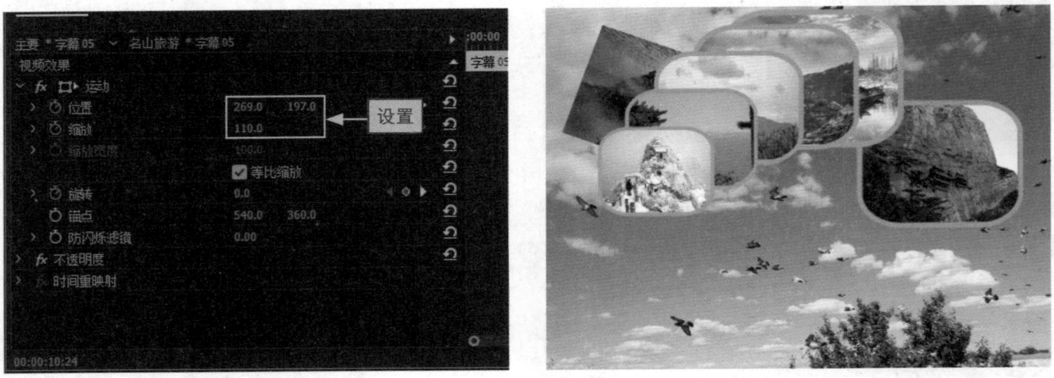

图14-18

步骤10 将时间指示器移动到11秒05帧处，设置“旋转”和”位置“属性的关键帧。将时间指示器移动到12秒05帧处，1.设置“位置”为（-50.0，180.0），2.设置“旋转”值为-205.0°，如图14-19所示。

步骤11 选择“字幕06”文件，将时间指示器移动到10秒20帧处，设置“位置”和“缩放”属性的关键帧。将时间指示器移动到11秒05帧处，1.设置“位置”为（361.2，171.7），设置“缩放”值为120；2.设置“旋转”属性关键帧。如图14-20所示。

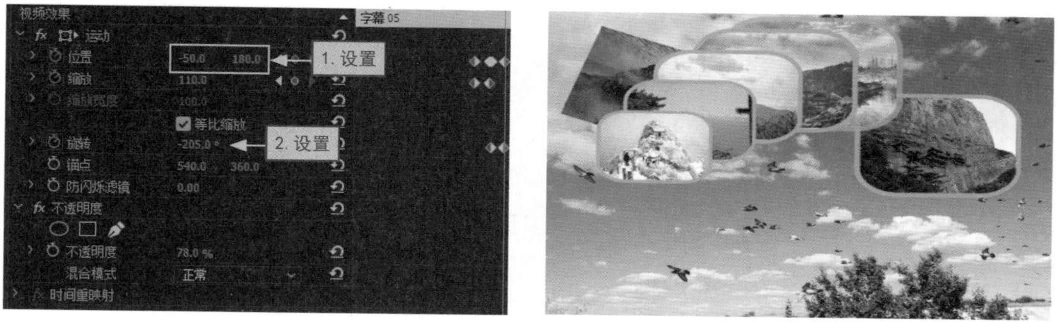

图14-19

图14-20

步骤12 将时间指示器移动到12秒05帧处，1.设置“位置”为（-50.0，250.0），2.设置“旋转”值为-200.0°，如图14-21所示。

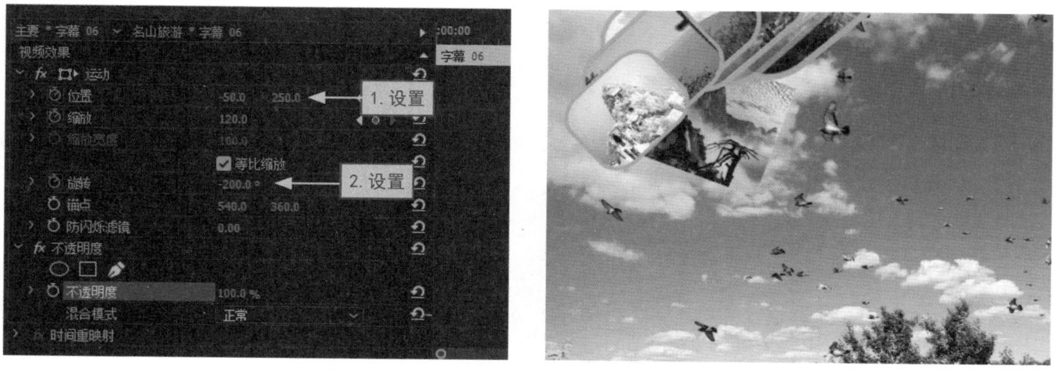

图14-21

步骤13 单击“字幕”菜单项，选择“新建字幕/默认静态字幕”命令，在打开的对话框中单击“确定”按钮新建“字幕07”字幕。在“字幕工具”栏中单击“圆角矩形工具”按钮，在字幕编辑区绘制圆角矩形路径。1.设置“X位置”为205.7、“Y位置”为538.5、宽度为180.0、高度为200.0；2.设置“圆角大小”为12.5%；在“描边”栏中添加内描边；3.设置“类型”为凹进；4.设置颜色为黄色（D2D58C）。如图14-22所示。

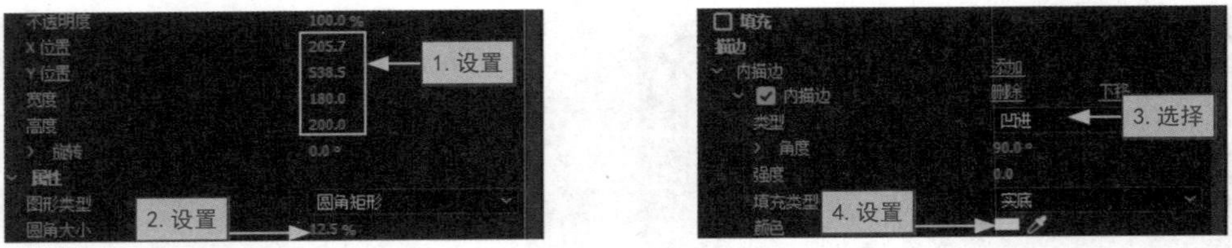

图14-22

步骤14 1.在“描边”栏中选中“纹理”复选框，2.单击纹理缩略图，如图14-23所示，在打开的“选择纹理图像”对话框中选择“华山.jpg”图片，单击“打开”按钮，在返回的“字幕属性”面板中选中“阴影”复选框。

图14-23

步骤15 新建字幕08和字幕09。在“描边”栏内描边选项下单击纹理缩略图，在打开的“选择纹理图像”对话框中将“黄山.jpg”、“寒山.jpg”图片分别设置为字幕08和字幕09的填充，如图14-24所示。

图14-24

步骤16 新建字幕10和字幕11。在“描边”栏中描边选项下单击纹理缩略图，在打开的“选择纹理图像”对话框中将“泰山.jpg”、“扬州.jpg”图片分别设置为字幕10和字幕11的填充，如图14-25所示。

步骤17 新建字幕12。在“描边”栏中描边选项下单击纹理缩略图，1.在打开的“选择纹理图像”对话框中选择“恒山.jpg”图片；2.单击“打开”按钮将其设置为字幕12的填充。如图14-26所示。

图14-25

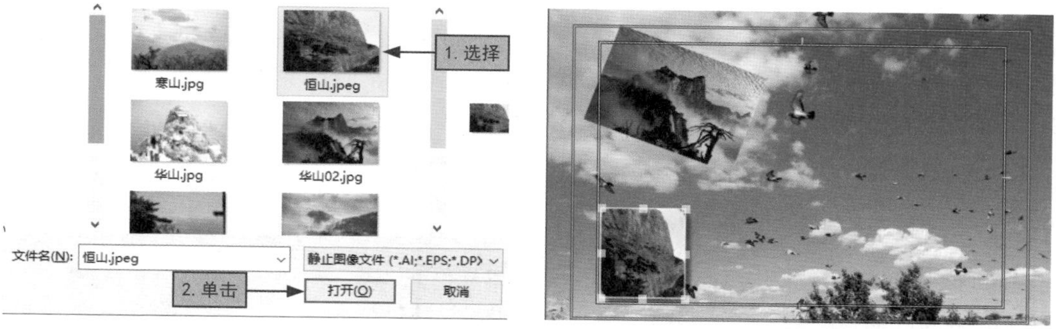

图14-26

步骤18 将时间指示器移动到15秒18帧，将字幕7～12文件依次添加到V1～V6。设置字幕07的持续时间为30秒，第一帧为20秒18帧；设置字幕08的持续时间为25秒，第一帧为20秒15帧；设置字幕09的持续时间为20秒，第一帧为25秒16帧；设置字幕10的持续时间为15秒，第一帧为30秒17帧；设置字幕11的持续时间为10秒，第一帧为35秒17帧；设置字幕12的持续时间为5秒，第一帧为40秒17帧。如图14-27所示。

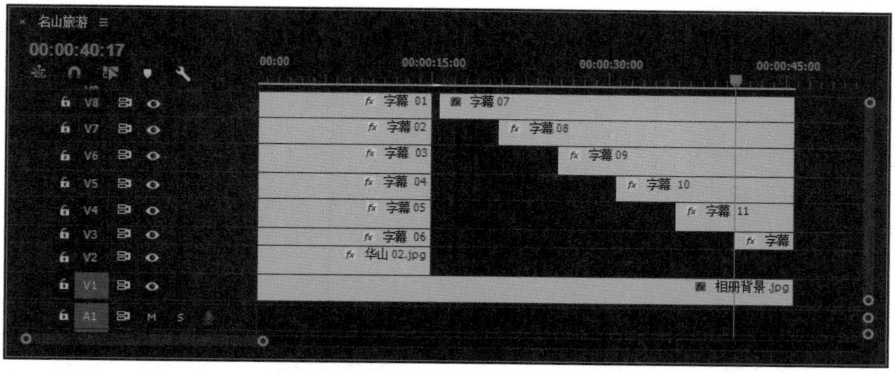

图14-27

步骤19 在时间线上选择“华山02.jpg”素材，按Ctrl+C组合键复制素材。将时间指示器移动到45秒16帧处，按Ctrl+V组合键粘贴素材。1.设置“缩放”数值为32.6，并记录关键帧；2.设置“旋转”数值为29.4，并记录关键帧；3.设置“不透明度”为0.0%，并记录关键帧。如图14-28所示。

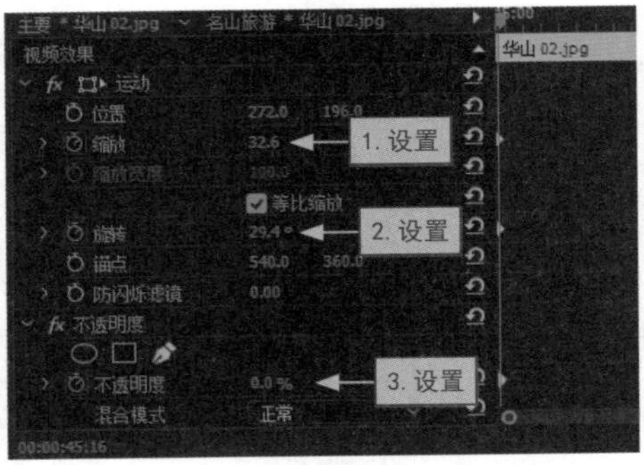

图14-28

步骤20 将时间指示器移动到01分00秒10帧处，1.设置“旋转”数值为（2×0.0°），并记录关键帧；2.设置“缩放”数值为150.0，并记录关键帧，3.设置“不透明度”为100.0%，并记录关键帧，如图14-29所示。

图14-29

14.1.3 添加视频特效并制作片尾效果

为了让视频的开始和结尾播放更酷炫，提高视频的质量，可以为其制作片头片尾效果，在本例中将介绍如何制作片尾。其具体操作如下所示。

步骤01 在项目窗口选择“华山02.jpg”素材并将其添加到时间轴窗口的V2时间线上，第一帧为01分00秒24帧，持续时间为08秒。并将其重命名为片尾，如图14-30所示。

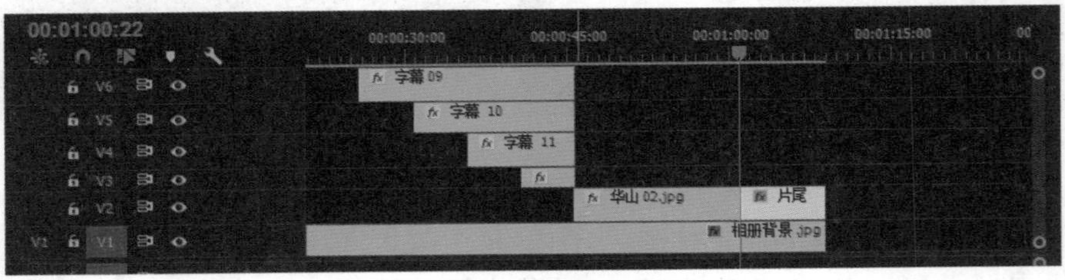

图14-30

步骤02 打开“效果”面板，选择“视频效果/生成/镜头光晕”命令，将其添加到“片尾”素材上，如图14-31所示。

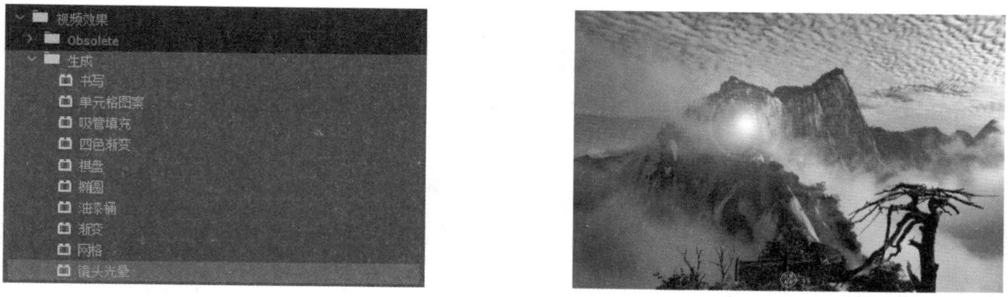

图14-31

步骤03 单击“字幕”菜单项，选择“新建字幕/默认静态字幕”命令，在打开的“新建字幕”对话框中设置“名称”为片尾字幕，单击“确定”按钮。在“字幕编辑区”输入框，输入文本“Mingshan Tourism”。1.设置“字体系列”为Vijaya，选中“填充”复选框，打开“填充”栏；2.设置“填充类型”为线性渐变；3.设置第一种颜色为红色（AA5D5D）、第二种颜色为黄色（949827）。如图14-32所示。

图14-32

步骤04 将“片尾字幕”添加到“V3”时间线上，设置持续时间为08秒，第一帧与“片尾”同步，选择“片尾字幕”文件，打开“效果控件”面板，将时间指示器移动到01分01秒05帧处，单击“4点多边形蒙版”按钮，在节目监视器窗口将蒙版拖动到左侧看不到字幕的位置处，并记录关键帧。将时间指示器移动到01分05秒02帧处，拖动右下角的点，使之完全显示第一排英文字母，记录关键帧，如图14-33所示。

图14-33

步骤05 将时间指示器移动到01分01秒05帧处，再次单击“4点多边形蒙版”按钮，在节目监视器窗口将蒙版拖动到左侧看不到第二排字幕的位置处，并记录关键帧。将时间指示器移动到01分08秒19帧处，拖动右下角和右上角的点，使之完全显示第二排英文字母，记录关键帧，如图14-34所示。

图14-34

14.1.4 添加音频与视频输出

前面已经将视频编辑完毕，接下来就应该添加音频，设置音频参数，随后设置输出参数，将其输出，其具体操作如下。

步骤01 在项目窗口中右击，1.选择“导入”命令，2.在打开的对话框中选择“闲踏清凉月.mp3”文件，3.单击“打开”按钮，如图14-35所示。

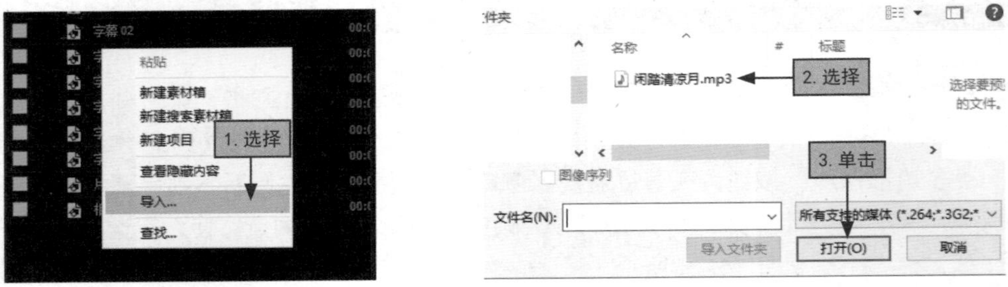

图14-35

步骤02 1.将音频文件添加到时间轴窗口的A1时间线上，利用剃刀工具将01分08秒10帧删除。打开“效果”面板；2.选择“音频过渡/交叉淡化/恒定功率”命令，将其添加到音频文件的末端。如图14-36所示。

步骤03 选择所有素材，1.单击“文件”菜单项；2.选择“导出/媒体”命令；3.在打开的“导出设置”对话框中设置“格式”为H.264；4.设置输出名称和保存位置，其余均为默认设置；5.单击“导出”按钮，输出完成后便可查看效果，如图14-37所示。

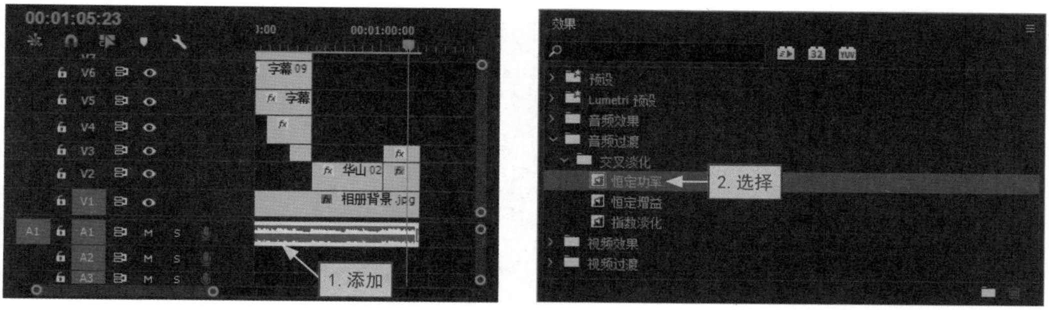

图14-36

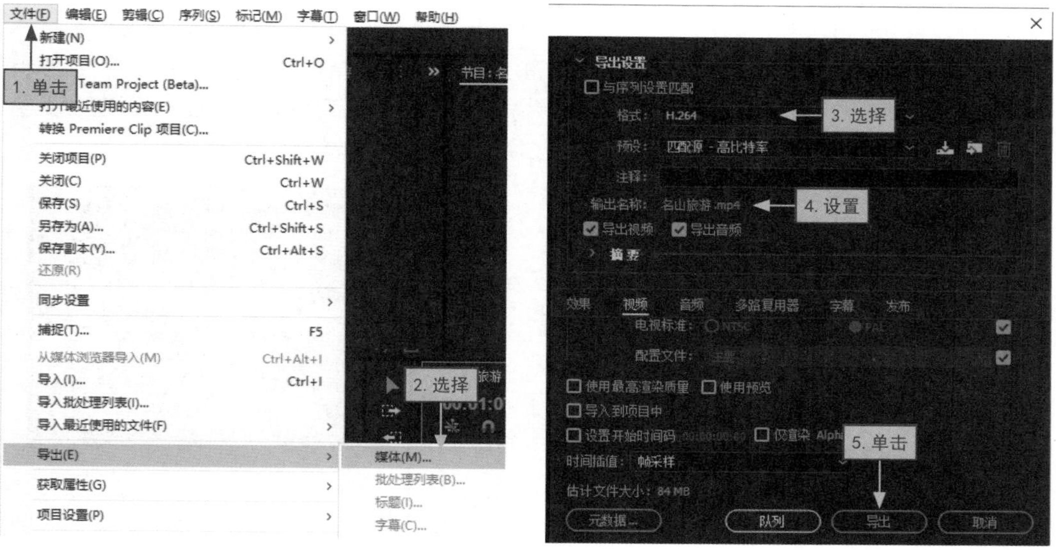

图14-37

LESSON 14.2 汽车广告剪辑

案例描述

现在许多的产品都需要广告宣传，汽车也不例外。但如果每个产品都通过拍摄宣传片来宣传显然是不可能的，于是就需要用到 Premiere CC 进行剪辑合成。本案例综合利用Premiere CC的滚动字幕效果、视频过渡等效果进行广告剪辑的制作。

案例难度 ★★

制作时长 60 分钟

制作思路

① 导入素材制作片头。

② 添加滚动字幕介绍产品。

③ 制作片尾效果与添加音频。

④ 视频输出。

源文件/第14章	视频/广告剪辑制作.mp4、背景音乐.mp3
	图片/汽车广告
	最终文件/广告剪辑制作.mp4

14.2.1 导入素材制作片头

在本例的制作过程中，先将素材图片导入到项目中，利用视频过渡制作片头效果完成案例的第一步操作，其具体操作如下。

步骤01 打开Premiere CC，新建“广告剪辑”项目文件。在项目窗口右击，1.选择“导入”命令，2.将“01.jpg”、“02.jpg”、“03.jpg”和“04.png”素材图片和“广告剪辑制作.mp4”导入到项目窗口中。将MP4视频文件添加到时间轴窗口的V1时间线上，在项目窗口将自动生成序列“广告剪辑制作”，如图14-38所示。

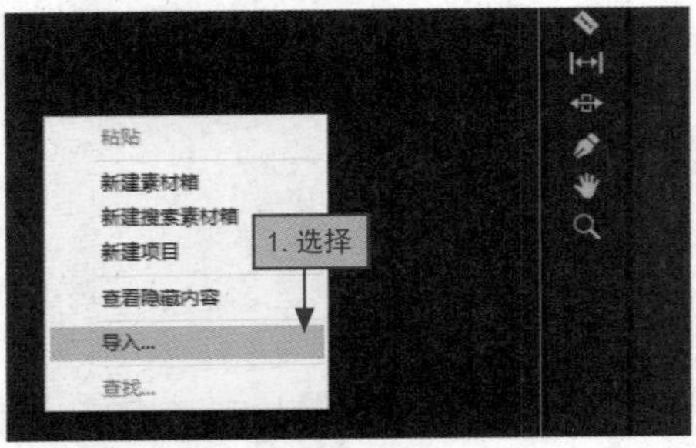

图14-38

步骤02 1.选择“01.jpg”、“02.jpg”、“03.jpg”和“04.png”素材，并将其添加到时间轴窗口的V2时间线上；2.将MP4视频素材向后移动，使第一帧时间为20秒00帧。如图14-39所示。

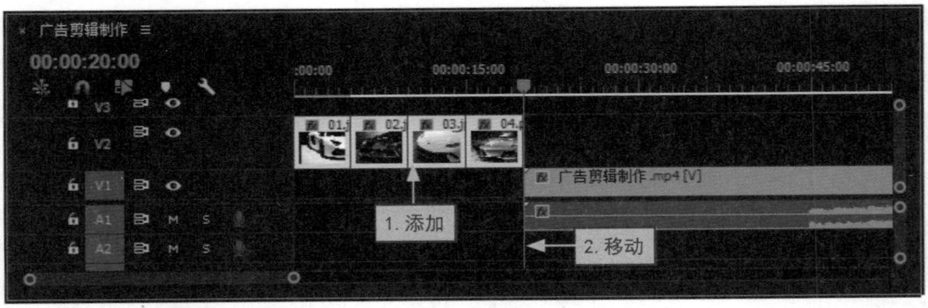

图14-39

步骤03 打开“效果”面板，1.选择“视频过渡/3D运动/立方体旋转”命令，将其添加到“01.jpg”和“02.jpg”素材之间；2.在时间线上选择“立方体旋转”效果，打开其“效果控件”面板，设置“持续时间”为00:00:02:00。如图14-40所示。

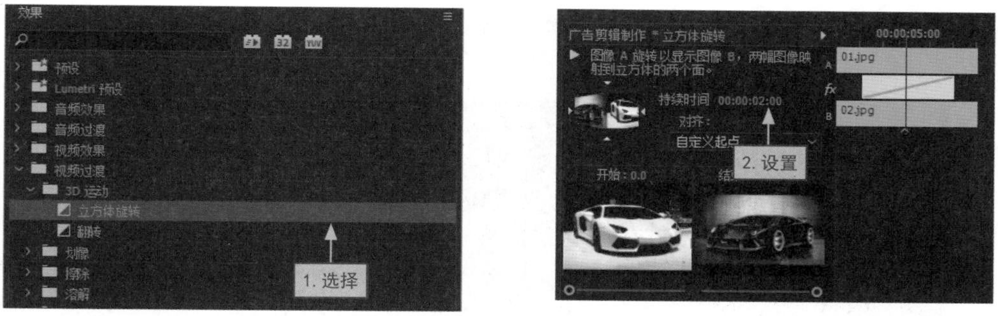

图14-40

步骤04 在“效果”面板中选择“视频过渡/3D运动/立方体旋转”命令，将其添加到“02.jpg”和“03.jpg”素材之间。在时间线上选择“立方体旋转”效果，打开其“效果控件”面板，设置“持续时间”为00:00:02:00，如图14-41所示。

图14-41

步骤05 在“效果”面板中选择“视频过渡/3D运动/立方体旋转”命令，将其添加到“03.jpg”和“04.png”素材之间。在时间线上选择“立方体旋转”效果，打开其“效果控件”面板，设置“持续时间”为00:00:02:00，如图14-42所示。

图14-42

步骤06 在“效果”面板中选择“视频过渡/3D运动/立方体旋转”命令，将其添加到“广告剪辑制作.mp4”视频素材上，如图14-43所示。

图14-43

14.2.2 添加滚动字幕介绍产品

为广告添加字幕介绍产品，通过设置滚动字幕来实现滚动多段文字阅读效果，具体如下所示。

步骤01 1.单击“字幕”菜单项；2.选择“新建字幕/默认滚动字幕”命令；3.在打开的“新建字幕”对话框中设置“名称”为“介绍01”；4.单击“确定”按钮。如图14-44所示。

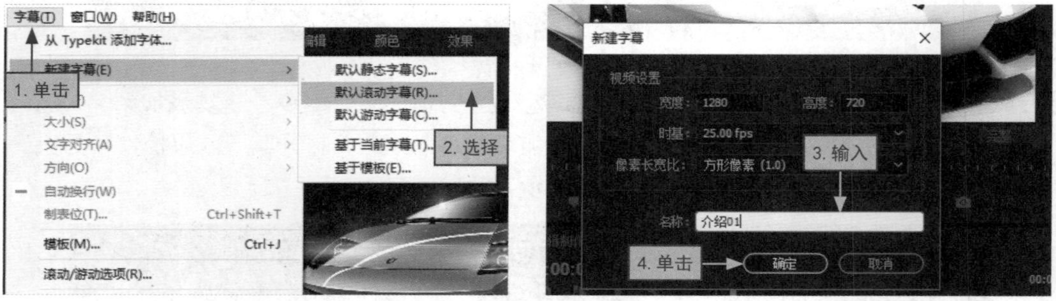

图14-44

步骤02 在“字幕工具”栏中单击“文字工具”按钮，在字幕编辑区绘制输入框，在输入框中输入“兰博基尼（Automobili Lamborghini S.p.A.）是一家意大利汽车生产商，全球顶级跑车制造商及欧洲奢侈品标志之一……”，如图14-45所示。

图14-45

步骤03 打开“字幕属性”栏，1.设置“字体系列”为华文新魏；2.设置“字体大小”为58；3.设置“填充类型”为线性渐变；4.将前一种颜色设为红色（D25C5C），后一种颜色设为黄色（DEC747），如图14-46所示。

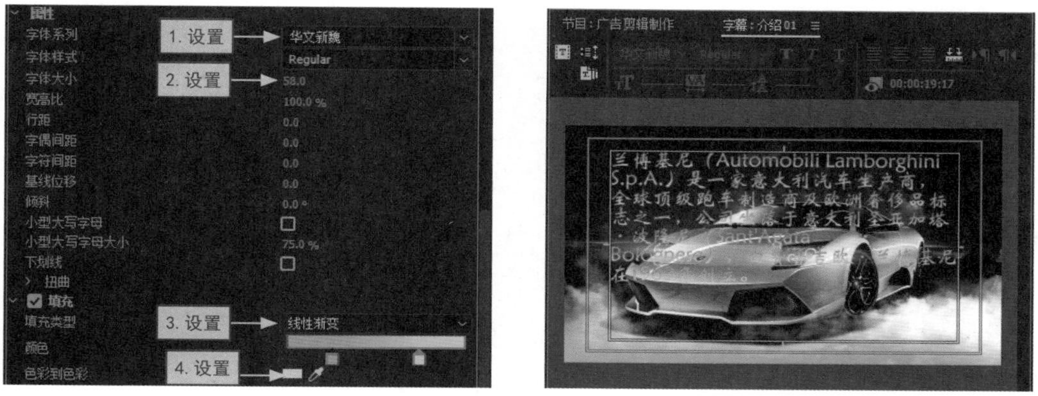

图14-46

步骤04 1.在字幕面板中单击“游动/滚动选项”按钮，2.在打开的“滚动/游动选项”对话框中选中“开始于屏幕外”和“结束于屏幕外”复选框，3.单击“确定”按钮，如图14-47所示。

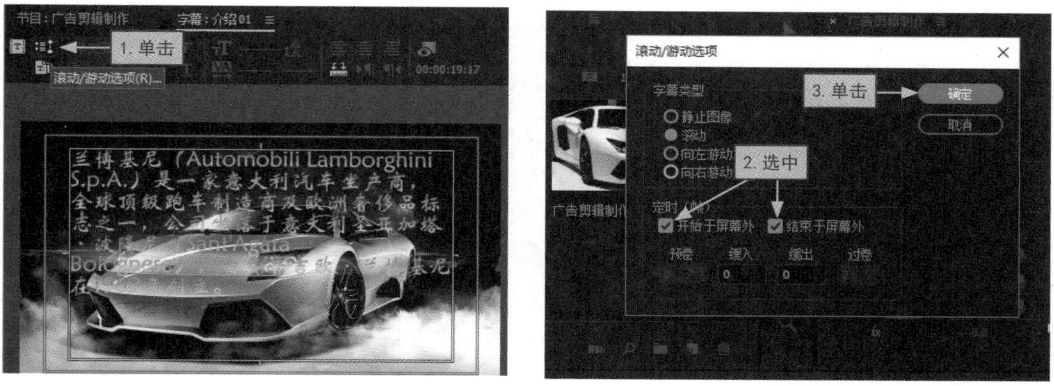

图14-47

步骤05 1.单击“基于当前字幕新建字幕”按钮，2.在打开的“新建字幕”对话框的“名称”文本框中输入“介绍02”，3.单击“确定”按钮，如图14-48所示。

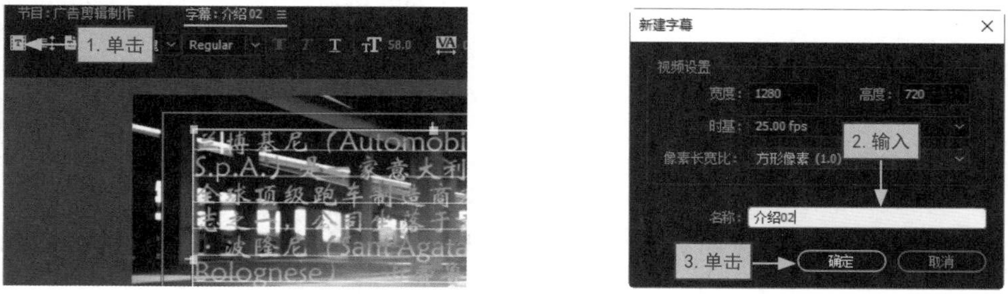

图14-48

步骤06 1.删除字幕输入框中的文字，2.重新输入“兰博基尼早期由于经营不善，于1980年破产；数次易主后，1998年归入奥迪旗下，现为大众集团（Volkswagen Group）旗下品牌之一”，如图14-49所示。

图14-49

步骤07 单击“基于当前字幕新建字幕”按钮，1.在打开的“新建字幕”对话框的“名称”文本框中输入“介绍03”；2.单击“确定”按钮，删除字幕输入框中的文字；3.重新输入“兰博基尼的标志是一头充满力量、正向对方攻击的斗牛，与大马力高性能跑车的特性相契合，同时彰显了创始人斗牛般不甘示弱的个性”。如图14-50所示。

图14-50

步骤08 新建“介绍04”字幕。删除字幕输入框中的文字，重新输入“2018年12月，世界品牌实验室编制的《2018世界品牌500强》揭晓，排名第248位”。如图14-51所示。

图14-51

步骤09 将项目窗口中的“介绍01”、“介绍02”、“介绍03”和“介绍04”字幕添加到时间轴窗口的V3时间线上，如图14-52所示。

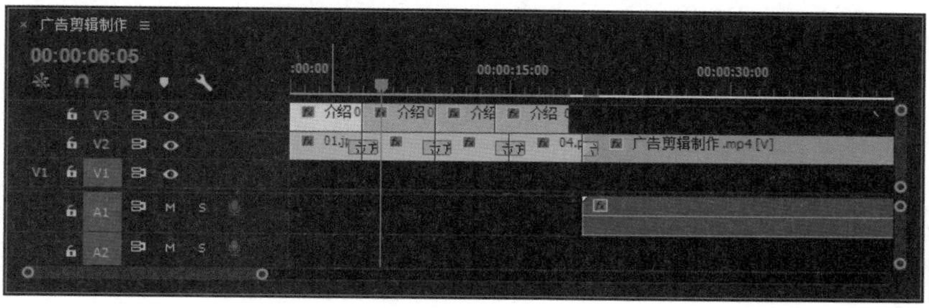

图14-52

步骤10 1.在时间线上选择“介绍01”字幕并右击，2.选择“速度/持续时间”命令，3.在打开的“剪辑速度/持续时间”对话框中设置“持续时间”为15秒，4.单击“确定”按钮，如图14-53所示。

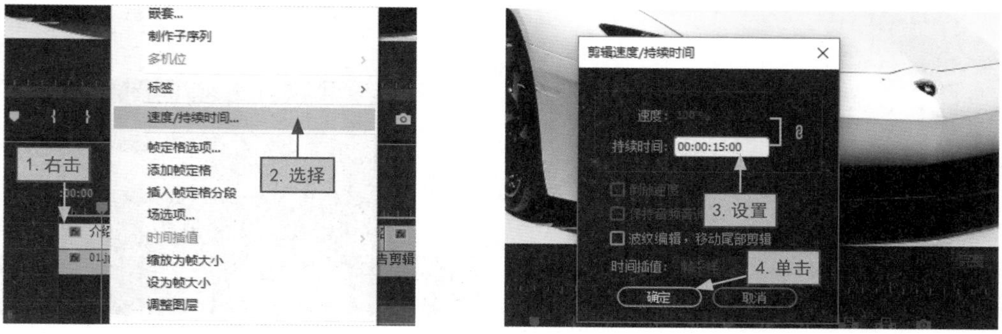

图14-53

步骤11 以同样的方法将“介绍02”、“介绍03”和“介绍04”字幕的持续时间都设置为15秒，并将其依次排列，如图14-54所示。

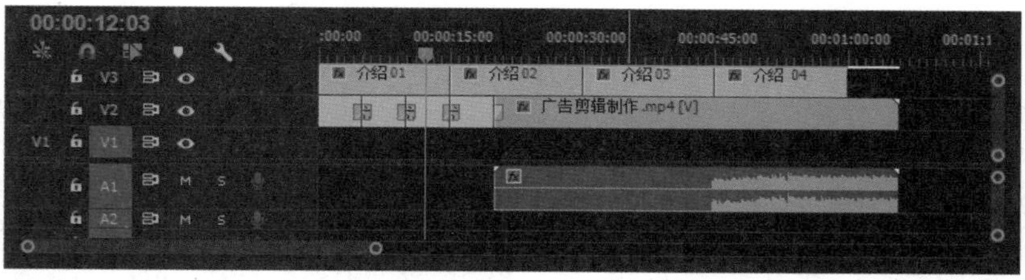

图14-54

步骤12 选择“介绍03”字幕，在时间线上将其拖动到45秒01帧作为第一帧，选择“介绍04”字幕并右击，选择“剪辑速度/持续时间”命令，在打开的“剪辑速度/持续时间”对话框中设置持续时间为00:00:10:00，并将其拖动到“介绍03”字幕后，使其与图像大致对应，第一帧为59秒21帧，如图14-55所示。

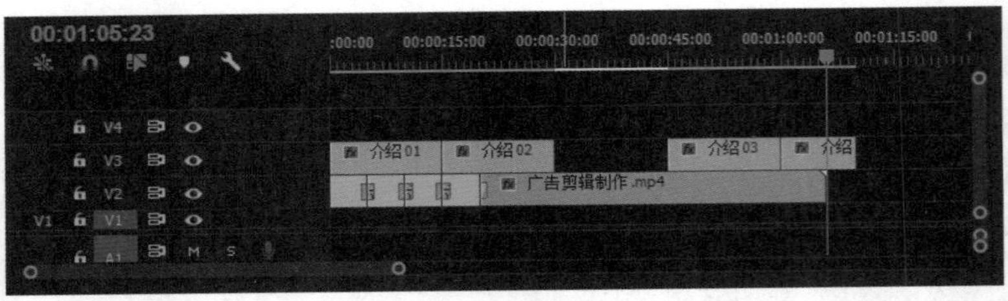

图14-55

14.2.3 制作片尾效果与添加音频

前面已经为广告添加了文字介绍，下一步将通过视频效果来制作片尾以及为视频添加音频文件，并使用音频效果调整，具体如下。

步骤01 1.单击“字幕”菜单项，2.选择“新建字幕/默认静态字幕”，3.在打开的“新建字幕”对话框中设置“名称”为“片尾”，4.单击“确定”按钮，如图14-56所示。

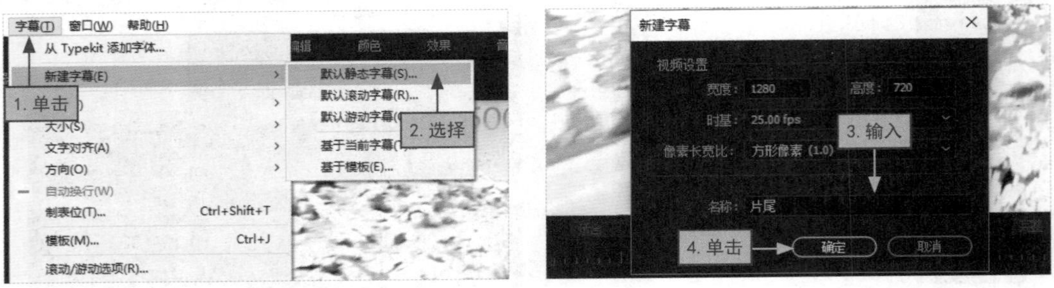

图14-56

步骤02 单击“文字工具”按钮，在字幕编辑区绘制输入框，在其中输入“Lamborghini”字样。打开“字幕属性”栏，1.设置“X位置”为642.2、“Y位置”为433.7、“宽度”值为951.5、“高度”值为398.4，2.设置“字体系列”为华文隶书，3.设置“字体大小”值为170.0，如图14-57所示。

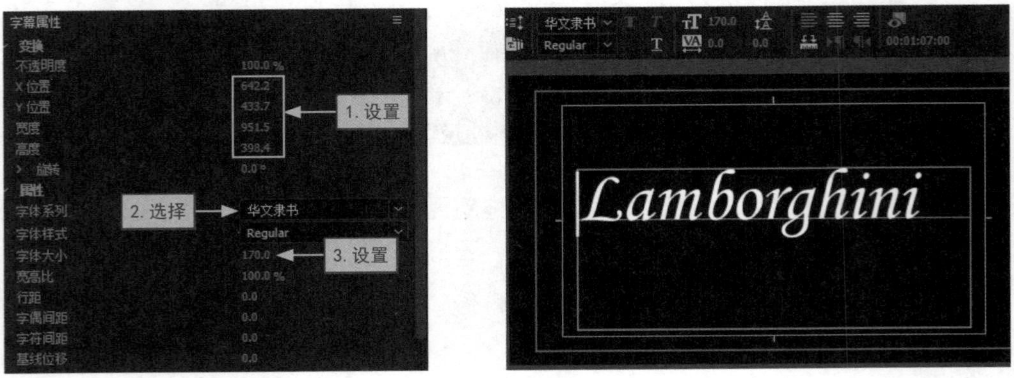

图14-57

步骤03 1.选中“小型大写字母”和“下画线”复选框；2.在“填充”栏中设置“填充类型”为四色渐变；3.左上角颜色设置为红色（9B4343），右上角设为蓝色（64AEA4），左下角设为黄色（DBCD55），右下角设为紫色（9228A5），如图14-58所示。

图14-58

步骤04 1.选中“光泽”复选框，打开“光泽”栏，2.设置“大小”值为80.0、“角度”值为120.0° 、“偏移”为30.0，如图14-59所示。

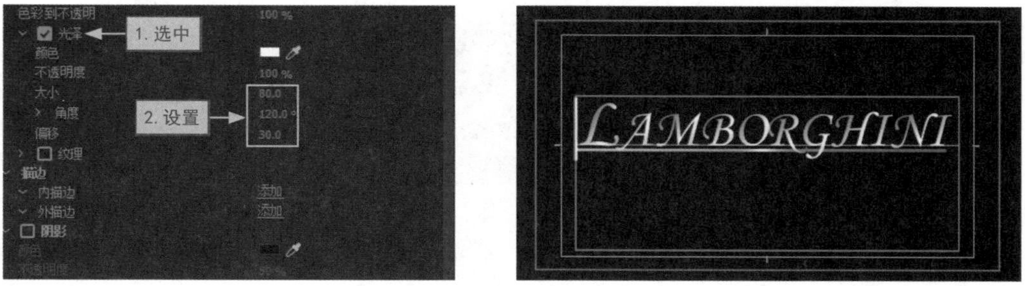

图14-59

步骤05 在项目窗口选择“片尾”素材，将其添加到时间轴窗口的V4时间线上，将时间指示器移动到01分06秒21帧，打开其“效果控件”面板，单击“创建4点多边形蒙版”按钮，在节目监视器窗口将蒙版拖动到左侧，使其不显示字幕，并设置“蒙版路径”关键帧。将时间指示器移动到01分11秒19帧，拖动右上角和右下角的点使其完全显示字幕，记录关键帧，如图14-60所示。

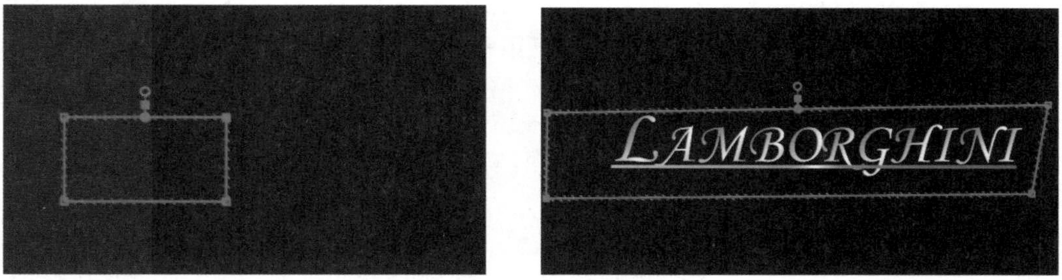

图14-60

步骤06 在项目窗口中单击鼠标右键，1.选择“导入”命令，2.在打开的“导入”对话中选择“背景音乐.mp3”，3.单击“打开”按钮，如图14-61所示。

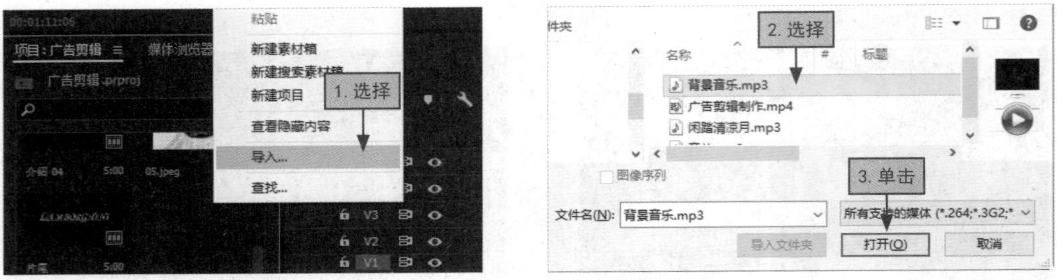

图14-61

步骤07 将音频文件添加到时间轴窗口的A1时间线上。使用剃刀工具将01分11秒15帧后的音频删除掉。打开“效果”面板，选择“音频过渡/交叉淡化/恒定功率”效果，将该效果添加到音频文件末端，如图14-62所示。

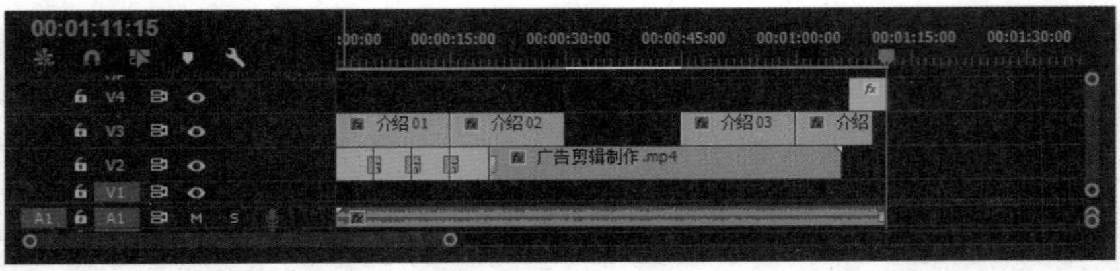

图14-62

14.2.4 导出视频

完成所有的剪辑操作后，就需要将视频与音频输出，本例最终将剪辑好的文件以MP4格式导出，其具体操作如下所示。

步骤01 选择时间线上的所有文件，1.单击“文件”菜单项，2.选择“导出/媒体”命令，如图14-63所示。

步骤02 1.在打开的“导出设置”对话框中设置“格式”为H.264；2.“输出名称”为“广告剪辑制作.mp4”，并设置保存位置；3.单击“导出”按钮，如图14-64所示，完成后便可查看效果。

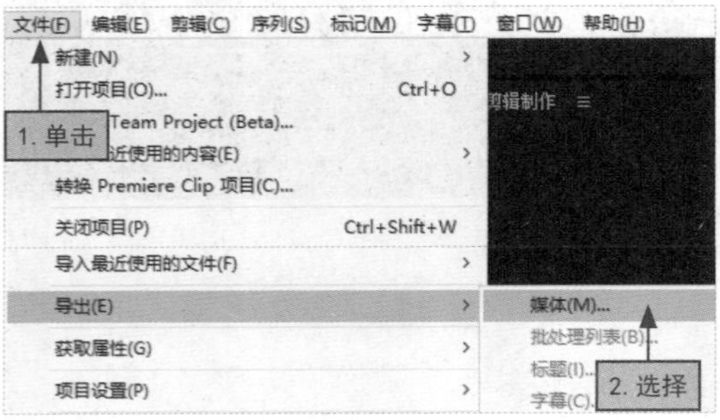

图14-63

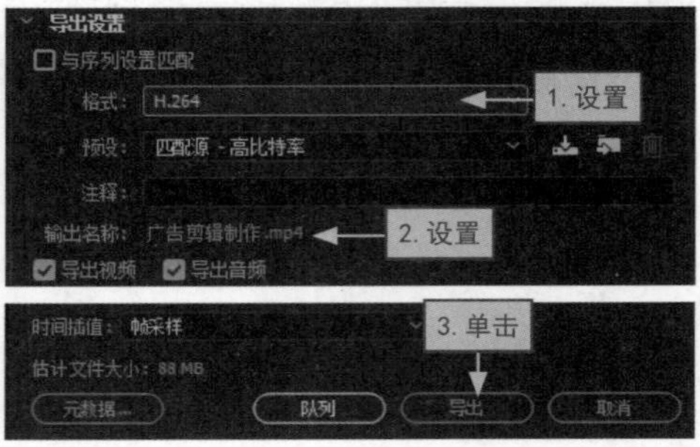

图14-64